中国智慧能源产业发展报告 2017

中国智慧能源产业技术创新战略联盟
中关村国标节能低碳技术研究院 编著

中国质检出版社
中国标准出版社
北 京

图书在版编目（CIP）数据

中国智慧能源产业发展报告 2017/ 中国智慧能源产业技术创新战略联盟，中关村国标节能低碳技术研究院编著．—北京：中国质检出版社，2018.8

ISBN 978-7-5026-4636-3

Ⅰ. ①中…　Ⅱ. ①中…　②中…　Ⅲ. ①能源发展—产业发展—研究报告—中国—2017　Ⅳ. ① F426.2

中国版本图书馆 CIP 数据核字（2018）第 186620 号

中国质检出版社
中国标准出版社　出版发行

北京市朝阳区和平里西街甲 2 号（100029）
北京市西城区三里河北街 16 号（100045）
网址：www.spc.net.cn
总编室：（010）68533533　发行中心：（010）51780238
读者服务部：（010）68523946
中国标准出版社秦皇岛印刷厂印刷
各地新华书店经销

*

开本 787 × 1092　1/16　印张 15　字数 258 千字
2018 年 8 月第一版　　2018 年 8 月第一次印刷

*

定价：68.00 元

编委会

顾问

齐　让　十二届全国政协人口资源环境委员会副主任

石　军　十二届全国政协经济委员会副主任

杜祥琬　中国工程院院士、原副院长

石定寰　国务院参事、科技部原秘书长

徐锭明　国家能源局原局长

赵家荣　国家发展改革委员会原副秘书长

戴彦德　国家发展改革委员会能源研究所原所长

李俊峰　国家应对气候变化战略研究和国际合作中心原主任

主任

王忠敏　中国智慧能源产业技术创新战略联盟理事长

委员（按姓名拼音排序）

蔡明亮　常　幸　崔　华　代　兵　韩飞舟　李鹏飞　刘建平

吕秋生　唐志成　王克娇　徐　云　张　勇　赵旭东　朱皞罡

编写人员（按姓名拼音排序）

蔡明亮　苌国强　常　幸　陈关胜　陈　伟　陈　铮　段志洁

高伟俊　胡　军　何玉成　李俊峰　李　婷　梁洪源　刘　博

刘建平　刘　涛　刘　烨　罗淑湘　任洪波　任志远　申　刚

沈新荣　沈煜中　史俊花　宋登元　宋　平　田德利　王　伟

王世岩　王忠敏　闻成胜　吴翠姑　吴　琼　薛志峰　闫　帅

杨　健　杨　涛　曾智勇　张明慧　张永宁　赵正军　周秦声

朱皞罡

序

《中国智慧能源产业发展报告 2017》是中国智慧能源产业技术创新战略联盟自成立以来发布的第四份年度报告。2013 年下半年，在联盟筹备成立期间，我提出把定期出版智慧能源产业发展（年度）报告作为联盟工作的一项重要内容，用制度的形式固定下来，写入章程，共同遵守。经过大家讨论，获得一致同意。几年来，这个制度得到了认真遵守，事情越做越好，很是令人欣慰。

当初设计这项制度，其目的有三：一是建立一份真实记录。智慧能源和能源互联网在中国的创新和发展，既是难得的历史机遇，也是严峻的创业挑战。以年度报告的形式，真实记录并果断抓住这个机遇，勇敢迎接这场考验的人物、单位和事件，不断总结、提高，激励自醒、自律，无疑是一件很有意义的事情。二是打造一个交流平台。智慧能源产业创新和能源互联网建设是一场前无古人、后待来者的创新，就需要有一个既自信又开放，既专注又公开，既包容又无私的交流平台。这样的平台不属于哪个人、哪个企业、哪个单位，它只能是为联盟成员、相关产业和整个社会共同所有，为大家提供公共服务。三是开辟一条沟通渠道。在智慧能源和能源互联网创新过程中，专家与学者，专家学者与科研机构，科研机构与企业，企业与行业和政府部门，上述各方无一例外都需要双边或多边沟通，尤其是作为牵动全局的产业技术创新，更离不开政府的关心、关切和指导，建立行之有效的沟通渠道，及时准确地传递信息不但十分重要，也十分必要。在这一过程中，如何使杂乱无章的各类信息变得规范有序，产业报告显然可以成为切实可行而又勇于担当的信息载体。实现上述三个目的，产业报告也就自然而然地成了火炬、旗帜和播种机，它可以点亮思维的空间，高高竖起集合的旗帜，把创新的种子不失时机地播撒到各个领域、各个地区和各个方面，既为联盟成员服务，也为社会、政府和所有加入智慧能源产业创新行列的单位、个人及其相关方服务，众人捧柴，火也就熊熊燃烧起来了，这就是我们编辑出版这部报告的光荣宗旨和工作使命。

为此，我要感谢几年来陆续加入智慧能源产业技术创新实践的探路者、实践者，正是由于你们的努力，才使产业报告有了生动可靠的素材和可资借鉴的鲜活案例。还要感谢各级政府及主管部门，你们遵照党和国家改革开放的总体要求，为智慧能源创新发展提供了各项政策支持和措施保障，这种支持和保障是世界上其他任何国家都无法比拟、无法做到的，满满的正能量正在推动实体经济升级换代，也使得整个国家在实体经济成长壮大的过程中不断增强实力，向前发展，从而使人民群众追求美好生活的向往一步步走进现实，实现梦想。

我还要感谢参与本报告编写的各位专家、学者、记者、采编人员和组织者，正是你们的努力使报告当初设计的三个目的得以成功展现。值得一提的是还有联盟主办的《智慧能源一周报》的相关工作人员、撰稿人和信息提供者，你们用另外一种方式和细水长流的做法，为本期产业报告的框架构成积累素材、丰富了内容，也编织了自己的粉丝网，这既是本报告成功完成编写的基础，也为扩大传播渠道、增大传播力度创造了前提。

谢谢大家！

中国智慧能源产业技术创新战略联盟理事长 研究员 王忠敏

2018年6月

前言

2012 年，中关村，王忠敏先生带领两名研究人员开始探索如何利用互联网技术推动低碳发展，从而开启了研究和推动智慧能源产业技术创新的大门；

2013 年，中国智慧能源产业技术创新联盟应运而生；

2014 年 7 月，在“贵阳国际生态论坛”上，中国智慧能源产业技术创新联盟首次亮相，创办“智慧能源产业——迈向生态文明之路”专题论坛，借此推出新书《智慧能源——产业创新与实践》，在国内首次提出智慧能源产业技术创新的理念、主张和目标；

2015 年 10 月 16 日～18 日，“2015 中国能源互联网大会暨智慧能源产业博览会”在杭州成功举办，获组委会大奖；

2016 年 8 月 8 日～10 日，“2016 中国能源互联网大会暨智慧能源产业博览会”在秦皇岛成功举办，各界好评如潮；

2017 年 10 月 27 日，“智慧能源钱塘论剑暨零碳技术国际论坛”在杭州国际博览中心举行，引多方关注；

2017 年 11 月 7 日～9 日，“2017 中国能源互联网大会暨智慧能源产业博览会”在上海举办，推出零碳生活新理念，一举成功；

……

与此同时，智慧能源和能源互联网逐渐成为热点，不但越来越多的学界、科研人员、互联网企业、电力行业组织，特别是与能源相关的物联技术、通信技术、节能低碳机构、标准检测和认证机构以及金融资本开始关注和进入这个行业，使智慧能源、能源互联网、低碳零碳成为各方耳熟能详的全新领域；

在国家层面，2014 年 6 月，习近平总书记就我国能源安全战略做出重要部署，提出了能源消费革命、能源供给革命、能源技术革命、能源体制革命“四个革命”的重要论断，并要求全方位加强国际合作，从而为中国智慧能源产业的发展指明了方向；2015年7月，国务院做出关于“互联网+”的战略部署，提出“互联网+”的十一个领域，其中第四个领域为“‘互联网+’智慧能源”；2017年2月，国家发展改革委、国家能源局、工信部联合发文，提出《关于推进“互联网+”智慧能源发展的指导意见》；6月，首批“互联网+”智慧能源（能源互联网）示范项目公布，智慧能源产业创新发展进入了实操阶段；

……

短短的5年时间，智慧能源已经从一个崭新的概念，发展成一个国家的行动，进入产业创新爆发的前夜，能源互联网蓄势待发在路上……

一

智慧城市、智慧社区、智慧金融、智慧交通、智慧养老……一系列与智慧相关联的新概念、新主张、新模式一哄而起，蔚然成风，既是好事也充满乱像，体现出改革创新的年代洪流滚滚、泥沙俱下的澎湃之势，也蕴藏着市场经济的潜在力量。毋庸讳言，大势之下，无论是企业界、学术界、投资者还是政府，都欠缺一个对于智慧能源产业创新的清晰理解。

到底什么才是真正的智慧能源？最早研究并提出智慧能源产业概念的王忠敏认为：传统能源+新能源+物联网技术=智慧能源。

他这样阐述：传统能源，主要指煤炭、石油、天然气等不可持续的化石能源，人类从大工业时期开始使用，直到现在也以此为主，但是这类能源带来的高碳生活和气候变暖等问题已经越来越严重。如今人们已经意识到问题所在，正在努力开发和使用新能源，比如光伏、风能、生物质能等。从低碳的角度讲，新能源就是清洁能源，这是大势所趋，也是人心所向，历史潮流。但是在利用新能源的过程中，人们发现有许多技术难题需要突破，比如，新能源如何保证稳定、科学地合理供给，如何实现低成本运行，如何解决与传统能源的互联互通、有效替代等。

这既有技术的问题，也有供给和消费的问题，更有体制和体系的问题，所以习近平总书记提出要能源“四个革命”，光中国自己关起门来搞还不行，还要敞开大门，与世界联手，向发达国家学习，开展好国际合作。要做到这一点，必须依靠互联网、物联网这些重要的技术手段，实现能源生产领域、消费领域、管理者与IT/ICT的无缝对接，这才是智慧能源产业创新的应有内涵。

二

智慧能源并不是能源本身，它只是能源的管控方式，是通过现代信息技术和移动通信技术将新能源替代传统能源的转化过程实现自动化、智能化、智慧化。从这个意义上讲，智慧能源和能源互联网本质上相同，只是表述不同。智慧能源是实现形式，能源互联网是最终结果，两者相互依存，密不可分。

智慧能源对能源的管控体现在五个方面，也是智慧能源的五大特点：一是能源将向可再生方向发展，最终实现替代；二是构筑物可以分成区块转换成绿色微型电站或能源站，就地收集可再生能源发电和提供清洁能源；三是开发新型储能技术和多能互补技术，解决间歇式能源生产和存储以及综合性能源供应；四是利用互联技术使分布式微电网和多种能源相互连接成为能源互联网，及时传递信息，调控运行，也可将多余的能源或电力销售给电网和其他用户，达到最经济和最合理的运行；五是利用电力或插电式汽车实现绿色能源销售和使用，把能源生产和消费有机结合起来。这五大特点中，有杰里米・里夫金先生①的最初设想，也有中国科技和产业界的创新实践。

值得一提的是，实践中十分重视标准、检测和认证对于智慧能源产业发展的指导和保障作用，这是智慧能源产业创新和能源互联网发展的基础，如果不从产业创新的实践中来摸索，像杰里米・里夫金这样的未来学家也难以做出准确的回答。由此可知，智慧能源产业是一种复合型产业，它不是新能源企业或传统产能、用能单位、传统节能服务产业和IT/ICT产业单独创造出来的，必须是这几类产业高度融合跨界发展的结果。

在智慧能源产业发展中，还需要探索去中心化。去中心化不是不要中心，而是指的技术共享和成果共享，主要体现在“大数据”“云计算”上，同时要尽量避免人为干预和“行政主导”。在这方面，政府的指导和支持是必不可少的，但这种支持主要是政策导向和人才培养，避免“包办代替”“长官意志”和“大轰大嗡”。

三

智慧能源若要真正推行，并非如想象中那么简单。在整个系统的搭建实施过程

① 杰里米・里夫金：享有国际声誉的社会批评家和畅销书作家，华盛顿特区经济趋势基金会的主席，著有《第三次工业革命》《工作的终结》《生物技术的世纪》《路径时代》等。

中，还有诸多难题亟待解决。

巨大的能源供应量为智慧能源的建设带来了挑战。众所周知，能源消费是一个国家发展的刚性需求，创造舒适生活环境的同时，必然需要能源的增量供应。中国作为世界人口大国，且城市化进程仍在继续，对于能源的需求可想而知。若要保证能源的足量供给，单纯依靠现有的能源供给体制和管理体制是做不到的，智慧能源产业创新过程中出现的分布式能源管理、微电网、微能网、多能互补体制和机制、配电网和电力零售机制等，都是对原有体制和机制的挑战。挑战和迎接挑战也是创新。

近年来，为了抓新能源，国家和企业投入了大量人力、物力和财力，建设了大量风能、太阳能装置，同时另一方面也出现了弃风、弃光、弃电的问题。为治理雾霾，各地也都在下功夫，可是却出现了不问实际效果一刀切的“煤改气”“煤改电”的问题。有些事情虽然有人做到，看起来也很红火，但未必是真实有效的。比如，到处跑马圈地搞充电桩，如火如荼的光伏扶贫，还有一哄而起的建设智慧园区、智慧乡村、特色小镇等。许多事情很可能是实不至也名不归。加上体制机制和人为的障碍，智慧能源产业创新和能源互联网建设不会一帆风顺。

令人欣慰的是，智慧能源产业创新在全世界范围内看，都在刚刚开始，处在同一起跑线上，分不出谁高谁低，谁快谁慢。我们必须清醒地认识到，智慧能源产业在创新发展过程中，一定会有无数创意、技术、产品、解决方案和各种各样的创新模式产生出来。以储能为例，无论是风能、太阳能、生物质能的生产和利用，还是电动车、机房、传统电网的调度运行以及家庭和个人的生活、工作等，都离不开这项技术的创新和应用。而在储能材料、技术、方式方法上，还有很多难点、难关等待攻破，有很长的路要走。类似的，还有多能互补、分布式能源、微网、传感技术、节能减排技术、碳交易、零碳技术、绿色建筑、绿色交通等技术问题、投融资模式以及与智慧能源产业创新相关的能源管理体制改革和创新商业模式。所有这些，都将成为我们在创新发展中共享的盛宴。

可以预见，智慧能源产业技术创新大爆发的时刻即将来临。有鉴于此，中国智慧能源产业技术创新战略联盟和中关村国标节能低碳技术研究院组织相关专家，开展了《中国智慧能源产业发展报告 2017》的研究和编写工作。报告从综述篇开始，分别以理论研究成果、产业现状概述、智慧能源产业展望等篇章，佐证以上观点。

风拂青萍，更要舞于松柏。正如王忠敏先生在上海“2017 中国能源互联网大会暨智慧能源产业博览会”中的讲话——“智慧能源由一个单纯的概念转化为产业创新，正如破茧成蝶，只有经过艰苦挣扎和不懈努力，才能绽放内在美丽”。我们期待着智慧能源产业的大爆发，同时也为迎接爆发做好了准备。

编著者

2018年6月

目录

第一章 中国智慧能源发展综述

2016年11月17日，在国家能源委员会会议上，国务院总理李克强指出："能源战略是国家发展战略的重要支柱。"在指出必须贯彻新发展理念，以供给侧结构性改革为主线，推动能源消费、供给、技术、体制革命和国际合作，优化能源结构，补上短板，更好支撑经济持续稳定发展之后，李克强强调要"全面建设'互联网+'智慧能源"。可以看出，"互联网+"智慧能源，已经成为国家推动能源革命和创业、创新的重要国策和有力抓手。

2017年6月，国家能源局公布了首批55个"互联网+"智慧能源（能源互联网）示范项目，这意味着2016年《关于推进"互联网+"智慧能源发展的指导意见》进入落地实操阶段。

随着国家的重视，能源、互联网企业纷纷涉足这一领域。我们看到，2017年以来，智慧能源产业发展出现两大特点：一是智慧能源和能源互联网两个来源不同各具特色的概念相互走近，相互融合，相向发展。这种局面，已经变成了社会各界的普遍共识。二是学术研究和探索已从过去的泛泛而论，向联系实际，关注产业，讲究实施和实践的方向加速转化。

更为重要的是，阿里巴巴、腾讯、华为、百度等互联网巨头也涌入进来，从"智慧"的层面上讲，这是一种标志，即"互联网"＋"能源"真正融合的开始。

综上，2017年更像是智慧能源大发展的另一个"元年"。

第一节 智慧能源产业创新概述

什么是智慧能源？智慧能源与传统能源和新能源是什么关系？智慧能源与能源互联网有什么联系？能源互联网是否就是"坚强电网"？智慧能源与环境保护、生态文明、绿色发展是什么关系，怎样协同？智慧能源的技术支撑和产业特点是什么？智慧能源产业创新如何构成，怎样发展？中国的智慧能源产业和国外有什么不同、有什么特点？未来发展趋势怎样？所有这些问题都是业内人士十分关心和关注的事情。毫无疑问，彻底解决这些问题都需要在发展中认真摸索、不断总结、不断厘清和升华，这是一个过程，缺了哪个环节都不完整。因此，全面了解这一过程的来龙去脉和发展趋势，对于当事者大有好处。本文从这一目的出发，根据创办全国节能减排标准化技术联盟和中国智慧能源产业技术创新战略联盟历时八年多的研究和实践，初步给出较为清晰的思路和发展梗概，以期达到与大家交流、探索和分享之目的。

一、 国内智慧能源理论研究的由来

关于智慧能源理论或概念的系统研究并不多见，曾经有几位专家、学者从不同角度涉足其中，如 2012 年 1 月清华大学出版社出版的由王毅、张标标等五人编著的《智慧能源》，侧重介绍一家公司参与智慧城市和智慧能源建设的成功案例。再如由刘建平、陈少强和刘涛三位博士合著的《智慧能源——我们这一万年》，从宏观角度传播了有关智慧能源的理念和未来愿景，科普了有关能源和智慧能源的相关知识，于 2013 年 6 月由中国电力出版社和科学技术文献出版社联合出版。从组织和团体的角度对智慧能源产业创新开展探索和研究，则起始于中国标准界和节能减排。

2010 年 10 月，在当时的国家质检总局、国家标准委、国家认监委和国家发展改革委、科技部、工信部、中国科协等部门的支持下，中国标准化研究院正式发起成立了“全国节能减排标准化技术联盟”，其目的是在推进节能减排的基础上进一步建立健全低碳标准和相关标准体系。此前，中国标准化研究院作为国内权威的标准化研究机构，跟踪和研究中国的节能事业和节能标准已有 30 年的历史，创办了“能效标识”“节能认证”等方式方法，制定了一大批节能标准，积累了节能技术支撑的深厚功底和管理经验。

《中华人民共和国节约能源法》于 1997 年 11 月 1 日通过，1998 年 1 月 1 日正式生效实施。到目前为止，在不到 20 年的时间内，这部法律已经经历了两次修改，反映出节能工作在中国的特殊地位和极端重要性。事实上，在这部法律制定之前，企业和行业的节约能源工作早已展开。那时候，节能工作主要是以国有企业为主并以降低生产成本为主要目的进行的。在计划经济时代，企业不是真正的市场主体，能源的供给完全由国家配套，在能源使用上根本不在乎是节约还是浪费，更没有人想到这与全球气候变化有关。即使在改革开放以后与国际市场对接，企业有了强烈的外部压力，为了提高了经济效益，不得不开始注意提高能源使用效率，降低生产成本，所以那个时候抓节能工作，更多地是为了在国有企业转向市场后如何尽快扭亏增盈。

20 世纪 90 年代初，随着中国经济的进步和对外开放的推进，减排二氧化碳温室气体的全新概念传到了中国。早在 20 世纪 70 年代初，欧洲国家为代表的发达国家已经从应对全球气候变化的角度开始审视和研究能源问题，其中一个重要原因，就是他们已经渡过了工业化的各个阶段，转而开始关注环境和生态、研究可持续发展。

要减排温室气体，就要限制和减少化石能源的使用量，这样一来，中国备感压力，因为按照同样的减排标准，对于像中国这样技术一直落后正在奋起直追的发展中国家来说，无疑是被套上了紧箍咒。所以那个时候中国从上到下对节能并不反对，而对减排则抱有这样那样的抵触。另一方面，由于市场饥渴，供求失衡，节约能源省下来的那点钱与市场扩张所获红利相比已经微不足道，各级政府把全部精力投入到追求速度上，企业把全部精力投入到通过扩大产能和市场谋取利益上，罔顾环境和生态，更加无视什么“节约能源法”。这种状况导致了对能源资源的过度开发和对廉价劳动力的无节制使用，从而一步步造成和推高了过剩产能，过度消耗了人口红利，造成了今天如大家所知的严重后果。

进入 21 世纪后也是中国加入世贸组织融入全球化的开始，合理开发和有效利用包括能源资源在内的各种资源、努力保护环境、积极应对气候变化，成为可持续发展的必然需求。由于已经积累的问题和欠账，在节约能源减少碳排放方面，中国政府和企业面临着的来自国内外的巨大压力，迫使人们不得不回过头来审视过去二十多年间走过的节能之路，也来审视从 1995 年开始在世界银行指导下全国范围内分批开展的节能减排、节能技术服务和合同能源管理的示范、试点工作，开始研究和关注以欧洲国家为代表从 2006 年开始在全球推行的低碳行动。为适应这些需求，《中华人民共和国节约能源法》做了最新修订，这部法律开宗明义对能源做了这样定义：“本法所称能源，是指煤炭、石油、天然气、生物质能和电力、热力以及其他直接或者通过加工、转换而取得有用能的各种资源。”这里将煤炭、石油和天然气这三种不可再生的一次性化石能源列在了前三位，这当然是节约的重点，同时也是减排的重点。

要完成这些任务、实现节能减排目标，一个重要的问题就是标准，标准既是确定目标的准绳，也是测量成果的标尺。没有标准，技术的先进性无法确定，减排的成效性无法度量。标准又具有公益、公正和公认的特点，它不是依据长官意志、行政命令和领导指令制定的，必须是在实践基础上，由技术专家和专业人员集体研制产生。标准作用的大小，取决于标准应用的范围。低碳和应对气候变化标准显然不是一时一地或一个工厂、一个企业、一个单位孤立的事情，所以在三十多年研究节能工作和节能标准的基础上，全国节能减排标准化技术联盟在中国标准化研究院倡导发起中应运而生，这个联盟为后来智慧能源理论和产业创新的出现和发展做了组织准备。

二、 智慧能源概念的形成和能源互联网

2012 年 6 月有一本书传到中国，书的作者是杰里米·里夫金，美国人。最初，只有少数人开始阅读《第三次工业革命》这部著作。借助互联网的传播，这本书的思想很快就被传播开来。新华网头条报道说，全球正迎来第三次工业革命，转变经济发展方式已经刻不容缓，评介这是一本有可能改变中国命运的书。为什么这样一本洋著作会这样迅速地在中国热起来？是因为作者敏锐地发现，人类历史上数次重大的经济革命都是在新的通信技术和新的能源系统结合之际发生的。他判断，新的通信技术和新的能源系统将再次结合，标志就是互联网技术寻找到可再生能源，这是第三次工业革命的基础。

与里夫金的研究差不多在同一个时间里，IBM 正在为在全球金融危机中如何使自己的主流业务由硬件制造转向软件设计和咨询服务而绞尽脑汁，他们首次提出了“智慧地球”的概念。同时，以“城市——使生活更美好”为主题的上海世博会正在紧锣密鼓地筹备中，作为精明的商人，IBM 恰逢其时地提出并最早让中国人津津乐道地接受了“智慧城市”的新概念。2009 年，中国政府为了应对全球金融危机，提出了 4 万亿元投资项目，IBM 公司抓住机遇，趁热打铁，在全国范围内积极推广他们“智慧城市”新理念。人们看到，里夫金的研究关注的焦点是“可再生能源”，IBM 大作文章的是“智慧城市”，而中国的问题绝不止于此，于是，“智慧能源”的研究开始进入人们的视线。

什么是智慧能源？2015 年，由中国标准出版社出版的《中国智慧能源产业发展报告（2015）》开宗明义这样写道：“什么是智慧能源？智慧能源必须是应用互联网和现代通信技术对能源的生产、使用、调度和效率状况进行实时监控、分析，并在大数据、云计算的基础上进行实时检测、报告和优化处理，以达到最佳状态的开放的、透明的、去中心化和广泛自愿参与的能源综合管理系统。”对于这个定义，报告做了如下阐释：第一，智慧能源不只是概念，必须是产业创新的实践。第二，

智慧能源产业不是单一的产业，而是能源产业与互联网产业和现代通信技术的复合体。第三，智慧能源不仅包括传统的能源生产，也包括新能源的开发利用；不仅涵盖能源生产，也涵盖能源消费；不仅关系环境资源、应对气候变化，更关系能效提升。第四，智慧能源产业创新是物联网的实践，最终的结果是能源互联网。做出这样的判断，并不是一个人、几个人的力量，而是一群人和一个组织、一个公共技术平台循序渐进的研究结果，这个组织和平台就是中国智慧能源产业技术创新战略联盟。该联盟自 2012 年末开始酝酿筹备，由全国节能减排标准化技术联盟主导，联合中关村下一代互联网联盟共同发起，经过多次研讨、论证，反复听取政府主管部门、研究机构、大专院校尤其是企业第一线科研人员的意见，在科技部推行产业技术创新联盟工作的大背景下，于 2013 年 11 月 14 日在北京正式成立。2014 年 7 月，在贵阳国际生态论坛年会上举办第一届全国论坛，发布研究专著《智慧能源——产业创新与实践》，树立了一面鲜艳的创新旗帜。2015 年 10 月，在杭州，联盟以自己的方式借助“西湖博览会”的东风，成功举办了“2015 能源互联网大会暨智慧能源产业博览会”，邀请到美国著名学者，《第三次工业革命》作者杰里米·里夫金，世界银行首席能源科学家，将节能减排理念和节能减排技术方法传播到中国来的第一人罗博特·泰勒，德国工业 4.0 起草人艾克·韦伯教授，韩国环境科学研究院院长金勇周等国际知名专家学者，共同聚焦研讨这个全新的产业，从而使中国的智慧能源产业创新跨上与发达国家比肩的起跑线。

三、 能源互联网生态圈与智慧能源产业链

能源互联网不会在一觉醒来时自然形成，它是通过智慧能源产业的创新实践日积月累的最终结果，没有智慧能源产业创新的成功实践，就不会有能源互联网。智慧能源既然是产业，这个产业的形态是什么？产业链如何构成？智慧能源产业技术创新包含哪些内容？涵盖哪些领域？涉及哪些技术和产品？目前就全世界来说尚未有过这方面的系统研究，在我国，这也是个循序渐进的实践过程，既急不得，也慢不得。

综合几年来中国智慧能源产业技术创新战略各领域、各产业、各专业的探索和实践，总结出智慧能源产业链的构成及其相互关系，如图 1－1 所示。

智慧能源技术及解决方案是能源技术与互联网信息技术的融合创新的结果。其中：能源技术包括了能源生产技术、存储技术、输送技术及消费技术等；互联网信

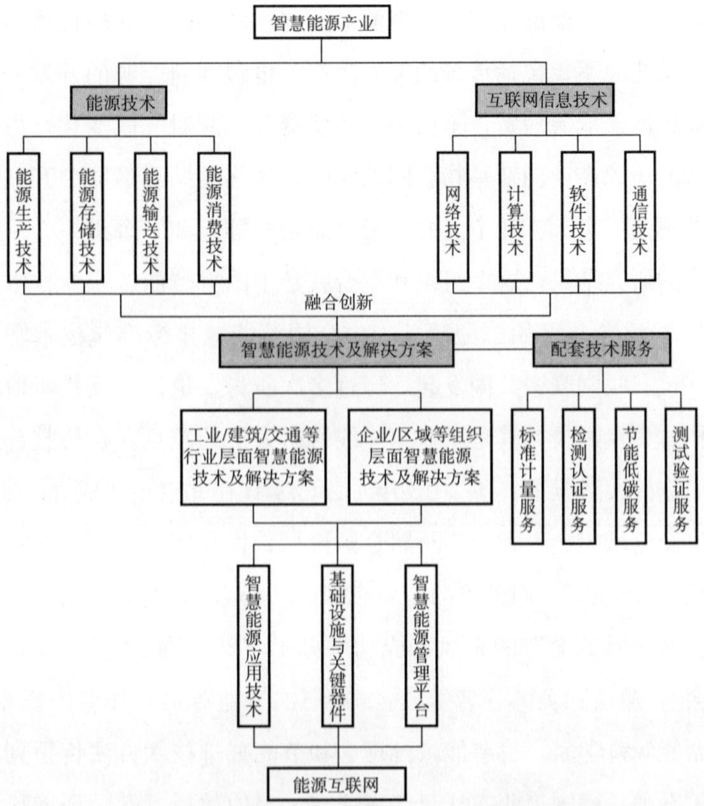

图 1-1　智慧能源产业链的构成及其相互关系

息技术包括了网络技术、计算技术、软件技术及移动通信技术等。

按应用范围划分，智慧能源技术及解决方案包含了工业/建筑/交通等行业层面智慧能源技术及解决方案、企业/区域等组织层面智慧能源技术及解决方案等内容；按技术产品划分，智慧能源技术及解决方案包含了智慧能源各类应用技术、基础设施与关键器件、智慧能源管理平台等内容。

和其他产业一样，智慧能源产业也需要配套技术服务予以支撑，服务内容包括标准计量服务、检测认证服务、节能低碳第三方服务及测试验证服务等。

智慧能源产业与能源互联网的核心理念是一致的，智慧能源技术、产品及解决方案的创新发展及推广应用将有效推动能源互联网的形成与发展。

四、 智慧能源产业各组成部分分解

1. 能源技术部分

依据能源利用的四个环节（生产、存储、输送、消费），能源技术则包括能源生产技术、存储技术、输送技术及消费技术，如图 1-2 所示。其中，能源生产技术包括传统能源技术（煤炭、石油、天然气、水能等）和新能源技术（太阳能、风能、生物质能、地热能等）；能源存储技术包括机械储能、电磁储能、电化学储能等；能源输送技术包括直流供电技术、并网技术、分布式能源/微网技术等；能源消费技术指的是能效提升/节能低碳技术，主要涉及工业（电力、钢铁、化工、建材等）、建筑（公共建筑、居住建筑、工业建筑、农业建筑等）、交通（传统交通工具、新能源汽车、充电桩等）三大领域。近年来，农业对智慧能源技术的探索和应用也出现良好苗头，是未来发展的又一个亮点。

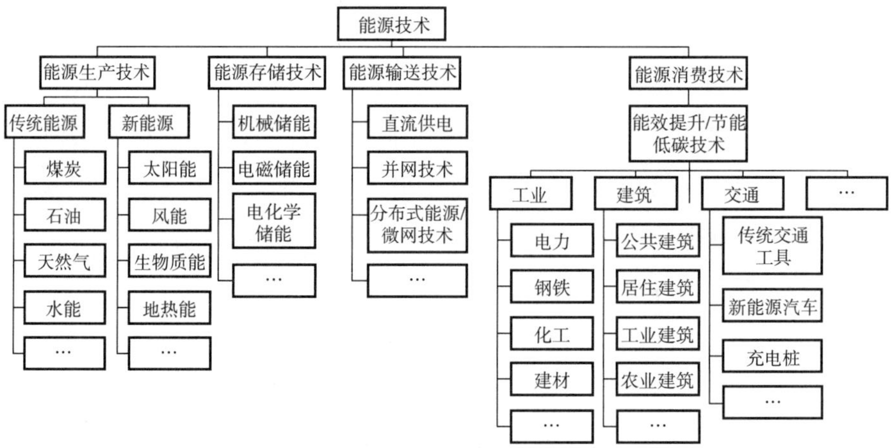

图 1-2　能源技术框架图

能源技术是发展智慧能源产业的基础和依托。智慧能源的目标对象是能源，包括传统能源和新能源，只有能源的生产、存储、输送、消费等技术日趋完善，智慧能源产业才能拥有坚实的发展根基。

2. 信息技术部分

信息技术是主要用于管理和处理信息所采用的各种技术的总称，包括互联网技术和现代通信技术，随着技术的创新发展，这两类技术正在逐渐靠近融合，而且以万物互联为特征的物联网正在形成。根据这一特点，互联网信息技术包括了网络技术、计算技术、软件技术及通信技术等内容，如图 1-3 所示。其中，网络技术包括下一代互联网、物联网技术等；计算技术包括云计算、大数据等；软件技术包括系统软件、应用软件、SDN（软件定义网络）等；通信技术包括有线通信（光纤、同轴电缆、网线等）、无线通信（3G/4G/5G、WLAN、蓝牙等）等，特别值得重视的是传感器技术，未来的物联网时代，将是传感器研究和应用暴发的时代。

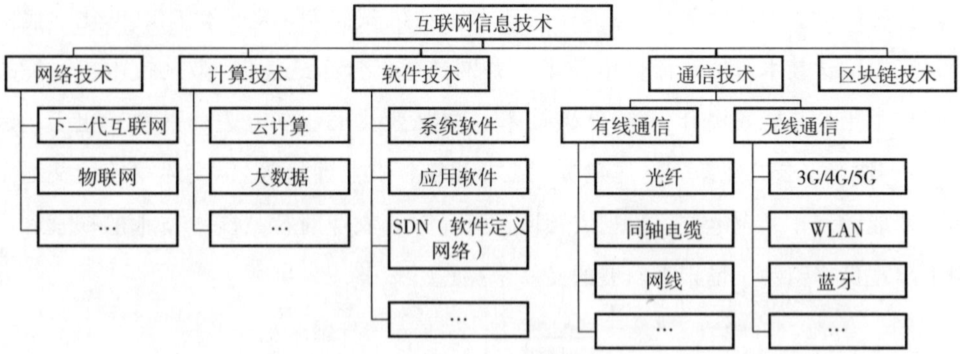

图 1-3　互联网信息技术框架图

信息技术是发展智慧能源产业的工具和手段。智慧能源的目标是实现能源的“智慧化”，其技术核心是在能源技术基础上引入人类的“智慧”，而实现这一“智慧”的载体则是互联网、物联网、云计算、大数据等信息技术。

3. 智慧能源技术及解决方案框架

（1）按照应用范围划分，智慧能源技术及解决方案包括了工业/建筑/交通等行业层面、企业/区域等组织层面的技术及解决方案等内容，如图 1-4 所示。其中，工业/建筑/交通等行业层面智慧能源技术及解决方案包括智慧供热、智慧供冷、智慧流体、智慧蒸汽、智能变电站、智能输配电、智慧照明、智慧家居、智慧交通等；企业/区域等组织层面智慧能源技术及解决方案包括企业/区域能耗监测与优化、企业/区域生产过程优化、企业/区域能源系统优化等。

（2）按照技术、产品划分，智慧能源技术及解决方案包括了智慧能源应用技术、基础设施与关键器件、智慧能源管理平台等内容，如图 1-5 所示。其中，智慧能源应用技术包括分布式能源技术、智能输配电技术、智能用电及智能调度技术、高效节能变频调速控制技术、无功补偿技术、低耗损配变技术、相位跟踪控制技术等；基础设施与关键器件包括传感器、网关、流量计、智能阀门、逻辑模块、编码器、光通信产品等；智慧能源管理平台架构由现场设施域、网络传输域、分析处理域以及控制处理域四个部分组成，各部分的作用分别为数据采集、数据传输、数据存储与处理、数据展现与应用（实现自动控制、总线管理、智能联动等功能）等。

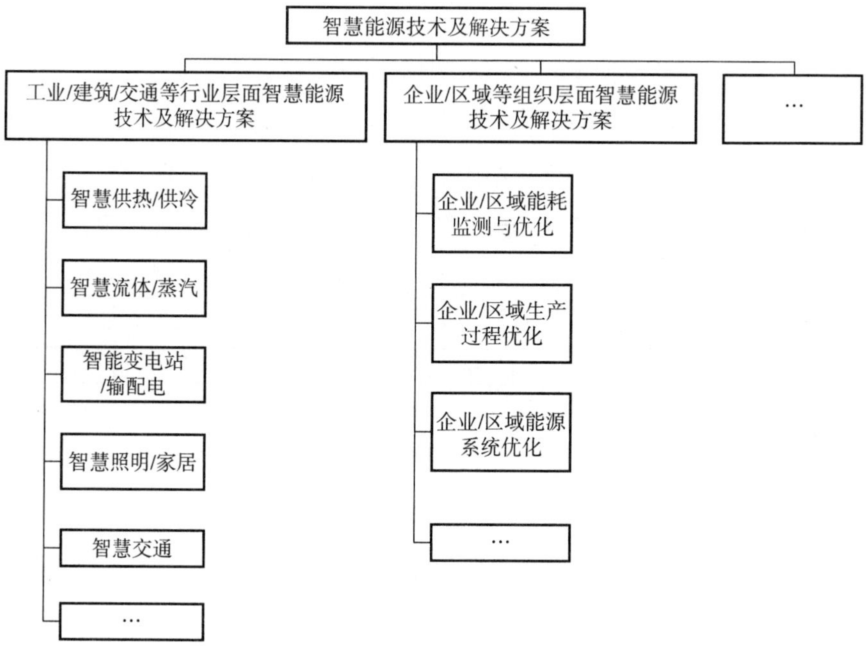

图 1-4　智慧能源技术及解决方案框架图（按应用范围划分）

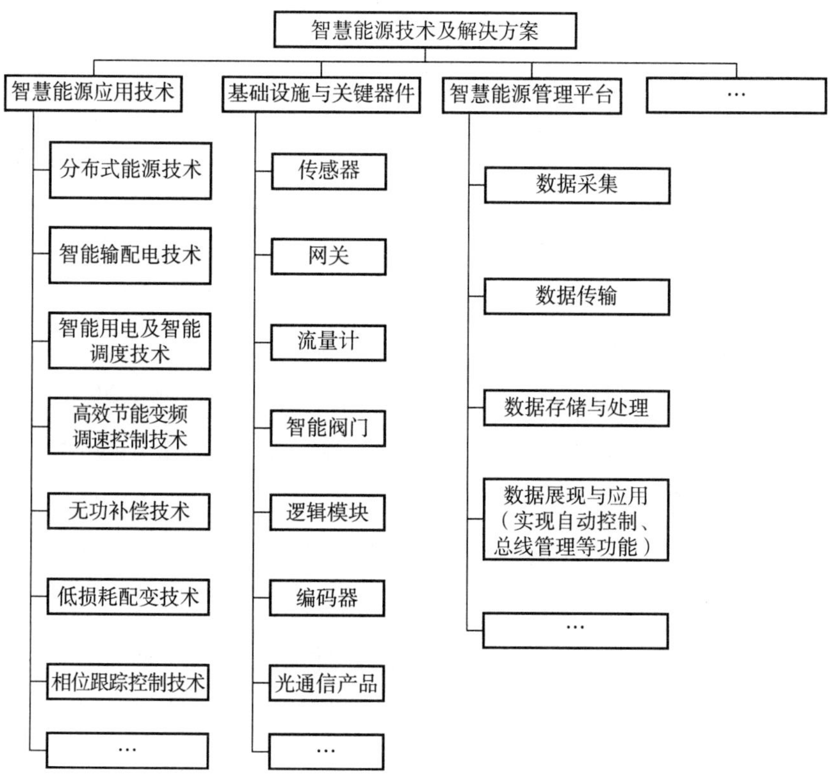

图 1-5　智慧能源技术及解决方案框架图（按技术产品划分）

4. 配套技术服务

智慧能源产业配套技术服务包括标准计量服务、检测认证服务、节能低碳服务及测试验证服务等，如图 1－6 所示。其中，标准计量服务、检测认证服务和节能低碳服务是为智慧能源产业提供的基础通用服务，测试验证服务是为智慧能源产业提供的专项特有服务，是根据智慧能源技术特点衍生出来的一项新的服务。

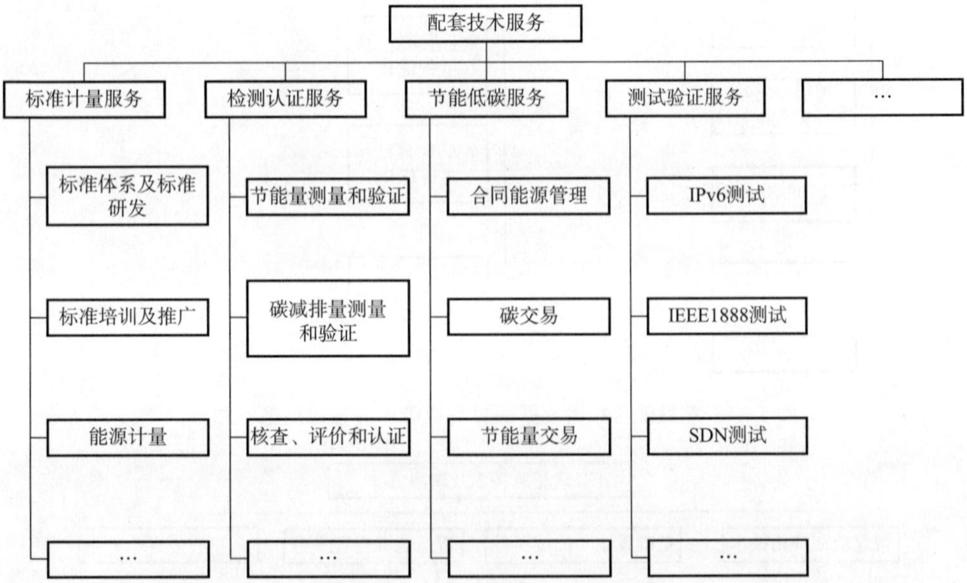

图 1－6　配套技术服务框架图

标准计量服务包括标准体系及标准研发、标准培训及推广、能源计量等；检测认证服务包括节能量测量和验证、碳减排量测量和验证、核查/评价和认证等；节能低碳服务包括合同能源管理、碳交易、节能量交易等；测试验证服务主要针对信息技术领域的测试，包括 IPv6 测试、IEEE1888 测试、SDN 测试等，以满足智慧能源管理平台中的庞大域名地址、数据互联互通、智能联动控制等功能需求。

5. 智慧能源与零碳技术

零碳技术包括近零碳技术是对低碳技术的升级。1990 年，英国的比尔・邓斯特教授开始研究零碳建筑。相对于低碳技术而言，零碳技术更严格、更细腻，目前只是在建筑领域获得了应用。比尔・邓斯特教授和他的“零碳工场”的研究成果，集中体现在他们的在南伦敦建成的贝丁顿零碳社区和在海滨小镇黑斯廷斯建成的零账单房屋上。他们的零碳技术以建筑物为载体完全采用新能源满足该建筑物的所有能源需求，既可提供舒适宜居的环境，用来居住和办公，还可以给电动车充电，不俟如此，多余电力还可以卖给电网，实现用能零账单。早在2010年上海举办世博会期间，比尔·邓斯特教授他们就把零碳理念和零碳技术带到中国来展示，办起了很有特色的“英国零碳馆”。遗憾的是那个时候这个理念并没有引起人们足够的注意。到比尔·邓斯特教授的“零碳工场”实地考察后发现他们应用的单项技术包括光电、换热、储能、电动车充放电、多能互补，微能网等，与智慧能源产业创新直接相关，不只是盖房子，而是对这些与碳排放有关的技术的综合应用。分解开看，这些技术在中国国内早已具备，所不同的就是缺乏系统整合。而且，这一类技术在中国各地有着广阔的应用空间和发展前景，可以在建筑领域或其他领域广泛推广使用。2017年10月27日，在杭州西湖博览会上，中国智慧能源产业创新技术联盟成功举办了开启零碳新生活的专题论坛，反响强烈。同年11月7日～9日，以“互联网+能源新技术，开创零碳新生活”为主题，在上海成功举办了2017中国能源互联网大会暨智慧能源产业博览会。前世界银行前首席能源科学家罗博·特泰勒先生和比尔·邓斯特教授应邀参会，与大家在一起论证中国由高碳到低碳，再由低碳到零碳的发展历程和技术路径，推动了智慧能源产业创新的深化发展。会后，由联盟核心成员擎洲光电科技公司主导打造的“零碳示范园区”项目在广东东莞破土落地。

6. 智慧能源标准化

智慧能源标准是跨界的标准、创新的标准、协同和融合的标准。

社会上有一种误解，似乎什么事情出来，一定要先定出个国家标准，否则就没有权威性。其实，标准是实践的产物，科技研发的过程也是技术标准的研制过程，但这个过程不一定是国家标准或国际标准，主要看标准的应用范围，它是随着科技成果的应用范围和应用主体来决定的，不能一概而论。

根据中国智慧能源产业技术创新战略联盟所属成员企业和科研机构的探索与实践，经初步梳理，智慧能源产业创新标准体系应至少包含以下几个方面：智慧能源基础类标准、共性技术类标准、监测类标准、大数据标准、评价类标准、控制类标准以及服务平台类标准等，由此形成智慧能源产业标准体系框架。

（1）智慧能源基础类标准

主要针对智慧能源定义、智慧能源分类、编码对象、编码方案以及智慧能源通用符号、专用符号、技术产品用符号、设备用符号等内容开展标准化工作。智慧能源通用基础标准应至少包括：术语、分类方面的标准，图形符号方面的标准以及编码格式方面的标准等。

（2）智慧能源共性技术类标准

主要针对智慧能源系统架构的四个关键层次开展标准化工作。智慧能源共性支撑技术类标准应至少包括：感知层方面的标准、网络层方面的标准、数据层方面的标准以及平台层方面的标准等。

（3）智慧能源监测类标准

主要针对智慧能源的能源计量、测量以及信息传输监测等内容开展标准化工作。智慧能源监测类标准应至少包括：计量方面的标准、网关方面的标准以及通信传输方面的标准等。其中计量方面的标准包括计量器具配备以及计量精度要求等方面的标准。

（4）智慧能源大数据标准

主要针对智慧能源大数据的特点以及大数据的应用过程开展标准化工作。智慧能源大数据标准应至少包括：数据编码方面的标准、数据存储方面的标准、数据交换方面的标准、数据整合方面的标准以及数据处理方面的标准等。

（5）智慧能源评价类标准

主要针对智慧能源综合管理系统应用前后的节能减排成效进行评价。智慧评价类标准应至少包括：能量平衡方面的标准、能效对标方面的标准、节能量评价方面的标准以及节能评估方面的标准等。

（6）智慧能源控制类标准

主要针对智慧能源控制策略与技术等方面开展标准化工作。智慧能源控制类标准应至少包括：控制策略方面的标准、模型架构方面的标准、能源预警方面的标准以及能源调配方面的标准等。

（7）智慧能源服务平台类标准

主要针对智慧能源各类技术服务开展标准化工作。智慧能源控制类标准应至少包括：公共信息服务方面的标准、数据挖掘服务方面的标准、测试和认证方面的标准以及云计算服务方面的标准等。

7. 智慧能源企业分类标准

现阶段，在国家各项政策的推动下，智慧能源受到了越来越多的关注，智慧能源产业发展迅速，市场上涌现出一大批生产或销售智慧能源产品、研发智慧能源技术及解决方案的企业，具体包括但不限于以下企业：能源管理解决方案企业、传感及计量器具企业、智慧照明企业、智慧家电企业、建筑节能企业、节能技术服务企业、新能源生产企业、可再生能源企业、分布式能源及多能互补企业、配电及电力零售企业、能源站及运维企业、传感器提供商、电信服务商、投融资机构、检测认证机构、碳交易机构等。

虽然目前我国开展智慧能源业务的企业种类及数量众多，但是由于我国智慧能源产业处于刚起步阶段，产业链上、中、下游构成还不够清晰，产业链构成还欠清晰，造成这些企业在发展智慧能源业务时，大多比较分散、产业聚集程度不高，企业之间的协同创新能力不足，行业缺乏龙头企业，产业示范效应尚未形成。部分企业对于智慧能源理解也不够透彻，在发展智慧能源业务方面还存在偏差，这在一定程度上阻碍了智慧能源产业发展。因此，急需以标准的形式，提出智慧能源企业发展的必要条件，明确智慧能源企业的内涵、基本范围和主要类型，提出不同类型和档次智慧能源企业需要达到的规模和水平，指导智慧能源企业建设发展，并通过指标评估体系为智慧能源市场提供判断及评价依据。这对于指导智慧能源企业健康发展，促进智慧能源市场的规范化，推动智慧能源企业做强做大，参与国际智慧能源市场竞争，将起到积极作用，同时也是一种符合市场经济原则的积极探索与有效尝试。

因此，开展《智慧能源企业分类》《智慧能源企业评估指标》等标准研制工作，对智慧能源产业进行科学划分，对智慧能源企业进行精确分类及合理评价，明确产业链上、中、下游及产业分工合作，将有利于指导智慧能源企业提升自身能力，有利于开展智慧能源协同创新，有利于培养智慧能源典型企业和试点示范项目，有利于推动智慧能源产业良性发展。

在实际工作中，对智慧能源企业的界定和分类，需要从以下三个基本点出发：

一是符合智慧能源的基本内涵与本质要求。智慧能源管理系统须是应用互联网、物联网等新一代信息技术对能源的生产、存储、输送和使用状况进行实时监控、分析，并在大数据、云计算的基础上进行实时检测、报告和优化处理，以形成最佳状态的、开放的、透明的、去中心化和广泛自愿参与的综合管理系统。从这些基本要求与要素出发，界定智慧能源企业。在这里，需要明确另一个关系，即智慧能源和清洁能源的关系，个人认为，可以将其认定为同位语，在某种意义上说，智慧能源就是清洁能源。因为新能源是相对于传统能源而言，传统能源＝化石能源＝煤、油、气。毫无疑问，这类能源是不清洁的。风能、太阳能、水力发电、生物质能才具备清洁能源的物质，智慧能源恰恰研究和解决这一类能源怎样科学合理运用。

二是符合我国智慧能源企业发展的实际状况。从总体上看，我国智慧能源企业主要由信息技术企业、节能环保企业和一大批新能源企业转型而成。从产业链上看，我国智慧能源企业主要包含了硬件设备供应商、系统集成和解决方案供应商、信息技术服务供应商和节能服务供应商等。

三是对智慧能源企业的分类不宜过多过细，因为智慧能源技术是跨界整合，产业也是跨界融合的，常常出现你中有我，我中有你的状况，需要相互学习，共同发展。

为提升智慧能源企业整体素质，推动智慧能源产业可持续发展，应在智慧能源企业分类标准的基础上，制定企业评估评价标准并注意以下三个方面：

一是对智慧能源企业的评估应包括基本要求与等级评估两个部分。前者是智慧能源企业的基本条件，也是门槛，不符合这些条件的就不是智慧能源企业，后者是对符合条件的智慧能源企业综合实力的评估和分级。

二是对智慧能源企业的评估应该是全面的、综合性的。根据智慧能源的基本内涵和要求，达到较高水平的智慧能源企业必须具备多方面的要素与能力，才能具有提供良好智慧能源产品及服务的基础。因此，评估指标应覆盖经营状况、资产状况、技术水平、管理水平、人员素质等多方面内容。

三是在评估指标的设计上，既要充分体现各个类型智慧能源企业的共性要求，也要考虑各个类型智慧能源企业的个性差异。

8. 小结

根据相关数据分析，目前中国内地的能源使用领域大体可分三个板块：以工业为主的制造业，约占总能耗60%；包括城乡居民生活在内的建筑业，约占总能耗30%；交通，约占总能耗10%。智慧能源产业技术创新的实现途径在上述三个板块都有体现。在第一个板块中是以节能减排和提升能效为主；在第二个板块中是在研究和实施既有建筑的节能和新建筑的低碳和零碳；在第三个板块中主要是在研究新能源车的应用。无论是哪个板块，都同样离不开新能源也就是清洁能源的合理配置和有效使用，不断提高替代比重。这就为智慧能源产业技术创新和能源互联网建设提供了巨大的商机和无限的可能。

还要看到能源需求的刚性原则。一方面，人类的一切努力都是为了使生活更美好，这就使得我们对能源的使用产生了刚性需求，不可能用减少和取消能源消费的方式去解决气候变化问题，只能实行能源替代。另一方面，中国正面临着后工业化和城镇化时代。按照现在的消费水平，在中国，一个生活在农村的人口转移到城市，能源的消费量就要增加四倍。与发达国家相比，我国现阶段的能源强度，即能源利用与经济产出之比，尚有相当大的差距，这种情况也直接制约着全面建成小康社会目标的实现。在应对气候变化方面，如何兑现中国对全世界做出的承诺，最终实现达峰和减排目标也是一种巨大的挑战。因此，习近平主席提出要在能源领域来一场包括生产、消费、技术和体制方面的彻底革命，并且要加强这方面的国际合作。中国智慧能源产业创新几年来来的实践证明，智慧能源产业创新和能源互联网建设就是实现能源革命强有力的技术支撑和日渐成效的有益实践。

有专家预测，未来中国智慧能源产业创新和能源互联网建设将至少拉动 20 万亿元产值，这个巨大的市场值得开发。

附：智慧能源产业创新大事记

2010 年，在担任中国标准化研究院院长期间，王忠敏曾经发起成立了全国节能减排标准化技术联盟，主要任务是研究和制定节能低碳联盟标准，抢占国际制高点，支撑国家应对气候变化战略。这一举措得到了国家发展改革委、工信部、科技部、中国科协、国家质检总局、国家标准委、国家认监委和十几个国家级协会的大力支持。

从 2013 年 3 月开始，联盟成立智慧能源工作组，率先以智慧能源产业创新为题开展社会调查、产业研究和市场分析，在此基础上与中关村下一代互联网联盟达成共识，于 2013 年 11 月 14 日联合创办了中国第一个也是目前唯一一个以推动智慧能源产业创新发展为己任的技术创新组织——中国智慧能源产业技术创新战略联盟。

联盟的成立得到了国家科技部、国家发展改革委、工信部、国家质检总局、国家能源局、中国科协、国家标准委、北京市科委、中关村管委会等主管机构的大力支持。联盟的名字也得了科技部创新中心的认可，成为科技部支持的技术创新战略联盟之一。

从 2014 年开始，联盟积极组织开展学术和理论研究，以《智慧能源——产业创新与实践》的出版为标志，完成智慧能源产业创新的理论准备。

2014年7月，在生态文明贵阳国际论坛年会上，首创“智慧能源产业——迈向生态文明之路”专题论坛，完成智慧能源由学术概念向产业创新的理论转变。工信部原部长李毅中、教育部副部长章新胜、国家发展改革委原副秘书长赵家荣莅临指导并发表讲话。

2014年末，联盟出版《2014中国智慧能源产业发展报告》，开始逐年对我国智慧能源产业发展和创新进行分析、总结。

从2015年开始，联盟率先研究和提出智慧能源产业技术创新与能源互联网建设的关系，通过分析国内外关于能源互联网的不同主张、类型和区别，明确提出中国的能源互联网建设应该是“智慧能源产业创新+能源互联网”的主张，并在2015年初召开的峰会上宣布启动“能源互联网元年”。

同年5月，联盟与英特尔合作，率先尝试建立“智慧能源公共服务云平台”，为联盟企业开展服务。在推广应用IEEE 1888标准基础上，率先成立“智慧能源产业创新和能源互联网标准化委员会”，开启智慧能源标准化工作，使这项以联盟专家为主体研制的标准成功升级为ISO/IEC国际标准，编号为ISO/IEC 18880。

2015年，率先以创新和推动联盟标准为己任，支持国家标准化改革，不仅最先成为国家标准委联盟标准试点，也被科技部列为样板，在各联盟标准创新实践中获得推广。

2015年10月16日～18日，为引导智慧能源产业创新发展，与杭州“西湖博览会”合作，首创“2015中国能源互联网大会暨智慧能源产业博览会”，一举成功，获得组委会大奖。原国家质检总局副局长吴清海、全国政协人口资源与环境委员会副主任齐让等领导莅临指导，世界银行原首席能源工业科学家罗博特·泰勒，美国未来学者，《第三次工业革命》作者杰里米·里夫金，德国工业4.0起草人艾克·韦伯教授，韩国环境科学研究院院长金勇周莅临演讲。

2016年，与秦皇岛市政府合作，于8月10日～12日，成功举办“2016中国能源互联网大会暨智慧能源产业博览会”。中国工程院原副院长、国家能源专家杜祥琬院士在这次大会上充分肯定“智慧能源产业创新+能源互联网”发展模式。齐让、原国家质检总局副局长吴清海再次亲自到会讲话，原科技部老领导石定寰参事出席讲演，领导们充分肯定智慧能源产业创新的历史意义和现实意义，充分肯定已经取得的开拓性成果，表示坚定支持联盟的创新发展。

2016 年 8 月，联盟与全球最大的中文搜索引擎、国际著名互联网企业百度达成共识并签署长期战略合作协议，共同开发建设“中国智慧能源百度公共服务云平台”。

2016 年 10 月 14 日，应杭州市政府特别邀请，在 G20 后首次在杭州举办智慧能源产业创新暨储能技术应用国际论坛，德国能源署和澳大利亚清洁委员会领导出席，杭州市市委常委、常务副市长马晓辉出席致词，论坛从下午一点半开到晚上七点，座无虚席，非常成功，又一次获得杭州市政府大奖。

在国际合作方面，中国智慧能源产业技术创新战略联盟已经同联合国工业发展组织、美国能源基金会、世界银行、德国能源署、日本东京大学、韩国环境卫生科学技术院、澳大利亚清洁能源委员会和英国标准化协会 BSI 等组织和机构建立合作。在国内，河北省保定市、秦皇岛、湖北省襄阳市、浙江省杭州市、义乌市已经和联盟建立合作关系。

联盟还在山东省成立了代表处，在湖北武汉建立了分联盟，在沈阳、西安、东莞建立了办事机构等。北京航空航天大学和联盟共同建立了智慧能源产业技术研究中心，中国计量大学正在与联盟磋商建立合作机构等。

2016 年 9 月，联盟召开新阶段工作会议，明确智慧能源产业创新 0～1 的起步阶段已经完成。下一步，要在新的起点上跃升新高度，把智慧能源产业创新和能源互联网建设推向新阶段。

（撰稿：王忠敏）

第二节 智慧能源发展态势

一、 产业发展需求

1. 国家能源战略的需求

能源是现代社会的血液。

《能源生产和消费革命战略（2016—2030）》提到，推进能源生产和消费革命，有利于增强能源安全保障能力、提升经济发展质量和效益、增加基本公共服务供给、积极主动应对全球气候变化、全面推进生态文明建设，对于全面建成小康社会和加快建设现代化国家具有重要现实意义和深远战略意义。

实现这个战略，就需要能源变革，正如战略的题中之义——“生产和消费革命”。

从能源革命的内涵来讲，不仅是消费侧和供给侧革命，还包括技术革命、体制革命。尤其是体制革命，意味着要颠覆延续数十年的生产模式、市场格局、管理体制。

能源消费基数大、人均资源水平低、能源结构不合理、能源环境成本高、能源体制机制相对落后是我国的能源国情。在能源供给体系中，我国已经形成煤炭、电力、石油、天然气、新能源、可再生能源协同发展的格局。

过去30年，我国用高于世界能源消费增速的方式支撑经济发展。中国扛着庞大的能源包袱，创造的价值只有世界平均水平一半，单位GDP能耗是世界平均水平的2.5倍。

改变高能耗、低能效、高污染的问题就要看紧能源消费的闸门，控制以化石能源为主的能源消费。节能理念应该贯穿经济社会发展的全过程和各领域，在调整产业结构上下功夫，倡导节约能源的社会消费观。同时，推动能源技术革命，带动产业升级。立足我国国情，紧跟国际能源技术革命新趋势，以绿色低碳为方向，分类推动技术创新、产业创新、商业模式创新，并同其他领域高新技术紧密结合，把能源技术及其关联产业培育成带动我国产业升级的新增长点。

还要推动能源体制革命，打通能源发展快车道。当前，我国的能源体制存在自然垄断、行政垄断等问题，市场竞争不充分。在能源价格管理上，政府对石油、天然气、电力存在一定价格管制，市场在资源配置中的作用丧失，资源产品价格发生扭曲。智慧能源的特点，即是实现能源革命的途径。

“传统能源+新能源+物联网”，展开式是化石能源减量、新能源替代、综合能效提升、低碳绿色发展，加上传感器技术普及应用、排除人为干预的可视化、可追溯、实时产生的物理信息的海量采集、云端存储、大数据分析和由此而来的定制式“平台经济”，在此基础上的能源保障、能源管理和能源安全及其有效运行。

2. 绿色低碳发展的需求

党的“十八大”积极推进生态文明建设，提出绿色发展、循环发展、低碳发展新理念，以实现人与自然和谐，形成经济增长、社会进步和环境保护协调发展的新局面。能源是关键项。

2016 年 9 月 3 日，十二届全国人大常委会第二十二次会议表决通过了关于批准《巴黎协定》的决定。这标志着作为占全球二氧化碳排放量 20.09%的排放大国的中国，已经负责任地向全世界宣告要带头履行减排义务，积极推动《巴黎协定》尽早生效。这也向国内外传递了明确的低碳转型信号，鼓励各级政府、国有和私营部门、民间团体积极应对气候变化，为减少温室气体排放作出贡献。巴黎协定的签订，意味着两百个缔约国同意，把全球平均气温较工业化前水平升高幅度控制在 2℃之内，并为把升温控制在 1.5℃之内而努力。全球将尽快实现温室气体排放达到峰值，本世纪下半叶实现温室气体净零排放。这意味着化石燃料业将加速退出历史舞台。中国政府承诺的目标是：二氧化碳排放将于 2030 年左右达到峰值并争取尽早达峰，到 2030 年单位国内生产总值二氧化碳排放比 2005 年下降 60%～65%。为了实现这个大目标，我国将采取很多重要措施，工信部已经宣布，目前我国也将启动相关研究，制订停止生产、销售传统能源汽车时间表。中国的汽车年产量去年已经实现了 2800 万辆，连续八年位居世界第一，税收、就业和商品销售总额都超过了全国总额的 10%以上。

习近平总书记提出："绿水青山就是金山银山，贯彻创新、协调、绿色、开放、共享的发展理念，加快形成节约资源和保护环境的空间格局、产业结构、生产方式、生活方式，给自然生态留下休养生息的时间和空间。"这也代表着广大人民群众对环境的要求。

曾几何时，高污染的发展带来的环境问题，困扰着我们。从根本上讲，高投入、高消耗、高污染的粗放发展方式的背后正是能源的奢侈使用。从这点上讲，可管控、智慧化的能源利用是改变高耗能的一种最经济实惠的方式，在这一过程中，智慧能源将能发挥巨大的作用。

3. 园区能源系统的需求

2015 年 7 月，我国第一个工业园区能源互联网项目在四川省宜宾县高捷工业园区启动。

2017 年 6 月公布的首批 55 个"互联网+"智慧能源（能源互联网）示范项目中，园区能源互联网综合示范项目占 12 个。

能源互联网之所以受到工业园区的青睐，是因为它能在用户与能源系统之间建立便捷的信息沟通渠道，使得包括能源生产、输送、分配、储存、调节、交易等环节趋于最优化，最终为每个用户提供更好的能源服务；同时，能源互联网还拥有快捷、绿色、高效、节能等诸多优点，已受到国内外的广泛重视，并成为我国深入实施“互联网+”战略的重要组成部分。

据统计，目前我国拥有国家级、省级等各类开发区近2000个，规划的千亿级产业园就有十余个，各类型的园区近4000个，可以说园区企业用能需求空间巨大。

从智慧能源和能源互联网的关系来看，它们都只是能源的管控方式，智慧能源和能源互联网讲的是一回事，只是表述不同。智慧能源讲的是形式，能源互联网说的是结果，两者相互依存，不可分割。从这点讲，园区急需智慧能源的广泛应用。

此外，园区本身也面临着绿色低碳，还有转型的多重难题：园区人口增长、产业结构升级、重大项目落户和基础设施建设加大了对能源的需求；园区节能工作起点高，工业行业节能潜力不断缩小，节能成效相对减弱；节能工作从第二产业向覆盖第三产业（大型公共建筑）转变……而智慧能源为节能减排提供了新的工作机制，能重塑现有的能源管理体系和实施方式。

4. 生产生活的需求

企业作为能源消费的基本组成单位，在节能减排中发挥了主体作用。在耗能企业内推广智慧能源，不仅可以鼓励企业在经济效益导向下发挥自身技术和管理的优势，而且有利于政府探索有效的政策引导方式，为智慧能源的进一步推广奠定基础。

目前，企业能源管控进入精细化阶段，需要对能耗进行精确管理，以有效降低成本，这就需要企业实现对能源的智能化管理。据估算，在我国，万家重点用能单位能耗占全社会能耗总量的60%以上，这对智慧能源产业来说，是一个巨大的潜在市场。

美好生活是人类筑梦的动力，环境生存的压力需要低碳生活。低碳生活的题中之义，则是提升能源的效率。

目前，各地提倡建设智慧能源城市。智慧能源城市重点在于“智慧+能源”，使用能源互联网。城市能源互联网可以理解为智慧能源城市的血管和神经系统的结合，为城市能源和信息的流通提供了载体。城市能源互联网无疑要通过城市能源清洁化、区域化、智能化和互联网化转型升级而实现。

构建城市能源互联网，将解决城市能源电力就地平衡的瓶颈，促进各类能源与电能转换，提高清洁能源在供给侧和电能在消费侧的使用比重，优化城市能源结构、提高能源利用效率、促进清洁能源开发利用，最终实现城市能源消费的基本无碳化。

由此可见，从现在起到2030年前，必将是我国智慧能源产业发展的重要历史时期。

二、产业发展现状

随风潜入夜，润物细无声。近年来，智慧能源产业蓬勃发展，尤其今年以来，智慧能源和能源互联网相互融合，相向发展，已变成了社会各界的普遍共识。

首先明确一点，智慧能源强调的是跨界融合，即是一种复合型产业，这是由它的特点决定的。里夫金指出能源互联网有五大支柱：其一，能源将向可再生方向发展；其二，构筑物可以分成区块转换成绿色微型电站，就地收集可再生能源发电；其三，开发新型储能技术，解决间歇式能源生产和存储；其四，利用互联技术使分布式微电网相互连接成为能源互联网，及时传递信息，以便将多余电力销售给电网；其五，利用电力或插电式汽车实现绿色能源销售和使用。但杰里米·里夫金没有提到提高既有能源使用效率的问题。从这些关联来看，智慧能源就不可避免地要涉及能源和互联网两大领域，再细分，能源方面有传统能源和新能源，互联网有IT和ICT，后者是要加上无线通信。又细分，能源的生产和消费可分成多个方面，多个层次，众多环节。互联网和无线通信也要涉及硬件、软件、传感器和数据采集、分析、加工的使用，这又涉及多种环境、多个场景。在能源应用领域，大的方面又分成工业用能、建筑用能和交通用能。所有用能方面又涉及能源使用效率以及对减排的贡献率，要有碳核查、换算、分析和国际比对等。因此，智慧能源产业不是新能源企业或传统产能、用能单位、传统节能服务产业和IT/ICT产业单独创造出来的，必须是这几类产业高度融合跨界发展的结果。智慧能源是一种产业复合体。

经过几年来的研究和梳理，智慧能源产业创新大致包括：新能源消纳、多能互补、储能、电力零售、节能减排、充电供电、微电网、微能源网、城市供热综合系统、家电、照明、工业能效、公共建筑能效，交通节能等多个领域、多个方面。

根据中投顾问发布的《2017—2021年中国智慧能源行业深度调研及投资前景预测报告》，2017年我国智慧能源行业IT投资规模将达到618亿元，未来五年（2017—2021）年均复合增长率约为23.45%，2021年投资规模将达到1435亿元。而未来10年，能源互联网的市场规模将超过20万亿元。

根据国家出台的“互联网+”行动计划、“互联网+”智慧能源指导意见等政策鼓励利用互联网理念，积极探索能源互联网与不同行业融合发展的新途径，鼓励利用互联网手段，在大型建筑、场馆、园区、岛屿、城镇等不同规模范围内开展能源互联网技术应用、商业模式和政策创新试点。随着能源互联网概念的深入以及政策的推进，市场上各类主体纷纷行动，出现了各种形式的创新和结合。

目前，有以下几种典型的发展趋势：

1. 能源与互联网互相渗透

传统能源企业和互联网企业开始迅速寻求合作，各种模式的战略组合不断出现；传统能源企业开始向互联网企业转变，互联网企业也开始向能源企业转变，形成互相渗透的格局，尤其是在可再生能源领域，光伏行业与互联网的结合是目前整合速度最快的领域。

加速整合是目前能源互联网最主要的趋势。比如一些传统发电企业开始与华为这样的互联网公司合作，通过用户大数据提炼出有价值的信息，进一步分析典型耗能用户的需求、更科学地做好用能预测，指导发电企业的战略布局。还有一类互联网公司，如阿里巴巴网络技术有限公司（阿里巴巴），在新能源领域已经与阳光电源、联合光伏等光伏企业在智慧光伏电站、能源互联网、互联网金融、云计算、大数据、信息安全等领域合作。在能源基础设施层面，阿里巴巴已经与浙江省电力公司、深圳供电局在能源互联网“互联网+”城市供电系统等领域合作。在终端能源消费方面，开始将电动汽车、家庭能源管理纳入阿里能源云计划。

2. 能源向金融拓展

金融行业在构建能源互联网中将扮演重要角色。金融是实现能源互联的重要抓手，从先期的基础设施建设，到后期商业模式、支付体系的变革都离不开金融资本的深度介入与助推。许多传统能源企业和信息技术企业都看到了互联网金融的重要作用和发展前景，通过打造各种能源互联网金融平台，建立起能源行业特别是光伏产业与金融资本对接的桥梁。民营资本打造“能源+互联网+金融”体系的速度远远快于国有能源企业或电网企业，从2015年的能源互联网金融典型代表“绿能宝”“微能云”到“国鑫所”，民营资本构建的能源互联网金融体系已经越来越成熟，同时也带动了国有能源企业进军互联网金融。

3. 向能源服务商转型

在新电改政策的激励下，传统能源公司纷纷谋求向能源综合服务商转型。各类能源企业都开始成立区域性售电公司，为开展后续能源服务做准备。据不完全统计，截至 2016 年 5 月底，全国 31 个省（直辖市、自治区）至少成立了 559 家售电公司。数量虽多，但都是抢占市场的心态，运作方式、商业模式都尚未真正建立起来，各售电公司也都在观望和摸索的状态中。

新经济形势下，我国面临着能源环境和经济发展双重压力，能源生产与消费革命需求非常迫切。某种程度来看，“互联网可以拯救能源行业”成为行业较大的可能性。互联网与能源行业的融合发展，在能源生产、消费、传输和再利用等环节都会衍生出更多的能源利用模式和消费模式，甚至是交易模式。智慧能源将成为互联网与传统能源结合的重要结晶，中国的智慧能源变革将启动一个巨大市场发展的能源市场。

“十三五”规划纲要明确提出，积极构建智慧能源系统。推进能源与信息等领域的新技术深度融合，统筹能源与通信、交通等基础设施网络建设，建设“源-网-荷-储”协调发展、集成互补的能源互联网。

研究认为，能源互联网借助先进技术、信息技术和市场化手段，打破能源价值链各环节的割裂状态，实现能源的全互动和全融合，驱动要素在跨环节的配置，是跨界的融合创新，也是促进能源供给侧结构性改革，实现我国新能源发展的有效途径。观察研究发现，我国目前有超过 300 个城市启动了智慧城市的规划和建设，为能源互联广域网的发展提供了综合的平台和政策支持，“一带一路”建设又为能源互联骨干网的发展提供了广阔的发展空间和国际市场。因此，从智慧能源领域的发展拓展与前景来看，是较为广阔的。

第三节　政策导向

智慧能源的创新与应用，离不开政策的支持和引导。本节着重对国内现有的智慧能源政策进行梳理，希望对产业有所帮助。

一、能源规划

2017 年 1 月 5 日，国家能源局举行新闻发布会，在解读《能源发展“十三五”规划》（以下简称《规划》）时 4 处提到智慧能源：

(1)《规划》强调，要坚持六个“更加注重”的政策取向：“……更加注重系统优化，积极构建智慧能源系统……”

（2）在产业模式创新方面，《规划》提出要积极推广合同能源管理、综合能源服务等先进市场理念和模式，推动信息技术与能源产业深度融合，增强能源供给侧、需求侧交互响应能力，构建能源生产、输送、使用和储能体系协调发展、集成互补的智慧能源体系。

（3）二是培育发展新型业态。智能电网、智能微网、电动汽车以及大规模储能等各种技术的发展，推动着分布式能源的广泛利用。分布式能源网络让每个人都参与能源系统的调节，每个人既是能源的消费者、用户，也是能源的生产者，这就是“十三五”规划强调的“互联网+”智慧能源的内涵，形成一个包括生产消费输送各个环节可以完全互动的领域，形成你中有我、我中有你这么一个大的能源系统，也能实现能源的增值服务。

（4）通过需求侧管理，让用户更多地参与进来，更多地提高能源效率，降低能源成本，这也是“互联网+”智慧能源的应有之意。

二、能源体制革命行动计划及示范项目

为贯彻习近平总书记关于能源革命的战略思想，国家发展改革委、国家能源局积极构建能源革命框架体系，2017 年 7 月，联合印发《能源体制革命行动计划》（以下简称《行动计划》），明确了我国能源体制革命的战略背景、战略思路、战略任务，并提出十大重点行动。十大行动中明确：六是加快“互联网+”智慧能源体制创新试点示范。

2017 年 6 月，国家能源局公布了首批“互联网+”智慧能源（能源互联网）示范项目。首批“互联网+”智慧能源（能源互联网）示范项目共 55 个。其中城市能源互联网综合示范项目 12 个、园区能源互联网综合示范项目 12 个、其他及跨地区多能协同示范项目 5 个、基于电动汽车的能源互联网示范项目 6 个、基于灵活性资源的能源互联网示范项目 2 个、基于绿色能源灵活交易的能源互联网示范项目 3 个、基于行业融合的能源互联网示范项目 4 个、能源大数据与第三方服务示范项目 8 个、智能化能源基础设施示范项目 3 个。

名单的公布意味着能源互联网试点建设的正式启动。国家能源局估计，能源互联网试点示范工作将带动超过 400 亿元的投资。

在试点示范的配套政策上，国家能源局会同国务院有关部门，将能源互联网示

范项目纳入重大工程包，研究完善示范项目建设和运营过程中的配套支持政策，能源互联网试点建设正式启动。

入选项目申请单位主要有三类，工业园区、省级电力公司和上市公司。上海电力、金风科技等5家上市公司及一家新三板公司东润环能的项目入选。

具体项目为：上海电力的城市综合智慧能源供应服务体系，金风科技的无为高沟电缆基地智能微电网“互联网+”智慧能源示范项目，科华恒盛的基于绿色能源灵活交易的智慧分布式微电网云平台试点示范项目，阳光电源的合肥高新区分布式能源灵活交易“互联网+”智慧能源示范项目，科陆电子的智慧用能及增值服务项目，以及东润环能的承德市公共交通枢纽能源互联网示范项目。

在示范项目中，综合试点示范包括园区能源互联网试点示范、城市能源互联网试点示范、跨地区多能互补等。

国家能源局提出，鼓励城市综合示范区对可再生能源渗透率、灵活性资源比例等设置挑战性目标，鼓励开展100%可再生能源示范区的研究规划；探索邻近城市间能源生产与消费协同模式；探索弃风、弃光、弃水制氢、供热的循环利用模式。

同时，试点示范包括电动汽车、灵活性资源、智慧用能、绿色能源灵活交易和行业融合五种情景在内的能源互联网试点示范。

三、关联性政策

如前述，2017年更像是智慧能源发展的另一个“元年”，在国家政策方面，除了示范项目，其他关联性一揽子措施的出台，意味着智慧能源不仅获得了政府支持，更是进入落地阶段。

2017年1月，国家能源局公布首批多能互补集成优化示范工程，首批多能互补集成优化示范工程共安排23个项目，其中，终端一体化集成供能系统17个、风光水火储多能互补系统6个。

首批多能互补集成优化示范工程项目出炉，标志着多能互补的序幕拉开。预计在“十三五”时期，多能互补示范工程将稳步推进，并进一步优化能源系统，通过联产联供、互补集成的方式提高整体效率及降低成本。可见，多能互补市场方兴未艾。

2017年5月，国家能源局印发《新能源微电网示范项目名单》，28个新能源微电网示范项目获批。这批项目带来的新增光伏装机为899MW，新增的电储能装机超过150MW，此外，各种热储能、风电等其他类型能源也都有体现。此举将对中国的分布式光伏、储能带来巨大推动。

2017年10月，国家发展改革委和国家能源局发布了关于开展分布式发电市场化交易试点的通知。分布式发电位于电力消费场所或与之相邻，所发电力无需远距离及升降压传输。与集中式发电供电方式相比，具有减少电力损耗、节省输电费用以及减少对土地和空间资源占用的优点，特别是可就近利用清洁能源资源。由集中式向分布式转型是能源供给模式的发展趋势，也是我国实现能源系统结构优化和清洁化目标的必由之路。未来，能源供给将呈现多元化、共享化，最终使得分布式新能源生产者和消费者可通过互联网化的能源交易平台实现自由交易。分布式发电市场化交易，有助于形成由市场决定电价的机制，构建市场化交易流程和交易体系，反映分布式电力的合理价值，尽快实现平价上网，创造政府、企业和用户多赢的局面。

附：国家能源局关于公布首批“互联网+”智慧能源（能源互联网）示范项目的通知及案例

为落实《关于推进“互联网+”智慧能源发展的指导意见》（发改能源〔2016〕392号）、《国家能源局关于组织实施“互联网+”智慧能源（能源互联网）示范项目的通知》（国能科技〔2016〕200号）等有关要求，组织开展了“互联网+”智慧能源（能源互联网）示范项目的申报和评选工作。经过专家评审、公示等工作程序，确定了首批示范项目。现将有关事项通知如下：

一、首批“互联网+”智慧能源（能源互联网）示范项目共55个（见表1-1）。其中城市能源互联网综合示范项目12个、园区能源互联网综合示范项目12个、其他及跨地区多能协同示范项目5个、基于电动汽车的能源互联网示范项目6个、基于灵活性资源的能源互联网示范项目2个、基于绿色能源灵活交易的能源互联网示范项目3个、基于行业融合的能源互联网示范项目4个、能源大数据与第三方服务示范项目8个、智能化能源基础设施示范项目3个。

二、项目实施单位应科学编制实施方案、合理选择运作方式，严格遵循项目基本建设程序，建设内容应符合相应行业管理要求，保质保量推进示范项目建设。首批示范项目原则上应于2017年8月底前开工，并于2018年底前建成。对于未能按时开工或建成的项目，应及时向省级能源主管部门提出延期申请，对无故延期或不申报延期的予以取消。

三、省级能源主管部门应做好本地区示范项目的组织协调和监督管理工作，优化和简化项目核准程序，提供一站式服务，及时跟踪项目进展情况，协助解决项目实施中的问题，并及时向有关单位报告，确保示范项目建设进度和质量。项目建成后，项目单位应及时向省级能源主管部门提出验收申请，省级能源主管部门委托第三方专业机构验收通过后，组织编制项目验收报告，并上报国家能源局。

四、国家能源局、国家能源局派出能源监管机构和省级能源主管部门将组织社会各界专业力量对示范项目进行综合评议并持续辅导，共同保证项目示范引领作用的充分发挥。对于发生重大变化或后期运行不符合示范项目技术、经济要求的，应责令项目单位限期整改，整改后仍不符合要求的，不再作为示范项目推广，不再享受相关政策。

五、省级能源主管部门应组织有关分布式能源、电网、气网、热力管网企业做好示范项目配套工程建设规划，适时开展配套工程建设。研究制定示范项目并网运行方案，实现“公平、开放、无歧视”接入，实施公平调度。积极协调示范项目与农业、工业、交通、市政、商业、体育、教育等不同行业的交叉融合问题。

六、省级能源主管部门可结合本地实际制定和协调支持示范项目建设和运行的土地、价格、市场、资金、税费、科技、人才等方面的政策措施，协调政策落实中的重大问题。将示范项目同步纳入电力、油气等专项改革试点工作中，优先执行国家有关能源灵活价格政策、激励政策和改革措施。示范项目优先使用国家能源规划所确定的各省（区、市）火电装机容量、可再生能源配额、碳交易配额、可再生能源补贴等指标额度。

表 1-1　首批“互联网+”智慧能源示范项目

序号	项目名称	申请单位
1	北京延庆能源互联网综合示范区	中关村科技园区延庆园管理委员会
2	能源互联网试点示范园区	苏州工业园区管理委员会
3	厦门火炬开发区“一区多园”“互联网+”智慧能源+智能制造产业融合试点示范	厦门国家火炬高技术产业开发区管委会
4	京能海淀北部新区能源互联网示范工程	京能首都能源互联网项目管理办公室（北京能源集团有限责任公司）

表1-1（续）

序号	项目名称	申请单位
5	崇明能源互联网综合示范项目	上海市崇明区发改委、国家城市能源计量中心（上海）、上汽集团（上海安悦节能技术有限公司）等
6	浙江嘉兴城市能源互联网综合试点示范项目	国网浙江省电力公司、浙江省海宁市人民政府
7	天府新区能源互联网示范项目	四川省电力公司等
8	合肥新站高新区综合能源管理“互联网＋”智慧能源示范项目	常州天合光能有限公司
9	面向特大城市电网能源互联网示范项目	广州供电局有限公司
10	城市综合智慧能源供应服务体系	上海电力股份有限公司
11	临港区域能源互联网综合示范项目	上海电气集团中央研究院、临港集团
12	山西科创城能源互联网综合试点示范项目（一期）	国网山西省电力公司太原供电公司
13	北京经济技术开发区（路南区）能源互联网综合试点示范	北京中民智中能源科技有限公司
14	呈贡信息产业园能源互联网综合示范项目	昆明售电有限公司
15	华润电力泰兴虹桥工业园区“互联网＋”智慧能源示范项目	华润电力投资有限公司江苏分公司
16	中宁县基于灵活性资源的能源互联网试点示范	宁夏中宁工业园区能源管理服务有限公司
17	北京经济技术开发区北京经开产业园“互联网＋”智慧能源项目	北京经开投资开发股份有限公司
18	产业园区互联网＋智慧电源系统应用示范	江苏天工工具有限公司
19	内蒙古蒙西高新技术工业园区能源互联网示范基地	内蒙古智慧蒙西能源管理服务有限公司
20	无为高沟电缆基地智能微电网“互联网＋”智慧能源示范项目	新疆金风科技股份有限公司
21	井冈山经济技术开发区园区能源互联网示范项目	井冈山经济技术开发区管委会
22	绿色云计算中心智慧能源示范项目	吕梁市军民融合协同创新研究院
23	上海国际旅游度假区“互联网＋”智慧能源（能源互联网）工程	国网上海市电力公司浦东供电公司

表1-1（续）

序号	项目名称	申请单位
24	基于“互联网+”智慧新能源的多种能源互补型智能电站项目	河南省鑫贞德有机农业股份有限公司
25	支持能源消费革命的城市—园区双级“互联网+”智慧能源示范项目	广东电网有限责任公司
26	延长石油1GW风光气氢牧能源互联网示范项目	陕西延长石油（集团）有限责任公司
27	湖州长兴新能源小镇“源网荷储售”一体化能源互联网示范项目	浙江浙能长兴发电有限公司、超威电源有限公司、浙江省长兴县人民政府画溪街道办事处
28	珠海（国家）高新技术产业开发区“互联网+小镇”智慧能源示范项目	珠海派诺科技股份有限公司等
29	海南省三沙市永兴岛“互联网+”智慧能源示范项目	海南天能电力有限公司
30	承德市公共交通枢纽能源互联网示范项目	北京东润环能投资有限公司（北京东润环能科技股份有限公司）
31	基于智能云调度的电动汽车能源互联网示范项目	成都雅骏新能源汽车科技股份有限公司等
32	青海省新能源汽车充电设施与分时租赁创新示范工程	青海百能汇通新能源科技有限公司等
33	电动汽车能源互联网及运营模式创新（常州地区）项目	万帮充电设备有限公司
34	芜湖、淮南、池州电动汽车全自助分时租赁“互联网+”智能能源示范项目	安徽易开汽车运营股份有限公司（芜湖恒天易开软件科技股份有限公司）
35	西咸新区基于低碳智慧公共交通体系的能源互联网建设项目	陕西西咸新区发展集团有限公司
36	江苏大规模源网荷友好互动系统示范工程	国网江苏省电力公司
37	风光氢储互补型智能微电网示范项目	西安交通大学等
38	基于绿色能源灵活交易的智慧分布式微电网云平台试点示范项目	厦门科华恒盛股份有限公司
39	基于绿色数据中心能源灵活交易的能源互联网试点示范	互联慧智张家口能源发展有限公司
40	基于多种能源的电力实时交易平台试点项目	国网甘肃电力公司等

表 1-1（续）

序号	项目名称	申请单位
41	张北县"互联网+智慧能源"示范项目	张北禾润能源有限公司等
42	"互联网+"在智能供热系统中的应用研究及工程示范	中国华电集团公司等
43	广西钦州渔光风储"互联网+"智慧能源示范项目	钦州通威惠金新能源有限公司
44	合肥高新区分布式能源灵活交易"互联网+"智慧能源示范项目	阳光电源股份有限公司
45	基于电力大数据的能源公共服务建设与应用工程	全球能源互联网研究院等
46	长沙市天然气全产业链电商服务平台	好买气电子商务有限公司
47	中国石油电子商务平台	中国石油规划总院等
48	广州市能源管理与辅助决策平台示范项目	广州市发改委
49	智慧用能及增值服务项目	深圳市科陆电子科技股份有限公司
50	贵州省能源大数据管理云平台	贵州黔信数据有限公司
51	基于云南能源大数据的智慧能源行业融合应用平台	云南能源投资集团有限公司
52	基于省级电网企业全业务数据中心的能源互联网智慧用能示范	国网辽宁省电力有限公司
53	特大型能源化工基地"互联网+"智慧能源示范项目	中国平煤神马能源化工集团有限责任公司
54	基于智慧能源的绿色数据中心关键技术及应用	宁波世纪互联信息技术有限公司
55	连云港经济技术开发区能源互联网试点示范项目	连云港林洋新能源有限公司（连云港经济技术开发区）

首批"互联网+"智慧能源（能源互联网）示范项目的建设，是我国能源行业发展迈出的重要一步。示范项目目前已运行一段时间，下面介绍几个典型的案例。

【案例一】

北京延庆能源互联网综合示范区项目

北京市延庆区境内拥有丰富的风能、太阳能、生物质能等绿色可再生资源，是首批国家绿色能源示范点，新能源发电潜力巨大。延庆新能源发电功率超过用电最大负荷，新能源发电量可实现100%满足全区用电需求。

为解决新能源有效接纳与利用，2011年，八达岭经济开发区面向国际开展了新能源微电网的方案征集。2012年启动建设八达岭经济开发区新能源谷微电网群，总投资12644万元，国家能源局投资1567万元，是国家级重大项目。这个位于八达岭经济开发区新能源谷的项目，是集能源生产与消费于一体的亚洲最大、包含29个子微网的5MW级智能微电网群，是新能源微电网的技术探索和实践。

北京延庆能源互联网综合示范区项目，整体投资预算34亿元，现北变集团已经投入1亿元，项目微电网模块已经有部分投运。供暖的项目目前正在进行中，同时进行分布式能源板块的建设。项目的核准备案目前在办理中。项目主要包含“世园零碳能源系统、八达岭智慧能源园区、柳沟绿能美丽乡村、里炮村能源型高效型农业、百里画廊绿色交通旅游、绿色能源交易中心”等建设内容。项目建成后，将使八达岭长城景区、延庆区八达岭镇、康庄镇等区域实现全面绿色供电、清洁能源供热、示范区内绿色能源灵活交易。该项目在优化延庆区能源消费结构、减少污染物排放、促进能源互联网产业集聚、构建延庆绿色产业体系等方面具有重要意义。

项目拟通过对能源互联网先行先试，探索出一条可再生能源可持续发展的道路，将延庆打造成为国内电力体制改革的引领者，我国践行“互联网+智慧能源”（能源互联网）的发源地，全国能源互联网金融中心。延庆城市能源互联网还将与延庆旅游产业融合，将延庆打造成为国际会议交流、科学知识普及、绿色能源主题旅游的基地，引领能源互联网发展潮流，成为向世界展示中国绿色可持续发展理念的窗口。未来，将在延庆实现可再生能源100%利用，打造绿色延庆，实现100%煤炭替代，实现低碳“世园会”、绿色“冬奥会”；践行“互联网+智慧能源”（能源互联网）的发源地，让延庆成为全国能源互联网金融中心，成为电力体制改革的引领者。

• 智慧能源群，两区两村，一带一会。北三带的绿色交通还有绿色供暖，八达岭是零碳智慧能源园区，有绿色数据中心、能源调控中心、交易中心之服务中心，国家级实验中心。

• 建设目标是能源渗透率100%，100%可再生和清洁能源利用。能源互联网与多种能源相结合，面向园区、商业、办公、居民、农村、场景多模式多场景的示范还有电动汽车的示范。

• 建设“世园会”。八达岭智慧园区，在新能源微电网基础上加上能源互联网。

• 搭建绿色能源大数据平台，建设能源互联网实验室。

【案例二】

崇明能源互联网综合示范项目

崇明能源互联网综合示范区将匹配崇明世界级生态岛的发展定位，目前项目在技术团队、商业模式已经大数据平台方面都存在一定的需求。

能源互联网示范项目申报的时候顶层设计是“1+4”，1是一平台，综合能源互联网大数平台，4领域包括：

（1）交通领域推进新能源汽车综合示范

（2）能源领域推进高比例可再生能源综合示范

（3）农村领域推进绿能新农村和农光渔光互补综合示范

（4）建筑领域推进新能源一体化和微网智能管理的低碳绿色节能建筑

• 亮点一：重视整体规划和顶层设计。崇明能源互联网示范项目整体规划包括综合能源创新城市、智能节能建筑、多能集成、智能电网、电动汽车、低碳城市、能源互联网安全数据共享平台和能源交易平台等，研究100%可再生能源示范区的规划实施路径。整合崇明新能源资源优势和全岛低碳绿色发展优势，立足工业园区提升改造、智慧岛园区建设、县改区城镇改造和新农村建设的领域，研究崇明开展能源互联网建设的重要路径，规划布局试点示范项目，研究各级政府扶持配套政策建议，形成崇明“互联网+”智慧能源实施方案。积极在探索相关基于能源互联网电力体制改革的方案。探索能源互联网的经济模式。

• 亮点二：能源互联网综合大数据平台。平台分步走，从智能的园区综合管理平台起点入手，针对多能互补的区域自治型的能源互联网进行推动。再扩大相关的数据范围，最后变成一个综合的大数据平台，在综合的大数据基础上推动相关的能源交易平台的建立。

• 亮点三：崇明能源互联网平台有一个特色：与多类型的能源互联网实现互动。第一，在跟市级智慧燃气管理平台在进行互动，从智能管网、智能调度、智能服务三个维度，借助信息科技创新促进智能管网深化建设，依托互联网的运用加快智能运营能力提升，最终构筑崇明世界级生态岛的智慧燃气的生产管理和服务运营。

在燃气集团管网共享GIS平台的基础上，一体化整合崇明公司管网GIS系统，形成崇明全流程数据统一的智慧燃气GIS平台，并能加载各类智能应用。分步建设崇明岛燃气管线的压力测点，建立监测、预警系统的数据服务，形成覆盖崇明各级压力管网的压力监测系统，对管网压力测点进行统一管理和监控。

市级电力需求响应平台，深入应用openADR2.0b规范，定义个性化响应策略，精确的负荷预测能力，基于物联网的设备互联，设备柔性负荷控制。市级建设能耗管理平台所采集到的建筑能源数据，数据现状调度的需求。

与市级充电桩管理平台进行对接，不同充电桩企业、充电桩运营商采用信息交互标准不同，需要统一数据接入格式、规范通信协议是上海充换电设施公共数据平台接入崇明充电桩信息。

• 亮点四：崇明能源互联网也重视对生态环境影响的数字仿真。能源互联网对生态环境的影响在哪里？项目建设希望通过借助计算机的手段研究多学科的数字化，对一些局部区域，尤其是对鸟类（最核心的是对鸟类的干扰），包括烟气（污染物）扩散及散热影响、低频噪声的影响、采光影响进行分析以及预测，从而有效的指导相关设备的设备选型、排布地理位置、组合形式等，最大程度降低新能源设施对生态环境的影响。

作为上海首个以智慧燃气和新能源相结合率先实现能源清洁化、智能化、低碳化的能源互联网综合示范区。崇明能源互联网将结合世界级生态岛，以及能源领域各种的现有的一些方向，作为重要试验田，对我国能源革命和上海能源创新领域的政策瓶颈、技术标准瓶颈、体制瓶颈取得有意义的突破提供借鉴。

【案例三】

能源互联网试点示范园区——苏州工业园区

苏州工业园区结合近年来在推广清洁能源、提高能效、绿色建筑等领域进行的诸多探索与尝试，依托清华大学、南京大学等高校研究力量，编制了苏州工业园能源互联网示范项目实施方案，获得了国家能源局和评审专家的一致认可。

园区能源互联网示范项目主要包括一个能源管理平台建设，能效提升、新能源应用、多能协同三个具体项目建设工程，以及相应能源使用和管理方面的体制机制创新。

园区能源管理公共服务平台是在园区整体信息化规划框架下的能源信息基础工程，是以园区法人库和地理信息库为基础的能源专题库，是实现区内能源信息互联互通的纽带，是园区建设能源互联网示范区的基础支撑平台。目前平台已通过一期项目验收，实现了与13家源厂的对接，6大类能源及资源的收集（电力、天然气、水、蒸汽、煤、汽柴油）；二期项目已启动，将实现光伏、储能、充电基础设施等分散、小型发电、用电数据，企业实时用电数据，企业生产过程碳排放数据的收集、汇总、分析和决策使用，实现能源信息互联互通，优化能源供需配置。此外，园区管委会还将启动电动汽车充电基础设施公共服务平台的建设，未来为园区用户提供统一的电动汽车充电信息服务，实现园区充电基础设施数据的全覆盖。

一方面能效提升工程通过节能低碳能力建设项目，摸清园区用能企业、大型公建楼宇的用能现状，找出节能减排潜力，近年来有近百家企业和超过50栋楼宇做了能源审计，园区也是苏州市最早开展碳排放盘查的地区；另一方面鼓励企业实施节能减碳改造工程，每年都有超过50家园区企业开展各种类型节能改造，节能改造资金投入超亿元；此外不断提升园区和区内企业的的能源管理水平，目前在园区已有超过200家企业完成能源信息化管理系统上线，独墅湖科教创新区建成全国首个区域型智慧能源管理平台，园区学校、医院等公共机构也在构建全国首个公共机构能源信息化管理平台，通过对各种能源数据、各用能终端设备的运行及控制数据等采集，实现多能流能量管理、终端能效提升、智能需求响应等一系列功能，并逐渐形成能源托管等创新工作模式。

新能源应用工程则将在园区大比例、快速提升分布式光伏项目的推广应用。当前园区已有50MW分布式光伏上网发电，年发电量超过5000万kWh。园区委托中科院开展了分布式光伏发展的工作方案，中新春兴、协鑫、英利等一批知名企业利用园区厂房屋顶正在大力建设分布式光伏发电系统。通过推广新能源，降低使用传统化石能源，将优化园区电网结构，实现电力削峰填谷，对企业来说将降低企业用电成本、实现闲置屋顶资源的开发利用，新能源的使用也是治理雾霾的重要手段之一。

多能协同工程主要鼓励企业开展微电网建设，实现多种能源形式的智能转换，实现多能集成互补优化，提升能源综合利用率。园区正与国网苏州公司一起，全力打造智能电网示范园区，加大园区配网建设，实现智能管控；协鑫集团在园区正在开展国家级多能互补示范工程建设，协鑫工研院是全国首批微电网示范项目；中恒普瑞正在园区普洛斯物流园建设全市首个大型的商用储能电站，中新公用组建能源服务公司打通园区蒸汽热网，港华燃气大力发展天然气冷热电三联供，推进能源的梯级集约化利用。

园区将通过能源互联网示范项目建设，创新探索人工智能、互联网＋在区域能源领域的创新应用和引领示范，建成能源消费与城市发展完美融合的能源互联网，致力于开放创新的最新实践。

• 园区平台建设情况。目前园区完成了园区能源公共服务平台的建设，覆盖3792家企业。一期已经完成在线运营，二期正在开发。

• 两个特色：一是坚持利用能源互联网，利用大数据，实现能源流和信息流的互联互通；二是当地政府抓前期平台构建较早，可以实现在工业建筑交通生活全领域下的与能源有关的数据进行联通。

• 供给侧方面，天然气替代，目前分布式天然气建成只有1.6MW，还有一些项目在陆续进行中。热网互联网，当地电厂热网没有全连起来，联网以后可以更多鼓励燃气发电，降低燃煤发电。可利用屋顶光伏在1GW左右。

• 在消费侧方面，200多家用能数据是实时掌握。储能项目在园区已经开展了两个，一个是装机容量3kW、24kWh的储能电站，还有1MW小一点的电站。

存在困难主要是在分布式方面，光伏，储能方面审批难度还是比较少的。但天然气分布式审核审批流程较长。

【案例四】

浙江嘉兴城市能源互联网综合试点示范项目

作为国家能源局批复的“首批‘互联网＋’智慧能源（能源互联网）示范项目”中唯一由电网公司和政府合作主导的项目，浙江嘉兴城市能源互联网综合试点示范项目于2017年底启动，嘉兴开始向清洁能源、高效电网、绿色交通、低碳建筑、智慧用能的能源互联网城市转型。

该示范项目内容包括完善基础设施和研发综合能源服务平台两大类，将以城市能源大数据共享平台为核心，以智能高效电网为支撑，完善整合清洁能源、低碳建筑、智慧用电、绿色交通等领域基础设施，实现多资源协同的低碳节能、信息共享、供需互动、模式开放的新型能源供需平衡体系，形成可推广、可复制的“海宁模式”，建成普及清洁能源、高效电网、绿色交通、低碳建筑、智慧用能的低碳能源互联网示范城市。

嘉兴城市能源互联网是浙江能源互联网的重要应用示范与具体深化，即打造以电为中心的能源交互配置平台，以数据驱动的城市能源互联网资源配置机制与体系，支撑综合能源服务平台及其创新服务机制与体系建设。

通过嘉兴城市能源互联网综合试点示范项目，让试点先行领跑，浙江正以点带面探索城市能源互联网经验，树立城市能源互联网标杆项目，打通能源互联网实践路径，建立新的能源商业模式与机制，带动大众参与、万众创新的新业态，实现能源及其相关产业链的优化与调整，实现以科学合理的能源消费结构支撑经济社会转型发展。

作为该示范项目所在地海宁市，利用太阳能、生物质能、风能等可再生能源资源丰富，风电以及光伏发电量增长迅速等优势，大力推进城市能源互联网建设。主要包括主动配电网海宁示范项目、尖山新区分布式光伏发电项目、海宁市“百万家庭屋顶光伏项目”、海宁市家庭屋顶光伏并网配套项目等。同时建设了嘉兴范围内唯一的光伏发电储能站，把居民光伏发电的多余电能储存起来，需要时再用，同时也能提高电能质量。

海宁市绿色交通建设已初具规模，目前已建成充换电站点 28 个，充电桩 292 座，环球车享电动汽车租赁电站 53 个，充电桩 305 座，主要分布在高速服务区、公共停车场、体育场等地。计划将在三年内完成 1000 个充电桩建设，形成市区电动汽车 2km 充电服务圈。按海宁总户数 18.15 万户计算，建成后实现平均 182 户居民拥有一台充电桩的占有量。

下阶段，将大力推进能源大数据共享平台建立，加快智能小区、智慧楼宇、新能源汽车等项目的建设，主动配电网实现电网主动规划、主动控制、主动管理、主动服务、主动参与和主动响应，智慧有效的开展综合低碳城市服务与应用。

• 嘉兴城市能源互联网是浙江能源互联网的重要应用示范与具体深化，即打造以电为中心的能源交互配置平台，以数据驱动的城市能源互联网资源配置机制与体系，支撑综合能源服务平台及其创新服务机制与体系建设。其中，能源大数据共享平台是核心，该平台由基于云计算的分布式发电资源平台、建筑能效管理平台、低碳交通管理平台、智慧家居用能管理平台、供需互动协同管理平台五个服务平台

构成。

• 预计到2019年底，嘉兴将初步建成以高效智能电网为基础，普及清洁能源、高效电网、绿色交通、低碳建筑、智慧用能的低碳能源互联网示范城市，提供清洁能源服务、建筑能效服务、供需互动服务、智慧用能服务、绿色交通服务等业务，即“一个平台”＋“四个整合”＋“一个支撑”＋“五种服务”的能源管理供需体系。

• 嘉兴分布式光伏并网主要采用智能微电网运行模式，保证微电网内供用电安全稳定，完成与外部电网的电力交换，最大程度接受分布式可再生能源并网。嘉兴光伏接入电网比例达20%，这表明嘉兴的光伏电能占终端能源消费的比重达国内领先水平。

• 浙江电力将结合嘉兴城市能源互联网综合试点示范项目和“互联网＋”双创基地综合能源服务示范工程，开展基于区块链技术的相关研究。具体到嘉兴城市能源互联网，将开展主动配电网、新型运维技术、尖山终端通信接入网等重点工程，以实现示范区内可再生能源100%就地接入与消纳。其中，区块链技术将有助于解决精确计量、自律控制、优化决策、广域协调等系列难题，并为电改后开展输配售电和结算等工作打下坚实的基础。

【案例五】

长兴新能源小镇“源网荷储售”一体化能源互联网示范项目

浙江省长兴县新能源小镇汇聚了一批新能源产业集群，为了探索能源互联网发展新模式，在3.3km^2的范围内，拟投资2.9亿元，围绕“1个平台、5个子项”的总体框架，开展高可靠灵活性资源的能源互联网建设，构建园区“多能互补联供、源网荷储协调”的综合能源供给体系和能源互联网运营模式，促进能源行业技术进步，推动当地产业升级，项目投资回收期7.8年，内部收益率达到8.56%（税后）。

项目建设的背景，新能源小镇规划建设分布式光伏发电、储能、冷热能源站、电动汽车充电设施等多种高可靠灵活性资源，需要通过自动需求响应机制，对灵活性资源进行商品化改造，建设虚拟电厂运行服务平台，从而实现占当地最大负荷18%以上的多种能源形式的虚拟电厂。

总的高可靠灵活性能源互联网资源占本地区最大负荷10%以上；提高电力储能

占当地最大负荷比例从当前1%左右到10%以上；新能源装机容量与负荷容量占比从当前6%提高到30%以上，园区实现100%集中供热，园区冷负荷实现50%集中供应以上。

项目按照“原则确立—架构设计—模式探索—示范推广”的技术路线开展“基于高可靠灵活性资源的能源互联网试点示范”项目，通过“1个平台+5个子项”一体化融合的建设，构建各类数据、服务融合集成的能源互联网，实现能源的智慧运营；技术融合创新性，以运营平台实现能源统一管理、统一调控。能源调控代表性，储能、负荷调节多种手段降低电网峰谷差。带动产业必要性，支撑政府建立长兴新能源产业业态。因地制宜可行性，长兴能源供应条件与用户能源需求结合；多能互补经济性，长兴电厂发电蒸汽余热、储能参与调节，探索新型商业模式建设的内容就是一个中心五个子项，虚拟电场综合运行服务平台：采用集中—分散两层控制结构，上层控制中心负责能量优化调度，下层控制中心负责辖区内用户发电用电负荷的具体控制方案。自动需求响应：针对长兴新能源小镇试点范围内80户工商业大用户和200户典型居民用户，提供用户用能数据监测、分析，实现电力负荷参与电网削峰填谷。

分布式光伏发电是利用现有园区企业屋顶面积，建设15MW分布式光伏发电系统。冷热能源站建设由5台制冷量408万kcal（1kcal=4.1868kJ）的蒸汽双效溴化锂吸收式冷水机组，系统总装机容量达2040万kcal。分层架构储能系统，基于虚拟同步机技术建设分层构架的储能系统，系统设计容量6MW/42MWh时。电动汽车充电设施，新建4个充电站，其中快充口共计40个，慢充口共计20个。

技术力量涵盖“源—网—储—荷”所有环节，拥有可再生能源、智能电网及互联网等能源互联网必备技术，具备形成“多种能源高效利用+多元主体参与”能源互联共享网络的基础条件，包含发电商、网络运营商、售电商、第三方服务商和终端用户等完整的市场主体。

新能源小镇能源供应、用户需求、基础设施、输配线路等均满足建设条件。供给侧有4台330MW燃煤发电机组，2台435MW天然气发电机组，光伏可安装容量22MW。需这块，140余家工业用户供热供冷的电力需求日负荷风骨差在10MW左右，政府的支持力度比较大。

项目经济效益的收益分析，项目整体投资额为2.90亿元，预计产生7.60亿元收入，项目的所得税后内部收益率达到8.56%，投资回收期为7.82年，整体项目在经济效益上可行。把整个收益做到尽量理想化，测算按照综合试点城市标准测算，目前长兴县尚未纳入试点城市。整个项目从偿债能力、财务生存能力和不确定性分析显示，各项指标均表现良好。

• 构建灵活可靠的多元能源供应体系，促进能源生产方式的变革。建立基于新能源的高效循环使用，节约化石能源和减少碳排放。

• 提升能源终端利用能效。利用电、气、冷、热等多种灵活分布式能源资源的互联互通和高可靠灵活性调配交易，改变传统用能模式，提升用能效率，促进能源可持续利用，构建开放、互联、共享、平等的能源领域新常态。

• 项目主要特点：技术融合实现集成创新、能源调控降低电网峰谷差、发挥新能源小镇产业集群优势、助力产业发展、综合利用各类商业模式，保证项目收益；投资经济、推动产业发展。

第四节 市场走向

对于智慧能源产业发展来说，2017 年最明显的标志是互联网企业的加入。这背后是庞大的市场潜力。全球管理咨询公司埃森哲发布的最新报告《中国能源互联网商业生态展望》中预测，到 2020 年中国能源互联网的总市场规模将超过 9400 亿美元，约占当年 GDP 的 7%。

根据“‘互联网+’能源”指导意见，能源生产、能源输配、能源消费领域，以及信息通信技术和物联网领域，都将迎来新的投资机遇。

有分析认为，“互联网+”能源打破了以往能源系统信息不对称的格局，将小、微型能源设备有机结合起来，就像人们在互联网上任意创造、吸收信息一样，任何一个能源设备可以同时生产、消费主网上的能源，形成信息透明、“源-网-荷”主动互动、节能高效的能源网络，有望消除各能源品种之间的隔离，促进能提供多品种、多层次能源综合服务商的到来。除智能电网建设先行驱动的快速增长外，能源互联网还会为中国直接带动微网建设、冷热电三联供系统建设、屋顶太阳能系统建设、物联网建设、智能家居系统、储能系统等一系列制造产业的增长。同时，围绕能源管理相关的服务、融资甚至数据产业也将成为新型收入来源。

能源互联网的核心价值需通过用户价值、数据价值和能效价值的创新来实现。

中国能源互联网发展的关键在于能源基础设施的互联，能源形式的互换、能源技术数据与信息技术数据的互用、能源分配方式的互济、能源生产与消费商业模式的互利五个方面。

从市场反应就可以看出，智慧能源产业的火爆态势，华为、腾讯、阿里、百度打响能源互联网之战。

（1）华为

华为是国家电网重要的ICT设备供应商。在2017年3月30日成立的全球能源互联网发展合作组织中，华为作为理事会中唯一的一家ICT提供商。

华为认为，能源互联网的实现必须基于电力互联网，电力通信网和电力云的基础平台进行协同，ICT是其重要的使能者。

（2）腾讯

腾讯、广核签署《“互联网+”清洁能源战略合作框架协议》，双方将以“互联网+清洁能源”为核心，开展包括混合云、全球协同通信、微信企业号、互联网金融等方面的合作。业界认为，双方的合作标志着国内首个“互联网+清洁能源”项目全面落地，也将推动国内能源互联网快速发展。

2017年4月21日，在上海签署《“互联网+”能源战略合作框架协议》，腾讯公司董事会主席兼首席执行官马化腾，高级执行副总裁、社交网络事业群总裁汤道生，申能集团党委书记、董事长王坚，党委副书记、总经理吴建雄，副总经理朱宗尧等出席签约仪式，见证了“‘互联网+’能源”落地上海。

（3）阿里巴巴

2016年，保利协鑫正式与阿里云合作，希望通过云计算、大数据等新一代信息技术推动切片业务管理升级、进一步提高硅片产品的市场竞争力。在光伏切片的生产过程涉及人、机、料、法、环上千个参数，任何一个变量的细小变化都会直接影响到切片良品率。在大数据存储的基础上，工程技术人员可以依据切片过程关键技术参数建立切割模型，通过数据测算和推演，模拟切割过程，测算切割良率。

当前协鑫与阿里双方团队正在推进二期项目研发进程，在切片端完成全面升级后，稳步推进到光伏产业链的多晶硅，硅锭，电池，组件等其他制造端的智能制造升级。

2017年4月26日，在云栖大会南京峰会上，天合光能宣布引入阿里云ET工业大脑，用于寻找更优生产工艺，以提升电池片光电转化率。

光伏发电与燃煤发电相比，绿色、环保、无污染，但因成本高，一直没能在国内大规模应用。提高光电转换率可以降低成本。据测算，光电转换效率每提高1%，每度电成本就可降低5%～7%。

天合光能制造部总裁华敏洪介绍，在以创新为动力的光伏产业中，天合光能一直努力致力于通过技术的突破和产品的更新来实现电池光电转换率的提升以及系统成本的降低。

（4）百度

全球最大的中文搜索引擎百度宣布要进军能源互联网产业。这一消息在让人震惊的同时，也从另一方面印证了能源互联网的巨大潜力。百度作为一家网络公司，本身在互联网领域有较为丰富的运营经验，此次百度将这一经验移植到能源领域，相信也会有一番作为。

百度选择与上市公司爱康实业合作，双方签署了《战略合作框架协议》，共同发起设立了一个能源互联网平台，双方在能源互联网领域的具体实施工作交由爱康实业部署。而百度则发挥自身在人工智能、云计算方面的优势，同时还将打造一个能源大数据平台。从智慧能源综合解决方案的保障与支撑，以及绿色电力的智能化生产等实际需要，为客户提供一站式服务。

同时，爱康科技还引入了兴业燃气、新疆天山电力、北京国华电力等合作方，在配售电业务领域进行合作。这一事件具有里程碑意义，双方将会开启能源互联网新时代，在这一战略的推动下，百度与爱康实业有望发展成一个能源互联网运营上和国际清洁能源服务商。

能源互联网具有极大的可操作空间，上游的智能发电、清洁能源、分布式发电，到中游的自动化配电，下游的充电桩、新能源汽车等电力消费服务端，都有着广阔的发展空间。尤其是在清洁能源领域，各类发电企业的积极性正在逐步提高。针对此前部分光伏电站、风力发电站面临的补贴拖欠、弃光（风）限电等问题，目前国家发展改革委以及能源局正在采取多项措施加以解决，因此上游电站的运营信心也有望恢复。加之下游消费稳步提升，在这样的背景下发展能源互联网可谓是正当其时。

此外，为在能源互联网时代占得先机，各方纷纷行动起来。多所高校都成立了能源互联网研究中心，开展工程项目研究；国家标准委、中电联下达能源互联网系统性标准制定任务；国家筹备成立能源互联网标准推进组……

过去我国一次能源结构很单一，首先是煤电，而我国主要的煤炭资源都分布在西部、北部，这就导致了大电网、高电压、大火电基地的情况。这种模式适应当时的情况和解决思路，但经过多年发展，由于环境和资源的制约，这条路已不可持续。其次，随着新能源技术的发展，特别是风电、光伏发电的不断降价，我国能源资源的地区分配发生了巨大的变化。再次，多年发展证明，在西部集中式大规模发展风电和光伏的模式并不是有效的解决途径。第四，能源互联网是分布式发展可再生能源的必然选择。发展能源互联网可实现风光储、供热、供暖和供电的互补，容易发挥多能互补的优势，发挥能源利用效益和社会效益。最后，国民经济进入新常态后，无论是发电端、电力传输端还有应用端都需要随之进行调整。因此，能源互联网微网是推动能源生产与消费革命的重要抓手，是大势所趋。而将能源相关的各个环节都在网络上实现，是多家企业建设能源互联网的一种渠道。

为促成能源与互联网的紧密结合，联手互联网巨头已成为多家能源企业的普遍选择。

中广核与中国联通建立战略合作伙伴关系，双方将以“互联网+智慧能源”为牵引，以通信行业的新技术配合能源电力在生产、配送、数据中心供能、节能减排、体制改革等方面的新变化、新需求。

远景能源联合微软、埃森哲等公司成立“能源物联网与智慧城市技术联盟”，宣称要协同解决能源转型中的技术挑战。

……

不论以何种方式开始，我们看到，市场上，能源互联网建设的马拉松赛跑发令枪已打响。

第五节　技术发展

一、 智慧能源技术及分类

同任何一次浪潮一样，智慧能源的发展依然拼的是技术。智慧能源的动力是科技。蒸汽机与内燃机的科技创新是工业文明的基础，智慧能源的发展，同样需要科技来推动。核能、太阳风能、生物质能、泛能网等我们正在利用、起步探索或仍未发明的能源开发利用技术，必将会为智慧能源的发展提供巨大的动力。

《关于推进“互联网+”智慧能源发展的指导意见》中，要求推动能源互联网的关键技术攻关：

支持能源互联网的核心设备研发。研制提供能量汇聚、灵活分配、精准控制、无差别化接入等功能的新型设备，为能源互联网设施自下而上的自治组网、分散式网络化协同控制提供硬件支撑。支持直流电网、先进储能、能源转换、需求侧管理等关键技术、产品及设备的研发和应用。推广港口气化、港口岸电等清洁替代技术。加强能源互联网技术装备研发的国际化合作。

支持信息物理系统关键技术研发。研究低成本、高性能的集成通信技术。研究信息物理系统中面向量测、电价、控制、服务等多种信息类型、安全可靠的信息编码、加密、检验和通信技术。研究信息物理系统中能源流和信息流高效融合的调度管理与协同控制等关键技术。研究信息-能量耦合的统一建模与安全分析关键技术。

支持系统运营交易关键技术研发。研究多能融合能源系统的建模、分析与优化技术。研究集中式与分布式协同计算、控制、调度与自愈技术。研发支持多元交易主体、多元能源商品和复杂交易类型的能源电商平台。研究支持分布式、并发式交互响应的实时交易，互联网虚拟能源货币认证，互联网虚拟能源货币的定价、流通、交易与结算等关键技术。探索软件定义能源网络技术。

《能源技术革命创新行动计划》这样描述：提供智慧能源技术支撑。我国能源利用效率总体处于较低水平，这要求通过能源技术创新，提高用能设备设施的效率，增强储能调峰的灵活性和经济性，推进能源技术与信息技术的深度融合，加强整个能源系统的优化集成，实现各种能源资源的最优配置，构建一体化、智能化的能源技术体系。要重点发展分布式能源、电力储能、工业节能、建筑节能、交通节能、智能电网、能源互联网等技术。在能源互联网技术创新方面，能源互联网是一种互联网与能源生产、传输、存储、消费以及能源市场深度融合的能源产业发展新业态。推动能源智能生产技术创新，重点研究可再生能源、化石能源智能化生产，以及多能源智能协同生产等技术。加强能源智能传输技术创新，重点研究多能协同综合能源网络、智能网络的协同控制等技术，以及能源路由器、能源交换机等核心装备。促进能源智能消费技术创新，重点研究智能用能终端、智能监测与调控等技术及核心装备。推动智慧能源管理与监管手段创新，重点研究基于能源大数据的智慧能源精准需求管理技术、基于能源互联网的智慧能源监管技术。加强能源互联网综合集成技术创新，重点研究信息系统与物理系统的高效集成与智能化调控、能源大数据集成和安全共享、储能和电动汽车应用与管理以及需求侧响应等技术，形成较为完备的技术及标准体系，引领世界能源互联网技术创新。

智慧能源技术包括以下几个部分：

1. 能源技术

依据能源利用的四个环节（生产、存储、输送、消费），能源技术包括能源生产技术、存储技术、输送技术及消费技术，其中：能源生产技术包括传统能源技术（煤炭、石油、天然气、水能等）和新能源技术（太阳能、风能、生物质能、地热能等）；能源存储技术包括机械储能、电磁储能、电化学储能等；能源输送技术包括直流供电技术、并网技术、分布式能源/微网技术等；能源消费技术指的是能效提升/节能低碳技术，主要涉及工业（电力、钢铁、化工、建材等）、建筑（公共建筑、居住建筑、工业建筑、农业建筑等）、交通（传统交通工具、新能源汽车、充电桩等）三大领域，近年来农业对智慧能源技术的探索和应用也出现良好苗头，是未来发展的又一个亮点。

能源技术是发展智慧能源产业的基础和依托。智慧能源的目标对象是能源，包括传统能源和新能源，只有能源的生产、存储、输送、消费等技术日趋完善，智慧能源产业才能拥有坚实的发展根基。

2. 信息技术

信息技术是主要用于管理和处理信息所采用的各种技术的总称，包括互联网技术和现代通信技术，随着技术的创新发展，这两类技术正在逐渐靠近融合，而且以万物互联为特征的物联网正在形成。根据这一特点，互联网信息技术包括了网络技术、计算技术、软件技术及通信技术等内容。其中：网络技术包括下一代互联网、物联网技术等；计算技术包括云计算、大数据等；软件技术包括系统软件、应用软件、SDN（软件定义网络）等；通信技术包括有线通信（光纤、同轴电缆、网线等）、无线通信（3G/4G/5G、WLAN、蓝牙等）等，特别值得重视的是传感器技术，未来的物联网时代，将是传感器研究和应用爆发的时代。

信息技术是发展智慧能源产业的工具和手段。智慧能源的目标是实现能源的“智慧化”，其技术核心是在能源技术基础上引入人类的“智慧”，而实现这一“智慧”的载体则是互联网、物联网、云计算、大数据等信息技术。

3. 智慧能源技术及解决方案框架

按照应用范围划分，智慧能源技术及解决方案包括了工业/建筑/交通等行业层面、企业/区域等组织层面的技术及解决方案等内容。其中：工业/建筑/交通等行业层面智慧能源技术及解决方案包括智慧供热、智慧供冷、智慧流体、智慧蒸汽、智能变电站、智能输配电、智慧照明、智慧家居、智慧交通等；企业/区域等组织层面智慧能源技术及解决方案包括企业/区域能耗监测与优化、企业/区域生产过程优化、企业/区域能源系统优化等。

按照技术、产品划分，智慧能源技术及解决方案包括了智慧能源应用技术、基础设施与关键器件、智慧能源管理平台等内容。其中：智慧能源应用技术包括分布式能源技术、智能输配电技术、智能用电及智能调度技术、高效节能变频调速控制技术、无功补偿技术、低耗损配变技术、相位跟踪控制技术等；基础设施与关键器件包括传感器、网关、流量计、智能阀门、逻辑模块、编码器、光通信产品等；智慧能源管理平台架构由现场设施域、网络传输域、分析处理域以及控制处理域四部分组成，各部分的作用分别为数据采集、数据传输、数据存储与处理、数据展现与应用（实现自动控制、总线管理、智能联动等功能）等。

4. 配套技术服务

智慧能源产业配套技术服务包括标准计量服务、检测认证服务、节能低碳服务及测试验证服务等。其中：标准计量服务、检测认证服务和节能低碳服务是为智慧能源产业提供的基础通用服务，测试验证服务是为智慧能源产业提供的专项特有服务，是根据智慧能源技术特点衍生出来的一项新的服务。各个服务内容具体如下：

标准计量服务包括标准体系及标准研发、标准培训及推广、能源计量等；检测认证服务包括节能量测量和验证、碳减排量测量和验证、核查/评价和认证等；节能低碳服务包括合同能源管理、碳交易、节能量交易等；测试验证服务主要针对信息技术领域的测试，包括 IPv6 测试、IEEE1888 测试、SDN 测试等，以满足智慧能源管理平台中的庞大域名地址、数据互联互通、智能联动控制等功能需求。

细分来看，智慧能源产业创新技术应在新能源消纳、多能互补、储能、电力零售、节能减排、充电供电、微电网、微能源网、城市供热综合系统、工业能效、公共建筑能效、交通节能等方面发力。

二、 新能源消纳

2017 年的政府工作报告提出，抓紧解决机制和技术问题，优先保障可再生能源发电上网，有效缓解弃水、弃风、弃光状况。众所周知，由于新能源的特性，

“弃风弃光”几乎成了不治之症，新能源消纳很难根治。纵观各类研究报告和建议，“弃风弃光”原因分析主要集中在电源、电网、负荷三个要素上，而进一步剖析内因不难发现，体制机制才是导致“弃风弃光”的根本原因。

除了进行体制改革外，还可以通过技术解决新能源的并网问题，风电现在是可预报的，预报的准确度能提到85%以上，而且随着大数据、云计算能力不断提高，加上风力发电的数据不断修正，预测的比例、精准度还在提高。风电、太阳能本身还存在互补性，同时不同区域的风电也可以互补，再加上储能技术的利用，新能源并网难题可以得到有效解决。

此外，还应该大力发展分布式能源技术。分布式能源技术是未来世界能源技术的重要发展方向，它具有能源利用效率高，环境负面影响小，可提高能源供应可靠性和经济效益好的特点。

近年来，得益于电力技术、信息技术、控制技术和储能技术的快速发展，全球分布式能源项目呈现“井喷式”的发展。可再生能源发电和小型燃气轮机技术的成熟使得平准化能源成本（LCOE）快速下降，分布式能源项目的经济性从过去的发展障碍一跃成为了驱动力；储能技术为分布式能源带来了更大的灵活性，可再生能源利用可以不受制于其间歇性的特征，多余的电力和热力也可以得到储存信息和通信技术在电网中的应用极大地提高了对能源实时数据访问的能力，物联网作为通信基础设施的发展推动分布式能源系统从单纯的机械设备向智能化、数字化演进。在技术创新的引领下，分布式能源系统相比于传统集中式“发电—输电—用电”模式的诸多优势得到了强化：更高的综合能源利用效率、更少的污染物和温室气体排放、强化的系统稳定性和供能安全，以及更低的用能成本。分布式能源技术所倚赖的电力、通信、储能技术全面进入成熟阶段，已经非常临近打破传统能源技术成本壁垒的平衡点。

三、多能互补

2017年5月，国家能源局正式公布了首批多能互补集成优化示范工程名单，共安排23个项目，其中终端一体化集成供能系统17个、风光水火储多能互补系统6个。有行业观察者称，若全国三分之一的产业园区实施终端一体化集成供能系统，市场空间将达万亿以上。

能互补集成优化是能源变革的发展趋势。与传统体制不同，多能互补集成优化所倡导的融合、统一、高效、清洁理念是当今能源革命的方向。

多能互补，简单来说就是多种能源之间相互补充和梯级利用，从而提升能源系统的综合利用效率，缓解能源供需矛盾，构成丰富的清洁、低碳供能结构体系。值得注意的是，多能互补并不是简单地将几种能源进行相加，而是需要在技术上进行创新，实现新能源和传统能源之间的深度融合。

目前，多能互补技术发展越来越快。但还面临着技术挑战，用户侧和电源侧多能互补的技术挑战。用户侧多能互补（小系统）面向终端，以能源自给自足，合理联络为主，其中以偏远地区和海岛孤网供电为典型；电源侧多能互补（大系统）面向跨地区配置，以能源输送为主，比如“风-风互补”，不同风电场之间可能具有互补性，打捆送出可降低出力变化率。未来，技术发展方面，要整合多种新能源发电技术。如加大风光水火储多能互补关键技术和专用技术研发力度；创新用能的供需方式，提高经济性实现可再生能源的供能更加贴近用户、就地取能、就近消纳。

多能互补是新技术、新模式，需要更进一步研究创新发展。

四、储能

2017年火爆的储能行业，像是另一个风口：储能政策的印发、新能源汽车行业发展的提速、能源互联网的发展，储能技术的存在感不断提升，引来了大量资本。应该看到，储能对于能源革命的重要性。储能产业作为能源结构调整的支撑产业和关键推手，在传统发电、输配电、电力需求侧、辅助服务、新能源接入等不同领域有着广阔的应用前景。

储能技术的研究和发展一直以来备受各国重视，因为从某种意义上说，储能技术应用的程度决定着新能源的发展水平，储能产业重要性可见一斑。随着光伏FIT下降、税收投资抵免、能源智能网络化管控等因素驱动，全球主要储能市场蓬勃发展，前景一片大好。随着储能技术成本不断下降以及补偿机制的实施，预计到2025年，全球电化学储能项目累计装机规模将突破4000MW。从预测的数据可知，全球各界对未来储能市场高速发展具有信心。

目前，储能的应用场景主要分为热能储存（蓄冷和蓄热）和电能储存两部分。蓄冷和蓄热设施可以优化天然气分布式系统的运行并提高项目的经济效益，而电能储存则可以弥补分布式可再生能源波动性和间歇性的不足，保证系统的稳定输出。从储能介质来看，可以分为电池、氢、罐热、地热、冰热等。

风电、光伏等可再生能源飞速发展，电能储存的重要性不断上升。飞轮、超级电容、锂电池和液流电池等储电技术可以平滑分布式光伏的输出曲线，为系统的稳定运行提供支持。在光伏输出大于用户需求时，多余的电量可以被储存。如果太阳能电池板停止工作，或出现尖峰负荷、供电不足、电网断电等情况，储存的电能可以被释放出来，满足用户的用电需求，提高分布式光伏的综合利用率。随着电动汽车的推广和能源互联网概念的兴起，将电动汽车纳入储能网络的技术也纷纷涌现。其中，动力电池厂商、汽车制造企业以及高校已经展开相关研究，探索在分布式能源系统中利用废旧动力电池进行储能的技术可行性和经济效益。热储存是一种简单但基本的技术，该技术通常在建筑楼宇和工业过程中使用，一方面可以通过最优化供暖、通风和空调（HVAC）系统的方式来提高系统效率；另一方面，也可以避免高峰时段的电价溢价。

此外，氢能源也逐渐成为储能和分布式能源领域的下一个创新点。作为可再生能源利用的大国，德国目前已经建成数十个“风电制氢”项目：通过电解水设备，利用电网无法消纳的风电生产氢气，随后将氢气按照适当比例混入当地的天然气管道，供附近用户使用。这种方式将庞大的天然气网络当做储能介质，进一步降低风电场的弃风率。2017 年 5 月，国内首个风电制氢项目的制氢站也正式开工。在用户侧，电解水制氢可以与分布式光伏充分结合，在储能的同时生产氢气，整个过程中不排放任何污染物和温室气体。借助燃料电池、氢能源汽车等技术的推广，以氢气为核心的分布式能源网络也会迎来更大的发展空间。

五、 智能输配电及电力零售

输变电技术是电网正常运行中各种技术措施的总称，例如电压的调节、电力的输送等。输变电技术能够为人们提供用电需求，同时也是电网稳定可靠地供应电能的保证，能够有效预防供电过程中的各种事故的发生，对于电网建设的发展起到非常好的推动作用。

随着科学技术的不断快速发展，输变电技术水平取得了飞速地进步，输变电技术拥有很高的技术含量，输变电系统更是具有很高的可靠性强度以及较高的协作程度，具有更高的信息化程度，是输变电工作安全稳定运行的有效保证。输变电技术是电网发展以及建设中的一个非常重要的技术，该技术拥有非常显著的特征：很高的技术含量，需要投入的资金比较大，建设所用的时间比较长，但是该技术所建立系统具有很强的可靠度以及协作程度。正是因为这些特点才使得输变电技术得到了广泛地使用，尤其是在智能电网的建设中更是拥有非常大的应用空间，是智能电网建设的强大推动力。

与之配对应的是智能用电和智能电网。智能电网顾名思义就是把电网变得智能化，主要是基于电力技术以及计算机技术的发展。从智能电网的建设来看，智能电网作为近代科技发展和进步的产物，主要是基于目前的高速通信网络，利用先进的设备、控制技术、测量技术以及决策系统技术等，使电网能够更好更安全地进行供电，进而达到经济、环保、可靠、运行稳定的目的。

2017 年 11 月，国家发展改革委、国家能源局下发《关于开展分布式发电市场化交易试点的通知》，以及 2018 年 1 月 3 日的补充通知，正式开启了分布式发电就近售电的渠道，这对包括分布式光伏在内的分布式电源项目都是较大的利好。从更深的层面看，这种交易模式的确立，以及相配套的一系列交易技术平台、交易规则的形成，将会形成未来电力零售市场的基础，这是分布式发电市场化更重要的含义——即与批发侧的电力现货市场相衔接，形成未来电力零售侧市场。从某种程度上说，电力零售市场才是未来售电公司、综合能源服务公司的主战场。

六、 节能减排

《能源生产和消费革命战略（2016—2030）》指出，到 2020 年，能源消费总量控制在 50 亿 tec（1tec＝29.3076GJ）以内。我国是全球温室气体排放总量第一大国，也是增量第一大国，我国的气候承诺对全球减排具有最为重要的影响。尤其是在美国退出《巴黎协定》之后，我国的定位与态度将对全球气候治理发挥更加重要的风向标作用。我国的气候承诺目标是 2030 年比 2005 年碳强度降低 60％～65％，2030 年碳排放达峰并力争早日达峰。这意味着节能减排压力非常大。

我们看到，近年来的节能技术的发展，使得节能空间逐渐缩小，需要进一步深挖技术潜力，通过技术进步、管理提升和能源替代综合提升能效，以更少的消耗和排放实现同样的产出和经济价值。

根据中国企业联合会、中国企业家协会、中国企业管理科学基金会等机构联合发布的《2016 年中国企业节能减排状况评估报告》，从企业层面看，我国企业在进入“十三五”时期以后，继续把节能减排作为向低能效浪费与环境污染宣战的目标任务，采取管理、技术“双轮驱动”，以重点项目为依托等一系列措施，节能减排在完成前两个五年规划目标的基础上又取得新的进展，可持续发展能力不断增强。

从本次样本企业调查来看，“十三五”开局之年，在国家政策支持与市场环境不断改善的情况下，我国企业对照“十三五”节能减排目标开展节能减排，进展态势良好。90%以上的样本企业完成了本企业的节能减排年度目标，同时认为国家的“十三五”节能减排目标设置基本合适。

进入“十三五”时期以后，大多数企业相比“十二五”时期，更加重视节能减排工作，更多企业不断完善前期设立的节能减排工作机构与相应的规章制度，普遍重视更加有效地运用技术、管理与政策的综合手段，以市场为导向开展节能减排，节能减排的专项投入普遍高于“十二五”时期的水平。但是，不同企业开展节能减排的水平仍然存在差异，有些企业重要指标的统计还不完全，需要在“十三五”时期进一步完善。要全面完成“十三五”规划的节能减排目标，我国企业还需力争在本行业节能减排的关键技术上继续有所突破，不断提升管理水平，更加有效运用新技术、新手段。

七、 充电供电

充电桩，是用来给电动汽车（EV）充电的设备，是传统加油站的替代品。充电桩主要由桩体、电气模块、计量模块等部分组成，一般具电能计量、计费、通信、控制等功能。充电桩设备本身并没有太高的技术含量，竞争差异主要体现在所生产设备的稳定性、兼容性、成本的控制、品牌口碑和招投标能力。根据充电功率的不同，可以将充电桩分为直流快充和交流慢充两类。

由于直流充电桩的建设成本较高、建设面积较大、不够灵活等多方面因素，市场上目前交流充电桩的占比仍然较高。

随着近两年来的新能源汽车数量的爆发式增长，其配套必备设施充电桩的建设规模也随之扩大。据前瞻产业研究院发布的《电动汽车充电桩行业发展前景预测与投资战略规划分析报告》数据显示，2010～2017年，我国充电桩数量已经从千余个增长至21万个。2017年我国充电桩建设规模为21.4万个，预计2020年我国充电桩建设规模将达50万个。

充电运营作为一个涉足国家管控的电力行业，服务费和电价都受国家指导，而作为电力的提供者和充电标准的主要制定者，国家电网优势显著。国家电网旗下的“e充网”运营平台发展也正日益壮大，因此国家电网在充电站运营领域的地位短期内不可动摇。

然而，未来在行业发展逐步规范和成熟之后，社会投资主体将成为充电设施投资的主力军，国网的市场份额将逐步降低。从短期来看，国网中标的充电桩利润率仍将维持较高的水平。

在大数据、物联网、人工智能、虚拟助手等新科技的推动下，充电桩的智能化程度越来越高。目前，使用手机进行充电设备位置的用户占据了充电用户的大多数。充电客户还可以通过手机客户端进行系统访问和充电缴费。充电桩主可以通过手机实现对充电设备的远程监控，保证充电业务正常运营。此外，桩与手机配对后，桩主可通过手机远程错峰充电，节省充电费用。这些手机应用都充分挖掘了充电桩的使用功能，在很大程度上提高了充电桩的使用效率。

八、微电网

自2016年3月《关于推进“互联网+”智慧能源发展的指导意见》发布以来，国家先后推动了多能互补集成优化、“互联网+”智慧能源等各类示范项目。2017年7月《推进并网型微电网建设试行办法》发布，国家以园区微网为落脚点，推进建设多能互补、集中与分布式协同、多元融合、供需互动的新型能源生产与消费体系。《办法》明确要“建设微型、清洁、自治、友好的并网型微电网，对外由统一运营主体负责“源-网-荷”一体化运营，对内分布式电源向用户直接供电，建立购售双方自主协商的价格体系”。

微电网从诞生到现在也就不到10年的时间，2013年之前的微电网主要是解决供电问题，主要承建在一些边远的海岛或村庄，因为大的供电单位没办法通过大电网供电，只能选择微电网的方式供电。从2013年开始到现在，微电网的技术、应用及设备都经历了快速成长的阶段，整个过程中国家的政策扶持力度也比较大，这些政策给微电网及微电网的未来提供了一个很好的平台。2013年以后，微电网的应用场所主要是园区、用户等。能源局提出要建设智能电网，积极推进微电网、智能用户小区、智能楼宇建设。

2015年，整个微电网迎来了政策方面比较大的爆发期，特别是2015年提出了《关于推进新能源微电网示范项目建设的指导意见》，指导意见提出了联网型和离网型微电网两个概念，说明微电网正逐渐从边远海岛的离网型微电网发展成为可以在园区应用的微电网类型，应用领域大大拓宽。此外，微电网从以前的10kV和

35kV 的等级扩展到了现在 110kV 的等级，微电网的应用等级基本接近于配电网的等级，此时微电网和配电网的界限已经不那么明显。微电网应用逐渐扩展到园区或区域电网一级，这是微电网在指导意见出来以后，在应用场所方面一个爆发的点。

2016～2017 年，微电网的应用逐步向园区、工业型用户、商业型用户和居民用户过渡。

目前，微电网典型应用场景有两种，一种是大型微电网，这类微电网比较传统，供电比较困难，主要是因为新能源资源丰富的海岛或边远村庄由于大电网供电的经济性太差。另外，一些大的工业园区、旅游景区等本身就有做新能源发电系统的想法，想形成示范效应，所以会去做这类型的微电网。第三类场景是多种设备类型，运行方式多样，展示功能丰富的微电网示范点。以上这些统称为大型的微电网。

另一种是分布式微电网。这类型微电网也可以称为微网群或者多微网系统。这种系统主要分布在下面四种场景中，即别墅型：别墅、别墅群小区、宅基地等；商业住宅型：商业住宅楼、住宅小区等；商业建筑型：写字楼、办公楼、商场、商业园区、风景区等；工业厂区型：工业车间、工业厂区等。分布式微电网的特点主要是：电压等级低、新能源接入功率低、配电系统复杂、产权归属复杂，用户参与度高。

九、 微能源网

微能源网与区域综合能源系统（或区域能源互联网）的最主要区别在于后者涉及供能范围较大，例如一个城镇，从而必须考虑较复杂的电力、天然气、热蒸汽等较长距离输送和针对不同用户负荷特点的规划、安全、控制等问题。而微能源网直接面对单个主体用户，它主要以商务区、居民区、医院、火车站、航站楼等单个主体为发展对象，所以无论是供能规模、供能网络还是控制方式都更加简单，更具有实际应用价值。

微能源网集成了风、光、气等多种能源输入和热、电、冷等多种产品输出，并综合考虑了各种能源之间的有机组合与集成优化，其突出优势是可以充分利用可再生能源以及能源的梯级利用技术进行冷热电一体化生产、计划和调度，帮助用户选择更经济的能源。微能源网的组成除了用户外通常还包括分布式三联供燃气机、光伏电源、小型风电、热泵等供能单元，蓄冷、蓄热、蓄电、蓄气等储能单元以及电网、热（冷）网、通信网等网络单元，并通过大数据、云计算、物联网等信息技术对用户和能源进行统一的调度管理，从而更好地实现能源、环境和经济效益的协调发展。

虽然微能源网的各组成单元（例如分布式燃气机、光伏、储能等）已经得到大规模的应用，但微能源网作为联系各单元的统一网络在设计研究中还需要充分考虑以下技术问题。

一是规划。微能源网是涉及冷、热、电、储能的综合能源利用系统，是一个十分复杂的多目标、多约束、非线性、随机不确定混合整型组合优化问题，同时由于涉及供电、供热/冷以及互联网技术，传统单一专业设计人员已经不能凭借本专业的工程经验满足微能源网的规划设计要求，因此各专业间的协同规划设计非常重要。

二是协调运行。微能源网内包含的供能单元和储能单元种类众多，每个单元又有自己的特点，例如光伏电源建成后几乎不需要发电成本但发电不稳定，分布式燃气机发电稳定但受发电成本和供热负荷限制，热泵能够以较低的电能消耗达到较好的制冷制热效果，但受气候影响较大，等等。因此，必须根据用户不同时段的用能需求，结合各供能单元运行工况、储能裕度情况，进行实时经济成本分析，并根据最优运行策略对微能源网进行统一的协调控制，从而使微能源网运行更经济、更安全。

三是“互联网+”重构供需。“互联网+”的本质是重构供需，非互联网与互联网跨界融合后，不只是改善了效率，而是在供给和需求两端都产生增量，从而建立新的流程和模式：供给端是“点石成金”，将原本的闲散资源充分利用，需求端则是“无中生有”，创造了原本不存在的使用消费场景。

十、零碳

零碳是相对高碳、低碳而言的一个动态概念。对于零碳的概念，分两种情况，一是通过合理规划设计等方式，控制生产和生活过程中不得已产生的碳排放，将其减少到零；二是通过绿色能源替代、碳交易、碳产品封存及生态碳汇补偿等方法，抵消碳源，使碳汇和碳源中和为零。

零碳生活的先驱，英国零碳工厂的创始人比尔先生 1999 年创建的伦敦贝丁顿社区是第一个被社会公认的零碳社区。

绿色建筑、被动房屋、零碳建筑、电动车等是零碳生活的重要组成部分，但不是完整意义上的零碳生活。一个相对完整的零碳生活应该由零碳能源、零碳交通、零碳通信、零碳设施、零碳建筑、零碳家居、零碳生产、零碳管理等多种要素系统优化整合而成。

零碳技术指通过新工艺、新材料、新技术、新装备或可再生能源的研发及应用，达到节能、环保、近零排放的目的，涵盖工业、能源、建筑、交通、农林业等多领域。

零碳能源是指通过发展清洁能源，包括风能、太阳能、核能、地热能和生物质能等替代煤炭、石油等化石能源以减少二氧化碳排放。核心技术及装备主要包括水电、太阳能电池、太阳能光伏系统、太阳能光热系统；风力发电设备、风能控制设备、新型风机设备；风光互补系统；垃圾发电、沼气发电；智能电网、分布式能源并网技术。

从技术层面看，推广零碳生活契合了新技术的发展路径。零碳生活高度依赖新能源支持。近年来，我国的光电、风电、地热和生物质能等可再生能源高速发展，未来十年很可能实现增量替代，目前一些优秀的光伏发电和风力发电企业补贴后的成本已经达到煤电的水平，随着技术进步，需求增加、规模扩大、边际成本下降，预计2020年前后，光电、风电等新能源不用政府补贴，就可以达到煤电的水平。最新数字显示，2017年光伏发电增长了70%。有关专家保守估计，2035年前后，我国新能源有可能开始存量替代煤电。可再生能源的快速发展使零碳建筑在技术和经济上成为可能。储能技术、通信技术和智能技术正在加快进步和融合，使零碳交通、通信和其他公共设施都有可能成为现实。各种保温隔音环保的新材料也在不断更新。据英国零碳工厂测算，目前中国的各项技术水平已经可以支持零碳社区的建设成本不高于甚至低于传统社区，零碳社区可以实现零账单运行，零碳社区的市场价值将明显高于传统社区，投资和运营商可以稳定获利。

十一、 能源区块链

2017年下半年，“区块链”概念突然红遍大江南北，成为资本竞相追逐的对象，“区块链应用”亦成为时下最为热门的词汇。区块链技术的出现，使得分布式能源在微电网范围内实现互相买卖成为可能。

通俗地讲，区块链由一种按时间顺序将数据区块以顺序相连的方式组合在一起的链式数据结构，以密码学方式保证不可篡改、不可伪造，从而形成的分布式数据库或分布式账本。

区块链技术的产生具有非凡意义，对现有的交易方式来说是一场颠覆性的革命：第一，去中心化；第二，去信任；第三，集体维护；第四，可靠数据库。

正是由于这些特质的存在，区块链在能源领域显示出强大的应用潜力：一方面，区块链技术服务于能源资产的生产开发，因为无论对于能源资产的资产证券化，还是对于绿色能源的碳资产开发，都可以通过区块链技术进行资产登记、溯源、流转，既可以大幅提升效率，又可以降低交易成本；另一方面，在能源消费端，电动汽车的充放电、分布式能源的就近交易也可以通过区块链底层技术来开发相关应用。此外，区块链技术在储能、需求侧相应、LNG 方面的探索应用的进展也较为乐观。

区块链技术旨在将大量由分布式能量采集装置，分布式能量储存装置和各种类型负载构成的新型电力网络、石油网络、天然气网络等能源节点互联起来，以电力系统为纽带，利用互联网思维和技术改造能源产业，从而构建横向多元互补、纵向源、网、荷、储协调、能源与信息高度融合的新型能源供用体系。

目前，国内外已经开始“区块链+能源”的研究，并取得了初步成果，区块链技术尚处于概念证明阶段或前期研究阶段。

2017 年 5 月，德国能源集团 RWE 子公司 InnogySE 推出依靠以太坊网络来处理其运营的“Share&Charge”区块链平台，以付费方式共享家庭充电站，并已建成几百个基于区块链的电动汽车充电站。

2016 年 5 月，全球首个能源区块链实验室在北京成立，并于 2016 年底推出能源区块链主链 Demo，同时基于能源区块链主链发行以核证碳减排量（CCER）为基础资产的数字资产“碳票”，将业主、监管部门、交易所、碳资产公司等分别设为一个个节点，通过共享账本和智能合约技术打通碳资产开发全流程，将项目开发时间缩短 35%～60%。

目前，区块链技术在能源领域的应用还处在初级阶段，还面临着各种亟待解决的问题和阻碍。安全性威胁是区块链迄今为止所面临的最重要的问题。其中，基于 PoW 共识过程的区块链主要面临的是 51%攻击问题，即节点通过掌握全网超过 51%的算力就有能力成功篡改和伪造区块链数据；区块链的非对称加密机制也将随着数学、密码学和计算技术的发展而变得越来越脆弱；区块链的隐私保护还存在安全性风险。

效率也是制约区块链应用的重要因素，区块链要求系统内每个节点保存一份数据备份，这对日益增长的海量数据存储来说是极为困难的；PoW 共识过程高度依赖区块链网络节点贡献的算力，这些算力主要用于解决 SHA256 哈希和随机数搜索，除此之外并不产生任何实际社会价值，因而一般意义上认为这些算力资源是被浪费掉了，同时被浪费掉的还有大量的电力资源。而如何能有效汇集分布式节点的网络算力来解决实际问题，是区块链技术需要解决的重要问题。

第六节　平台建设

能源互联网的热风吹得时间并不长，但涌现出了很多概念。目前，关于能源互联网的理解或者说主张，大致有以下几种，也相对应地建设了几种平台，即以可再生能源为主的能源互联网，以电力为主体的能源互联网，以智慧能源为主体的能源互联网，同时还有学院机构的能源互联网平台。

以可再生能源为主的能源互联网来源于美国的杰里米·里夫金。他在自己的标志性论著《第三次工业革命》中提出，新型的通信技术与能源体系交会之际，正是经济革命发生之时。未来的互联网技术与可再生能源即将融合，并为第三次工业革命奠定基础。他预言：数亿人将可以在家中、办公室和工厂里生产自己的可再生能源，并通过“能源互联网”像我们在网上获取和分享信息一样，实现绿色能源共享。他预测，第三次工业革命将使普通人生产自己的能源成为现实，人人拥有自己的“电力公司”，实现分布式生产，这样就可以实现能源效率质的飞跃。杰里米·里夫金以经济趋势预测学家的视角为我们描述了一幅令人憧憬的蓝图，他的《第三次工业革命》传入中国产生巨大的反响，上至中央政府高层，下至各级研究机构和专家，应者无数。

以电力为主体的能源互联网来源于中国电力系统。他们所描绘的能源互联网是以特高压电网为通道，以输运清洁能源为主导，全球互联泛在的坚强智能电网。原国家电网公司董事长刘振亚阐述：能源互联网的本质是互联电网，而全球能源互联网就是“智能电网＋特高压电网＋清洁能源”。在这个“互联网”里，智能电网是基础，特高压电网是关键，清洁能源是根本。这样一幅蓝图气概非常宏大，不但要覆盖全球，而且世界各大清洁能源基地与负荷中心都在特高压输送范围内。预算投资非常大。目标是“全球开发、全球配置、永续供应”。这种主张的影响力也很大，一些相关大学和科研机构的专家也都积极支持这种能源互联网的建设思路和发展方向。

以智慧能源为主体的能源互联网主要来源于中国智慧能源产业技术创新战略联盟。联盟于2013年11月正式成立，联盟的成立在很大程度上来自于杰里米·里夫金《第三次工业革命》关于能源互联网构想的影响。同时认为，作为全球著名的经济趋势学家，杰里米·里夫金在对现今时代科学技术水平和能源挑战形势分析的基础上，前瞻性地预测出全球经济发展的趋势和方向。国际上诸多著名专家也是从这个角度给予极高评价，意大利罗马市市长詹尼·阿雷曼诺说“杰里米·里夫金的第三次工业革命模式是引领人类进入21世纪的新经济模式。它将为世界上每个要创造可持续发展和繁荣的城市描绘蓝图”。国际清洁运输委员会主席艾伦劳埃德说这本书“真是后碳时代令人振奋的构想”！但中国智慧能源产业技术创新战略联盟认为，里夫金的构想缺乏万物互联的核心设想。并且，只是依靠可再生能源是不够的。因此，他们提出了以智慧能源为主体的能源互联网理念。

中国智慧能源产业技术创新战略联盟提出的能源互联网概念中的智慧能源包括能源和智慧两个领域。能源领域包括能源的生产和消费，即传统的能源生产、新能源开发、能源供应、传输、使用，以及能源管理、节约和综合利用，这些内容涉及环境、能源安全和可持续性等。智慧领域包括自动控制、总线管理、智能监控、无线通信、网络传输和相关的软、硬件开发及实际应用。这两大领域就是智慧能源产业创新的领域，是非常广阔的领域。将这两大领域和多个分领域，通过互联网的方法和手段有机结合，整体联动，实现实时状态下的人机交互、机机交互、互联互通、高效优化，达到最佳运行状态，这才是智慧能源的最大追求。

他们重申，智慧能源产业是一种复合型产业，它不是新能源企业或传统产能、用能单位、传统节能服务产业和IT/ICT产业哪一方面单独创造出来的，必须是这几类产业高度融合的结果，是一种产业复合体，这种产业复合的过程必将产生一个综合的结果，这就是物联网中的能源互联网。

从中央提出推动能源生产和消费革命的高度来分析，以可再生能源为主体的能源互联网和以电力为主体的能源互联网有一个共同的缺失，就是忽视了应用侧，即需求侧的因素。重点考虑的是能源的生产和供应，可再生能源也好，电力能源也好，如何解决有效供给和便利供应的问题当然十分重要，但只是把能源输送出去，供给用户是远远不够的，如果到此为止显然不能实现能源生产革命和消费革命的目标。因为，一方面，需求侧也有提高能源使用效率的问题，如何使我国能源使用效率赶上发达国家的水平是一项十分迫切的战略任务，我们用发达国家两倍、三倍的能耗生产一个 GDP 的局面迫切需要改变。否则我们的资源和环境问题只能继续加剧。另一方面，如果没有需求侧的参与和作用，而仍然是任由供给侧的自我主张，自我说法，需求侧仍然无可选择地被动消费能源，供给侧的能源革命是不可能完成的，甚至这场革命都无法启动。能源革命需要供需双方的积极互动，只有一个方面的积极性这场革命是积极不起来的。

从事智慧能源产业研究的专家指出，发展智慧能源，将有力促进能源领域、智慧领域、制造业及其他各领域的跨界融合，推动储能技术、多能互补技术、计量检测技术、自动化技术、工业制造技术的研究和成果应用，这是一个真正以千亿计数的产业生态规模和巨大市场，必将有力地带动我国整体经济形势向好发展和资源环境问题的根本性改善，实现大众创业，万众创新。

中国智慧能源产业技术创新战略联盟理事长王忠敏提出：智慧能源产业创新的过程，就是能源互联网的实现过程，它们之间的关系是源与流、因与果的关系，没有智慧能源的产业创新就没有能源互联网。

相对应的有以下几个平台：

1. 全球能源互联网合作发展组织

全球能源互联网发展合作组织（简称合作组织），是由致力于推动世界能源可持续发展的相关企业、组织、机构和个人等自愿组成的国际组织。合作组织的宗旨是推动构建全球能源互联网，以清洁和绿色方式满足全球电力需求，推动实现联合国“人人享有可持续能源”和应对气候变化目标，服务人类社会可持续发展。合作组织将积极推广全球能源互联网理念，组织制定全球能源互联网发展规划，建立技术标准体系，开展联合技术创新、重大问题研究和国际交流合作，推动工程项目实施，提供咨询服务，引领全球能源互联网发展。

2. 清华大学能源互联网研究院

为推动能源互联网的前沿研究和产业培育，清华大学于 2014 年 12 月正式批复成立能源互联网研究院。研究院致力于发挥清华大学在电气、材料、热能、核能、水利、信息、环境、建筑等多学科交叉的综合优势，建设能源互联网领域的人才培养中心、科技创新中心，并成为中国乃至国际上深具影响力的新一代能源网络的战略决策智库，同时从能源互联网的创新解决方案、关键技术和产品研发、科技成果转化、科技企业投资和孵化、培训和咨询、检测认证服务等方面推动能源互联网产业发展。

研究院成立以来，牵头完成了国家能源局“国家能源互联网行动计划战略研究”等5个重点课题；全程参与编写国家能源互联网纲领性文件《关于推进“互联网+”智慧能源发展的指导意见》；主导编写了《能源技术革命创新行动计划(2016—2030年)》中“能源互联网技术”和“先进电网技术”部分；深度参与编写了《中共中央国务院关于进一步深化电力体制改革的若干意见》（中发〔2015〕9号）及配套文件；积极参与了中电联牵头的国家能源互联网系统标准制定。

3. 中国智慧能源产业技术创新战略联盟

2013年11月14日，王忠敏先生与中关村下一代互联网联盟达成共识，联合创办了中国第一个也是目前唯一一个以推动智慧能源产业创新发展为己任的技术创新组织——中国智慧能源产业技术创新战略联盟。

联盟的成立得到了国家科技部、国家发展改革委、工信部、国家质检总局、国家能源局、中国科协、国家标准委、北京市科委、中关村管委会等主管机构的大力支持。联盟的名字也得了科技部创新中心的认可，成为科技部支持的技术创新战略联盟之一。

从2014年开始，联盟积极组织开展学术和理论研究，以《智慧能源——产业创新与实践》的出版为标志，完成智慧能源产业创新的理论准备。

2014年7月，在生态文明贵阳国际论坛年会上，首创“智慧能源产业——迈向生态文明之路”专题论坛，完成智慧能源由学术概念向产业创新的理论转变。

2014年末，联盟出版《中国智慧能源产业发展报告（2014)》，开始逐年对我国智慧能源产业发展和创新进行分析、总结。

从2015年开始，联盟率先研究和提出智慧能源产业技术创新与能源互联网建设的关系，通过分析国内外关于能源互联网的不同主张、类型和区别，明确提出中国的能源互联网建设应该是“智慧能源产业创新+能源互联网”的主张，并在2015年初召开的峰会上宣布启动“能源互联网元年”。

2015年10月16日～18日，为引导智慧能源产业创新发展，与杭州“西湖博览会”合作，首创“2015中国能源互联网大会暨智慧能源产业博览会”，一举成功，获得组委会大奖。

2016 年，与秦皇岛市政府合作，于 8 月 10 日～12 日，成功举办“2016 中国能源互联网大会暨智慧能源产业博览会”。

2017 年 11 月，在上海成功举办了“2017 中国能源互联网大会暨智慧能源产业博览会”。

到目前为止，联盟已经发展了各类成员 596 家，其中核心成员 117 家，团体成员 138 家，其他成员 341 家。建立了 200 多名研究员、教授、博导、高级工程师和具有博士学位的顶级专家队伍。成功策划推动了多项试点示范项目，起到了产业创新的引领作用。

在科研方面，四年来，联盟承担了国家发展改革委、科技部、国家质检总局、国家能源局、北京市质监局、北京市外国专家局、能源基金会、中国光华科技基金会等部门和机构下达或支持的各类研究项目 20 多项。还承担了联合国工业发展组织、世界银行和一些地方政府关于智慧能源方面的科研和调研项目，都圆满完成了任务，深受好评。与此同时，也通过完成这些科研项目和开展对会员的服务，实现了收支平衡。

在国际合作方面，经过四年多努力，联盟与联合国工业发展署、世界银行、能源基金会、睿博能源智库、德国储能协会、国际储能联盟、英国标准协会、能通国际、澳大利亚清洁能源委员会、德国能源署、英国零碳工场、日本东京大学、韩国环境科学研究院等 20 多家相关国际组织和机构建立了合作关系。

在区域与院校、科研机构合作方面，联盟与杭州市、秦皇岛市、保定市、济南市、宜春市等十几个城市及经济开发区、高新区建立了战略合作关系。与清华大学、天津大学、河北大学、北京航空航天大学、华北电力大学、国家电力科学研究院、中国计量科学研究院、中国质量认证中心、中国信息安全认证中心、中国标准化协会、中国节能协会、中国电力规划设计协会等近 20 多所大学、研究机构和社会团体、实验室建立了产学研合作关系。

第二章　中国智慧能源理论发展

能源互联网的发展需要关注几个问题。第一理念和概念问题。国家能源局曾经发过一个关于能源互联网的定义，就是智慧能源加互联网。实际上这种定义是不完全的，能源是没有智慧的，互联网也是没有智慧的。把人类的智慧通过能源互联网传导到能源系统上，使得能源系统更加智能化地为人类服务，这应该是基本概念。

能源本身没有智慧，无论是煤炭、石油、电力，就是一个技术，就是一堆资源。为什么要把智慧和互联网加起来呢？到现在为止，不仅是中国，全球的能源问题都是一个特别固化的概念。能源向来是惟我独尊的，比如说电力系统，你必须买电，必须刷卡，卡里一旦没钱马上断电，加油也一样。互联网思维在什么地方呢？当互联网出来的时候，无论是支付宝、微信，没有一个政府部门开绿灯的，都会指责他们带来一堆问题，包括消费者也会提出各种问题。但就是在批评、指责、禁止当中慢慢地发芽生长出来了，最后大家接受了这些新生事物。接受的原因在什么地方呢？是他们通过为客户创造价值，赢得大家的尊重和市场的尊重，或者叫市场的选择。所有互联网技术一开始做的时候都是刷流量，好吃、好玩、好用、好看，就开始有流量了，有流量就开始融资了，就开始赚钱了。

经济学家把这个现象归结为羊毛出在猪身上，其实还是羊毛出在羊身上，只不过转了几道弯，最终是消费者买单。消费者买单的前提是这个东西对我是有价值的，通过为我创造了价值才愿意买单。当我们建立一个能源互联网的时候，我们必须有这个思维，能源互联网才有真正的意义。

其实电力网是最早的共享经济，最早的互联网体系，但到了一定程度就开始垄断，开始制定各种规则。不仅中国，日本也这样，有关东电力和关西电力，两个占了80%的市场，一个50Hz，一个60Hz，互不相连。所有电力公司都异口同声地说：电力是一个天然垄断的行业。所以电力法规定了一个地区只准有一个。但电力法如果我们没有工夫修改，能不能暂停实施？这是能源互联网的第二个问题，除了给客户创造价值之外，还要争取一个合法的地位。

一方面必须要为客户创造价值，另一方面是在夹缝中求生存。这需要用互联网的思维改造或者提高能源互联网自身的价值。

要做大能源互联网，没有产业做支撑就是一句空话，并且一个企业不行，必须是能源互联网的生态建设，这个生态建设包括产业链的建设。光和水也好，节能、余热也好，必须找到一个办法提高它的价值，而不是降低它的价值，最终才能够赢得市场。最后是互利共赢。一定要想到照顾到方各面，为客户创造价值，把生态建立起来。

（撰稿：李俊峰）

第一节　多能互补是智慧能源的落脚点

一、概述

近年来，微电网技术正逐步走向成熟。在国家 973 项目、863 计划项目等的支持下，我国也针对微电网开展了系统化的研究工作。在国家提出可持续发展的战略目标后，一系列政策法规对新能源的研发和使用提出了重点支持和资金上的扶持。我国各个省份对微电网技术的应用都建立了自己的示范工程，国企和私企对微电网的研究都投入了一定资金，从另一方面证明了基于可再生能源的微电网技术将成为我国电力行业的发展趋势。

可以在一定程度上说，智慧能源是以微电网为核心，为用户提供能源综合解决方案的高级能源管理系统。多能互补是智慧能源的落脚点，国家能源局提出《关于推进多能互补集成优化示范工程建设的实施意见》指出，建设多能互补集成优化示范工程是构建“互联网+”智慧能源系统的重要任务之一。

当前，我国经济发展进入新常态，传统产能过剩、弃风弃光现象突出、系统协调性不足、整体效率较低等问题，同时雾霾和碳排放等环境问题日益突出。“十三五”时期是我国能源低碳转型的关键期。由于未来的新增用能需求方向转变，所以供能方式也正向着绿色高效、安全稳定、贴近用户、就地取材的方向转变。基于此，“十三五”期间国家重点推动实施多能互补系统集成优化工程。

多能互补集成优化是能源变革的发展趋势。与传统体制不同，多能互补集成优化所倡导的融合、统一、高效、清洁理念是当今能源革命的方向。

1. 政策发展情况

2017 年初，国家能源局发布《2017 年能源工作指导意见》明确提出了将智能电网建设作为重点任务，要求针对调峰能力不足、运行效率不高、基础设施薄弱等瓶颈制约，着力优化能源系统，着力完善相关政策措施，增强系统协调性和灵活性，提高能源系统效率。

随后颁布了《关于促进储能技术与产业发展的指导意见》《微电网接入电力系统技术规定》《推进并网型微电网建设试行办法》，从技术发展、技术规范以及工程建设不同方面进行了政策要求。

在《推进并网型微电网建设试行办法》当中提出，“微电网源-网-荷一体化运营，具有统一的运营主体，在规划建设中应依法实行开放、公平的市场竞争机制，鼓励各类企业、专业化能源服务公司投资建设、经营微电网项目；鼓励地方政府和社会资本合作（PPP），以特许经营等方式开展微电网项目的建设和运营。”

2017 年底，国家发展改革委联合多部门发布《北方地区冬季清洁取暖规划》对北方地热供暖、生物质供暖、太阳能供暖、天然气供暖、电供暖、工业余热供暖、清洁燃煤集中供暖、北方重点地区冬季清洁供暖“煤改气”气源保障总体方案做出了具体安排。

2. 商业模式发展情况

商业模式创新是能源互联网建设的关键环节。在构建能源互联网商业模式的过程中，互联网产业诸多成熟模式将提供重要启示。在《关于推进“互联网+”智慧能源发展的指导意见》中，明确提出了为 B2B、B2C、O2O 等多种形态的商业模式创新提供平台。

2017 年国家发展改革委、国家能源局印发《推进并网型微电网建设试行办法》（发改能源〔2017〕1339 号）。该文件对保障我国并网型微电网健康发展具有重要意义，不仅指导了并网型微电网如何商业化发展，也为微电网市场化售电和交易提供了政策保障。

多元化投融资模式保障微电网项目顺利实施，关于微电网项目的融资方式，除一般的银行贷款外，债券融资方式也对微电网商业化发展的起到了一定的支持力度，目前，微电网项目单位可通过发行企业债券、专项债券、项目收益债券、中期票据等方式直接融资。

微电网的应用当中出现了新型商业模式，提高微电网投资价值。微电网可作为第二类售电公司，面向用户开展售电业务，目前已有多家微电网项目单位拥有了售电业务，其中包括很多诸如协鑫集团、求实股份等以微电网和可再生能源为主营业务的能源公司。

微电网可以根据用户冷热电需求和网内分布式能源建设，开展冷热电综合能源服务，目前我国已建设多个冷热电综合能源应用平台和示范工程。

微电网除面向用户提供一般性的供电服务之外，还可以为重要用户提供高可靠性的供电服务，微电网可利用“源-网-荷”统一管理的优势成为独立辅助服务提供商。

3. 前景预测

长期来看，能源行业必然会朝向多种能源有机整合、集成互补的能源体系建设方向，多能互补也将成为智慧能源最好落脚点。

首批公布的多能互补集成优化示范工程，就有终端一体化集成供能系统和风光水火储多能互补系统两种模式，即用户侧和电源侧。

在用户侧方面，通过建设终端一体化集成供能系统，来实现传统能源与新能源的协同利用，高效智能地调配用户用电需求。对于新能源来说，可以实现就地生产、消纳，避免弃风、弃光等现象。未来用户侧多能互补项目的关键，还在于实际效率、价格、智能互联三大经济性影响因素。经济性趋好，才能实现产业化。

在电源侧方面，通过建设风光水火储多能互补系统，提高电力输出功率的稳定性，推动配电侧对多种能源的协调管理，根据需求侧需要灵活调配，是能源互联网落地的关键具体措施。可以预见，在“十三五”时期，会进一步优化能源系统，将不同能源供应连接，通过联产联供、互补集成的方式提高整体效率及降低成本。

另一方面，微电网市场有望在未来5年，迎来高速成长期。从全球来看微电网实验和示范阶段，微电网的技术推广已经度过幼稚期，市场规模稳步成长。着眼于当下世界范围内的能源和环境困局以及电力安全需求的长期高企，微电网技术应用前景看好。未来5～10年，微电网的市场规模，地区分布和应用场所分布都将发生显著变化。

“十二五”期间中国微电网的市场规模随着智能电网的建设平均增长率为8%左右，并在2015年装机容量达到1.7万kW，投资市场约31.8亿元。2015年，国家能源局发布了《关于推进新能源微电网示范项目建设的指导意见》，这也意味着新能源微电网上升至国家战略层面。

目前，新能源微电网市场辐射范围主要集中在偏远的西部、东南部岛屿和内陆产业园区三大区域。在“十三五”期间，随着电改试点以及相关配套文件的出台，特别是发用电放开计划中对清洁能源优先放开、在规划范围之内保证全额收购、促进跨省区联网电力市场交易，新能源和清洁能源无疑成为最大的受益者，微电网红利将迎来爆发期。可以预见，未来5年内，微电网的市场规模增长率将出现大幅提升。

二、技术

1. 智能自适应保护技术

电力系统由于自身的特点使得其运行状态处于频繁变化之中。随着电网规模及网络结构的日益扩大，特别是分布式发电的大规模并网，依靠传统的“事先整定、实时动作、定期检验”的保护模式难以满足要求，而自适应保护的出现为解决这些问题提供了有效的途径。自适应保护能够自动识别电力系统的运行状态及故障状态，并针对状态的改变，实时自动地调整保护的动作原理，整定值及动作性能，使其能更好地适应系统的变化，从而达到最佳效果。

微电网自适应保护方法中包括PCC保护、馈线保护、DG单元保护，具体的自适应保护方法包括基于树形节点搜索的微电网动作电流自适应整定及节点短路径图的微电网保护动作时限的自适应整定。

2. 大数据运行分析技术

大数据运行分析技术主要是分为分布式数据挖掘技术，分布式数据挖掘技术与并行化密切相关。大数据挖掘算法多采用并行化思想。分布式聚类算法，为了发现设备故障和状态异常，可以对状态数据进行聚类，将正常状态和故障状态区分出来。分布式分类算法，在形成具体的分类标准或准则后，可以采用分类算法进行分类。

智能电网大数据关键技术，是根据信息处理流程，大数据在智能电网中的应用可以分为数据采集、数据清理、数据存储及处理、数据分析、数据解读和数据应用6个环节，其关键技术包括数据集成技术、数据存储技术、数据处理技术和数据分析技术。

3. 电网高级量测技术

高级量测体系（AMI）是一个用来测量、收集、储存、分析和运用用户用电信息的完整的网络和系统。AMI技术的四大组成部分（即智能电表、广域通信网络、量测数据管理系统和用户户内网络）、AMI的作用及其和智能电网的关系。通过广域通信网络，AMI 把用户和电力公司紧密相连，为将来配电自动化等智能电网功能的实现奠定基础。AMI 实现的系统范围的测量和可视性能够大幅提升现有的电力公司的运行机制和资产管理流程。

4. 物联网传感技术

传感技术同计算机技术与通信一起被称为信息技术的三大支柱。从物联网角度看，传感技术是衡量一个国家信息化程度的重要标志，传感技术是关于从自然信源获取信息，并对之进行处理（变换）和识别的一门多学科交叉的现代科学与工程技术，它涉及传感器（又称换能器）、信息处理和识别的规划设计、开发、制/建造、测试、应用及评价改进等活动。

三、 实践

1. 商业办公类

典型案例：中新天津生态城区域多微电网项目

本项目是为中国与新加坡两国政府间战略性合作项目，通过微电网技术实现区域内的供电可靠性 99.999%以上。

求实股份（求实股份于 2016 年挂牌，是智能电网和新能源微电网领域首家登陆新三板的企业）结合生态城用户需求，利用 517.5kWp 屋顶光伏、70kWp 幕墙光伏、400kWp 车棚光伏、1.5MW 燃气发电机，并配备了 400kWh 公共储能，构建了微电网。

本项目主要利用大数据运行分析技术，构建了主楼低压、能源站中低压嵌套、能源站低压微电网 4 个微电网系统，通过交、直流联络彼此互联、灵活组网，能够有效提成中新生态城重要用户供电可靠性。

本项目的实施，在输配电微电网领域具有很重要的意义。光伏发电的 100%消纳，提升了生态城内能源综合利用效率，促进了可再生分布式能源的就地消纳；大幅提升能源的自给率，提升节能减排效果，促进用户能效提升。通过 16 种运行模式的切换，大幅提升了区域能源供应的安全性和可靠性。为中新天津生态城带来了巨大的经济和社会效益。

2. 商业生产类

典型案例：江西新余市下村工业基地智能微电网项目

本项目为新余市高精密设备制造企业项目，企业对电网电能质量要求高，需要利用微电网技术为用户提供高电能质量的电力供应。

求实股份结合用户需求，利用 20MWp 分布式光伏、500kWh 铅酸电池储能，100kWh 液流电池建成了一体化智能微电网。

通过智能微电网的运维管理系统，利用微电网高电能质量治理技术将光伏所发的间歇性电能转化为具有高电能质量电能送到生产区用于产品的生产和制造，有效保证了高精密设备的使用。

在本项目中，体现了微电网对大电网的补充，通过微电网的应用，完美的解决了用户的需求，提高了用户用电的安全性，从而提高了用户的生产效益。

3. 客户中心类

典型案例：国网客服中心绿色复合型能源网项目

国网客服中心绿色复合型能源网项目为国家电网公司仅有的两个客户服务中心供能项目，利用微电网技术保障客户服务实时畅通及信息分区防护。

求实股份结合用户需求利用 823kWp 光伏发电、6328kW 冰蓄冷、3801kW 地源热泵、1000kW 太阳能热水、50kW 电池储能、8280kW 蓄热式电锅炉等设备，利用能源约束条件下优化协调控制技术构建了复合型能源网系统。

本项目利用智慧综合能源管理大数据技术，在保证智慧综合能源供应的基础上，实现了能源网通信与客户服务网通信实现安全网关防护，有效的保证了国家电网客户服务中心的电力负荷的可靠供应和客户服务信息加密安全。该复合型能源网系统的应用，提高了供电可靠性和电能质量，从侧面反映出了供电企业的服务水平的提高。

4. 居民生活类

典型案例：天津静海区居民智慧供能综合利用项目

天津静海区居民智慧供能综合利用项目，是为解决居民目前供暖问题，项目遵循国家的能源发展战略，将智慧微电网供能系统应用到居民用户，集成了物联网传感技术，全面感知居民用户的用热需求，通过人工智能算法实现用户的用热和用电、用气的强耦合。

求实股份利用模块化燃气炉，为区域内 14 个分散布置的居住区进行供暖，满足了该区域内 $600000m^2$ 居民的采暖要求。

本项目的开展，是国家能源发展规划和战略的要求，能够提高能源开发和利用效率，真正实现了节能减排，极大程度改善了天津地区的环境问题；同时调整了能源结构，消纳了清洁能源；改善了当地的人民生活质量和提高了健康水平。

（撰稿：申刚）

第二节　从需求侧出发的能源互联网规划

一、概述

国家发展改革委在《关于推进“互联网+”智慧能源发展的指导意见》（发改能源〔2016〕392号）的文件中给出了能源互联网的定义，即一种互联网与能源生产、传输、存储、消费以及能源市场深度融合的能源产业发展新形态，具有设备智能、多能协同、信息对称、供需分散、系统扁平、交易开放等主要特征。近两年来，相关政策陆续出台、各项技术日趋成熟、试点示范项目相应投产投运，能源行业面临着数十年来最大的变革。

1. 政策快速推进

2014年6月13日，国家主席习近平在主持召开中央财经领导小组第六次会议时发表重要讲话强调：“面对能源供需格局新变化、国际能源发展新趋势，保障国家能源安全，必须推动能源生产和消费革命。”2015年3月，中共中央、国务院《关于进一步深化电力体制改革的若干意见》通过中发〔2015〕9号文正式下发，拉开了电力体制改革的大幕，之后相关政策密集推出，其中与能源互联网直接有关的政策见表2-1。这些政策对能源互联网在园区和城镇当中的应用，起到了提纲挈领的指导。

2. 园区和城镇的能源创新需求旺盛

自1984年国务院批准成立第一个经济技术开发区——大连经济技术开发区以来，截至2017年，我国已有经国务院批准设立的国家级经开区和享有相同政策的特定工业园区219个，已由首批14个沿海开放城市扩展到全国31个省。开发区的类型不断拓展，数量逐步增多，成为推动我国工业化、城镇化快速发展和对外开放的重要平台。

表 2-1　近期能源互联网相关政策汇总

序号	相关政策	主管部门	发布时间
1	关于推进“互联网+”智慧能源发展的指导意见（发改能源〔2016〕392 号）	国家发展改革委/国家能源局/工信部	2016.2.24
2	关于推进多能互补集成优化示范工程建设的实施意见（发改能源〔2016〕1430 号）	国家发展改革委/国家能源局	2016.7.4
3	关于印发《能源生产和消费革命战略（2016—2030）》的通知（发改基础〔2016〕2795 号）	国家发展改革委/国家能源局	2016.12.29
4	关于印发《推进并网型微电网建设试行办法》的通知（发改能源〔2017〕1339 号）	国家发展改革委/国家能源局	2017.7.17
5	《关于促进储能技术与产业发展的指导意见》（发改能源〔2017〕1701 号）	国家发展改革委/财政部/科技部/工信部/国家能源局	2017.9.22
6	《关于在各省公司开展综合能源服务业务的意见》（国网公司〔2017〕885 号）	国家电网公司	2017.10.22
7	《关于开展分布式发电市场化交易试点的通知》（发改能源〔2017〕1901 号）	国家发展改革委/国家能源局	2017.10.31

但与此同时，开发区数量过多、布局不合理、低水平重复建设、恶性竞争等问题逐渐突出，正成为制约开发区进一步发展的瓶颈。2017 年 2 月 6 日，国务院办公厅印发了《关于促进开发区改革和创新发展的若干意见》，指出开发区要坚持以产业发展为主、要科学规划功能布局、并且要继续把优化营商环境作为首要任务。通过技术创新，降低园区和城镇工商业用户的能源价格，越来越受到园区管委会和地方政府的重视。依据相关的报道和公开数据，我国目前确实存在交叉补贴导致的能源价格倒挂、工业企业的电价和气价高于美国等问题，能源互联网技术的应用，将是降低园区能源价格、增加区域竞争力、促进园区招商工作的有效手段。见表 2-2、表 2-3。

表 2-2　中美电价和用电量比较

统计区域	电价/（美分/kWh）			用电量占比/%		
	居民	商业	工业	居民	商业	工业
美国部分城市	12.7	10.6	7	37.5	36.0	26.5
中国部分城市	8.4	12	10	13.1	21.0	60.5

表 2－3　中美气价比较　　单位：元/m^3

统计区域	居民用气	工业	商业	发电
美国部分城市	2	1	1.5	0.5
中国部分城市	2.2～3.2（分档）	2.4～3.2	2.4～3.2	2.4～3.2

3. 能源互联网开始从理念转入落地

我国所处的历史发展阶段和社会制度的特殊性，对发展和建设能源互联网有极好的基础条件。一是我们国家是以地方政府为主体来发展具有中国特色市场经济，能够集中力量办大事，集成规划、建设、运营的模式较易实行。二是我们国家处在新型城镇化发展转折期，即将建设的一批新工业区和新城镇，能源需求具有刚性增长特征，治理能源消费造成的生态环境污染问题摆在了城市发展的首要位置。同时由于资源有限，本着土地集约化开发的原则，工业、商业、居住功能会在区域内复合发展，能源供应的需求是多样的，而所需的冷热电恰恰可以集成互补、优化配置。三是近年来我国的智能电网建设取得了显著的成绩，燃气发电、光伏、热泵等技术日趋成熟，能源互联网的技术保障日益增强，从理念逐步转入落地。

二、研究

1. 能源互联网的两个主要技术特征

能源互联网是新能源技术、智能电网技术、信息技术的集成创新，最突出的技术特征有两个。一是电力、冷热和燃气的供应方式多能互补，如图 2－1 所示，电力和冷热转化的主要装置是电动热泵，燃气和电力转化的主要装置是燃气轮机，而燃气和冷热转化的主要装置是吸收式热泵，能源供应和转换过程的优化和装置的控制调节的基础是数据，能源管控平台是能源互联网的关键支撑。能源管控平台的工作基础，实际上是系统投入使用后的运行数据和规划设计依照的负荷数据之间的实时比对和修正。

能源互联网的另一个突出技术特征是“源网荷储用”的全过程优化，如图 2－2 所示，与从生产环节出发，供应和使用相对独立的传统能源产业不同，能源互联网强调以用户为中心，由“源网荷储用”构成了一种环状结构，对应能源的供应、输配、需求、转移和交易，不再从供应发起到使用结束的单向线性结构。环状结构当中，用户的冷热电需求即负荷，是基础环节，其余四个环节都是针对负荷开展的，从这个角度讲，负荷的数据准确性是非常重要的。

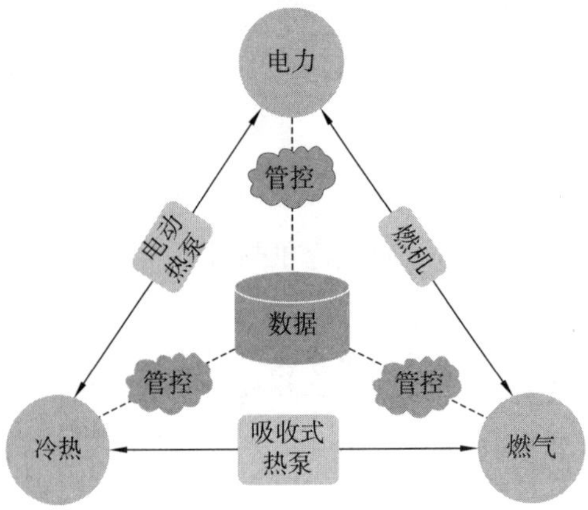

图 2-1 多能互补及主要转换装置

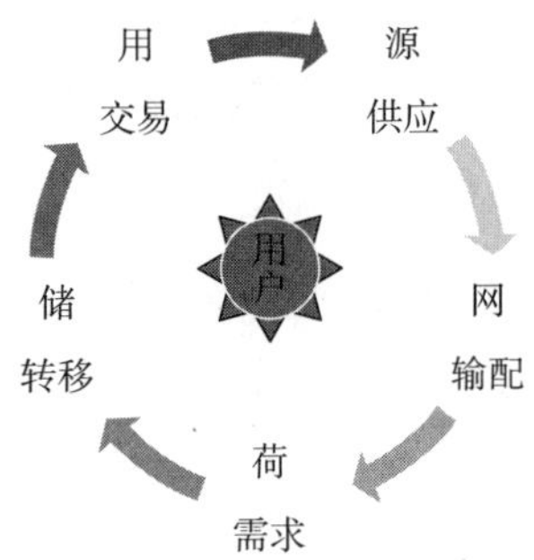

图 2-2 能源互联网的 5 个环节

2. 从需求侧出发的能源互联网规划

能源规划是城市规划的构成环节之一，传统的能源规划是自上而下的方式，各专业分别承担供热、供电、供水、供气的专项规划，均需满足各自专业的最大负荷，彼此独立，较难考虑配套关系。这种规划方法带来了两方面的问题。一是市政设施单独建设导致投资成本高、浪费严重，系统相互独立、就地平衡难。二是为保障各独立系统的功能安全，配置冗余大，导致能源设备多数时间轻载运行，系统运行效率低。

从需求侧出发的能源互联网规划和上述方法不同，由于考虑了末端负荷的需求响应能力、冷热电负荷的交互抵消以及分布式供能就地满足对应负荷，多种能源资源互联互通、协调控制、优化调度，从而提高能源综合利用效率，实现园区和城镇低碳发展。

能源互联网规划可遵循 6 步工作法：

步骤 1 现状分析，主要是在总规和控规的成果基础上，分析园区空间和产业规划当中和能源相关的边界条件，综合国家和地方发展趋势和业主定位，设定能源互联网的建设发展目标。

步骤 2 资源分析，主要是对上位规划当中的市政供应条件（电力、热力、燃气），以及当地可利用的自然资源（阳光、空气、水、土壤、）进行量化数据分析。

步骤 3 负荷计算和需求预测，主要是对园区和城镇的用电、用热、用冷的峰值负荷和全年使用量进行计算和分析整理。

步骤 4 资源和需求匹配，这步工作，很像“风水师”，是遵循科学用能的“高能高用、低能低用，温度对口、梯级利用”原则，用科技手段，在资源和需求之间建立最优的匹配关系。

步骤 5 能源系统配置和优化，是搭建对应上述最优匹配关系的设备系统，包括以分布式发电为核心的微电网、集中和分散结合的区域供冷供热站、实现远程监测和运营调度的智能管控系统。

步骤 6 经济性和能源产业规划，是给出规划方案的经济和社会效益分析，并指导园区和城镇构建涵盖由投融资、设计建造和运行维护构成的能源综合服务产业。

3. 重视负荷的属性分析和需求预测

能源互联网是横向的“多能互补”和纵向的“源网荷储用”优化，这两个维度的技术特征的核心都是数据，能源互联网规划也是围绕数据开展的 6 个具体工作步骤，因此对整个数据系统当中的“负荷”进行详尽计算、准确预测和属性分析，是能源互联网规划当中的重要基础任务。

负荷有两大类，一类是“电”，另一类是“热”，两类负荷的属性差别很大，“电”的特点是关即是停、输送容易、储存较难，而热恰恰相反，其特点是关停延时、储存容易、输送较难。如图 2－3 所示，对用电、用冷用热的系统和装置，可定义其“热关联度”和“可关停度”，能源互联网规划的核心技术，实质上就是“移动”热关联度高、可关停度高的负荷，即通常讲到的“移峰填谷”，在此基础上，通过分布式的联合能源就近满足“热关联度低和可关停度低”的负荷，实现灵活的需求响应，由此将峰谷差异大、不确定性用户多的负荷需求曲线“烫平”为友

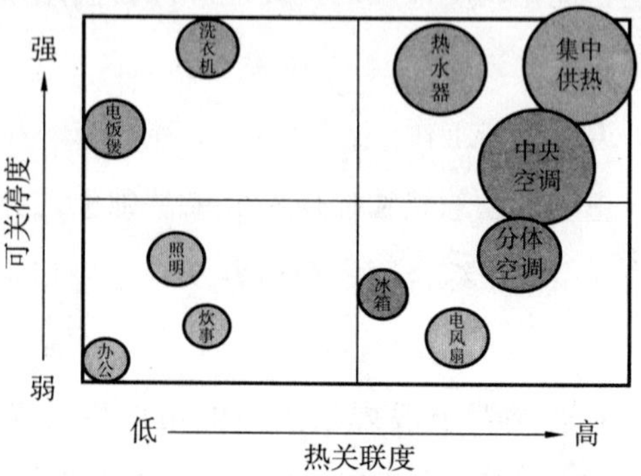

图 2－3　负荷的属性分析

好型的平滑负荷曲线，移动和联合这两个步骤，实际上就是能源互联网规划的主要技术工作。

负荷的计算，根据变量和参数的选定，可划分为三类方法，一是根据历史统计数据给出基于占地或者人口的负荷密度，二是利用计算机模拟计算给出全年逐时计算数据，三是参考已投运项目分项分类分环节实测数据，上述三类方法，都是实际系统的简化和抽象，各有特点，具备条件的能源互联网规划项目，可同时采用，对三种方法给出的数据结合使用，进行组合预测。

4. 关键技术

能源互联网规划当中，涉及的关键技术有四项：

第一项是需求预测的用户的实时冷、热、电负荷计算，计算机技术的发展，已经让这类计算变得容易和便捷，并且可以利用一些成熟的模拟软件，影响预测结果的原始输入和边界条件要引起设计师的重视。

第二项是用户侧的能效提升技术，是通过节地、节能、节水、环保和室内环境控制五个方向，综合应用新技术新产品，降低需求侧的冷、热、电能耗。

第三项是评价规划方案安全可靠性、运行经济性、技术先进性、环境友好性、产业带动性五个维度的量化指标体系搭建。

第四项是规划阶段指导搭建的，指导能源互联网多个硬件独立、数据管理、统一管控的数字化运维软件系统。

5. 经济性评价指标

能源互联网规划方案五个维度的评价指标当中，需要详细比对分析计算的是系统运行的经济性评价和能源利用效率对应的技术先进性评价。

图 2－4 是“三段五点”经济评价方法。图中，横轴是能源互联网系统可实现的能效提升，原点是常规的传统市政供应技术方式，终点则代表“零能耗、零排放”的理想系统方式。纵轴是系统一次性固定投资的逐年分摊加上每年的动态运营成本。曲线当中的 5 个工况点对应的技术经济性评价见表 2－4。

由上述的 5 个工况点，可定义出 3 个评价段：

工况 1、2、3 对应的区段，是可市场化的，能源互联网规划的作用，就是在这个区段，不断优化技术方案，配置出对应工况点 2 的能源系统。

工况 3 和工况 4 对应的区段，是要部分依靠政府补贴的，比如光伏技术、储能技术。

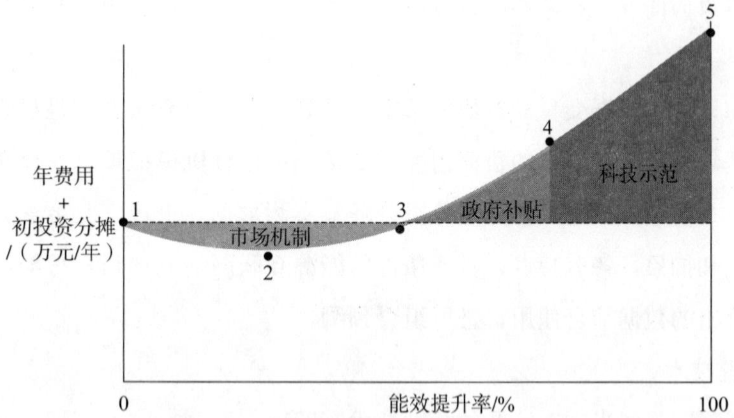

图 2－4　能源互联网规划方案经济性评价

表 2－4　5 个工况点对应的技术经济性评价

工况	点 1	点 2	点 3	点 4	点 5
技术	常规能源供应	高效能源供应技术的最优组合应用	多种能源技术的随意组合应用	部分采用前沿技术	全部采用可再生能源和前沿技术
经济性	作为比较基础	综合费用最低	和常规方案无差异	综合费用高于常规方案	综合费用远高于常规方案

工况 4 到工况 5 对应的区段，则是国家推动的尖端技术，是科研院所的技术攻关，各级政府资助建设的科技示范工程，评价该类系统主要是用技术先进性和产业带动性两类指标。

三、 实践

典型案例：中山翠亨新区新能源微电网示范

广东中山翠亨新区位于珠江河口地区，是珠江三角洲海洋经济优化发展区和粤港澳海洋经济合作圈的海岸带地区上重要的节点，城市性质为国家实践文化交流方式的创新基地，两岸四地现代化产业合作示范区，广东省绿色新兴产业基地，珠江西岸新型城市化先行区，中山市引领转型升级的城市副中心。

起步区位于中山翠亨新区东北部，包含北部的马鞍岛和南部的填海区。该区东临珠江口，北与广州南沙新区隔水相望，西通过横门大桥与中山市火炬开发区联系。规划总用地面积 5615.20ha（1ha＝10000m^2），建设用地面积近中期达到

2511.52ha，远期达到3157.22ha。

1. 能源互联网构建

根据对各能源系统适用性的分析，对翠亨新区起步区进行能源系统配置，以需求侧的电负荷及冷热负荷为基础，充分整合光伏系统、锂电储电、污水制冷、海水制冷、冰蓄冷、水蓄冷、热电联产、蒸汽驱动制冷、液态空气物理储能等技术，以现场发电为核心，以分布式热电联产为主体资源，整合分布式产能、储能等零散绿色资源，形成虚拟电厂，同时，利用热电联产的副产品蒸汽，驱动吸收式机组制冷，并配以海水源制冷、污水源制冷、冰蓄冷及水蓄冷系统，保证对应区域的冷负荷需求，各系统的具体建设内容详见表2－5。

表2－5 翠亨新区起步区各系统建设规模

序号	系统	单位	近期	中期	远期
1	太阳能光伏发电	发电功率/MW	75	144	216
2	锂电储能	电量/MWh	0	0	432
3	污水源区域供冷	制冷量/MWc	0	13	18
4	海水源区域供冷	制冷量/MWc	17.6	97.8	146.7
5	小型CCHP	发电功率/MW	48.3	88.6	153.1
6		制冷量/MWc	41.9	76.8	132.6
7	燃气热电联供	发电功率/MW	59.8	59.8	119.7
8		制冷量/MWc	9.3	14.0	18.6
9	蒸汽驱动制冷	制冷量/MWc	0	0	69.8
10	液态空气储能	蓄电功率/MW	0	23	23

2. 产业规划

翠亨新区的能源互联网建设，将实现能源综合利用率高于75%，可再生能源消纳率100%，供电装机容量永久削峰180MW，具备300MW的调峰能力，并能够降低用户购电和购冷成本，能源设施的投资收益率可达到8%以上。

翠亨新区的能源互联网建设，还将推动翠亨能源公司从单纯从事传统能源业务升级为开展能源综合服务的双属性产业公司，可开展表2－6中的各项业务，同时布局于资金密集型的能源产业和技术密集型的服务产业。

表 2-6　翠亨能源公司的产业领域

序号	产业方向	产业属性
1	燃气分布式发电、太阳能光伏发电、风力、氢能、储能	电力供应
2	园区配电网	电力输配
3	区域能源站	冷热供应
4	供冷管网和供热管网	冷热输配
5	售电	代理服务
6	能效诊断、节能改造，用能监测 能源规划设计、工程建设、多能源运营	技术服务

翠亨新区构建的以用户为中心、以提高能效和服务水平为宗旨的能源服务业，投资需求大，产业链条长，涉及行业众多，从规划设计、开发建设到运营维护的各个环节，需要大量劳动力，通过构建合作共赢的能源互联网发展生态，能够带来显著的经济和社会效益。

（撰稿：薛志峰、张永宁、刘烨、李婷、胡军、陈关胜）

第三节　智能微网是未来智慧能源应用的重要形式

一、概述

随着社会的发展，能源消耗不断增加，可再生能源的开发利用成为越来越多国家可持续发展战略的重要部分，而以分布式形式接入的清洁能源成为配电系统中可再生能源的主要形式。随着国家《关于推进“互联网+”智慧能源发展的指导意见》的发布及推广，集成物联网传感技术，全面感知用户的各种用能需求和生活需求的智慧能源系统也成为了人们对未来能源发展的客观需求。

智能微网是以客户目标导向的电力方案为基础，集成了电网高级量测技术、数据加密通信传输技术、大数据运行分析技术、智能自适应保护技术、人工智能控制决策技术、人机交互操作技术的电源、网络、负荷高级电网管理系统。由于微电网所独有的优化控制核心技术可对任意发电、用电设备均有较强兼容性，能够实现自我控制、保护和管理的局部自治和广泛互联，因此可广泛与城市各行各业相结合，构建全新用能体系，是未来智慧能源应用的重要形式。

2017年是智慧能源与智慧微网快速发展的一年，随着中新天津生态城动漫园等智慧能源重点工程的建设，其在优化能源结构、实现能效管理、加强基础集成、提高设备利用率等方面均提出了新的要求，尤其随着微电网数目的增加，其对于区域内多微电网技术的要求更加突出。

针对用户的不同需求，微网行业内围绕规划设计、接入计量、运行控制、能效管理等方面展开了深入的技术研究，并形成了相应的理论成果，通过关键技术与集成技术的创新，切实满足智慧能源工程建设的需求，为微电网规模化接入提供解决方案，以适应我国智慧能源发展需求，形成大面积推广的智能微电网可持续发展建设模式。

二、研究

1. 多类型能源负荷的配置方法

微电网内分布式能源、储能、负荷的类型众多，出力具有随机、间歇等不确定性，传统的经验方法已无法满足微电网内能源的配置需求。因此在多类型配置方案中对分布式能源、储能、负荷的类型在长时间尺度上的分析，与实际需求相吻合。

该方法的具体过程为首先采用遗传算法对各种新能源比例进行优化，确定各种新能源的最优配置比例。其次，对风机、光伏、水轮机、储能型号列表进行筛选并计算所需设备数量，经排列组合后得到电源配置初步方案。然后，根据能量管理策略，基于典型年数据模拟混合发电系统运行过程，对逐时负荷失电量及清洁能源浪费情况进行统计。最终，计算得到负荷失电率、清洁能源浪费率指标，并修正柴油机配置数量，得到综合总成本最低的能源配置方案。

2. 区域多微电网优化规划方法

区域多微电网的规划问题是个非连续的、多目标、多约束的优化问题，传统的算法在解决多微电网的规划问题时常易陷入局部最优或发散的困境，因此业内提出了基于改进的免疫遗传算法优化规划方法。

该方法的具体过程为首先根据结合分布式能源、储能的特性，提出一个简洁的编码方案。其次，采用改进的免疫遗传算法对其进行优化，并结合组网灵活性约束及时对不可行解进行纠正，得到区域多微电网的结构规划结果。然后，采用改进免疫遗传算法对满足分布式能源消纳、多能综合利用、可靠性和环保性等多种目标的区域多微网进行经济性最优规划。最后，将区域多微电网的结构和容量优化交替进行，得到一种最优的区域多微电网的结构和容量规划结果。

3. 区域多微电网综合评价方法

区域多微电网综合评价方法是对以多属性体系结构描述的对象系统做出全局性、整体性的评价，给出微电网建设的优势及持续改进方案。

该方法的具体过程为首先收集分布式电源、储能和负荷的年度数据，然后分析不同地点采集的数据之间的随机相关性，接着得到不同微网系统内分布式电源、储能、负荷的随机相关性表达式，最后，由表达式抽样分布式电源、储能、负荷的小时数据，得到微电网建设效益分析结果。

4. 区域多微电网接入控制技术研究

（1）微电网黑启动控制方法

微电网运行过程中，存在大电网故障且微电网也处于瘫痪状态，所谓微电网的黑启动，在整个微电网因外部或内部故障停运进入全黑状态后，不依靠大电网或其他微电网的帮助，仅通过启动微电网内部具有黑启动能力的微源，进而带动微电网内无黑启动能力的微源，逐步扩大系统的恢复范围，最终实现整个微电网的重新启动。

该方法的具体过程为首先启动黑启动电源，如微型燃气轮机、柴油发电机、燃料电池、大容量储能单元等，建立系统的同步基准电源。微电网建立起电压和频率基准电源后，需投入系统内部分重要负荷，实现储能 PCS 电源与负荷形成孤网供电系统，有效解决电力电子设备在低功率下地电能质量问题。微电网启动储能系统，且投入部分重要负荷后，为实现分布式新能源的最大化利用，启动分布式光伏发电系统，最后投入系统内的一般负荷，最终实现系统的稳定运行，完成系统黑启动过程。

（2）区域多微电网动态组网方法

区域多微电网的动态组网是指在一个含有多个微电网的特定区域配电网中，当大电网发生故障或者计划孤岛时，为保障区域内重要负荷供电或者满足区域电网的经济运行等预先设定的运行条件下，为满足区域能量的实时平衡，最大限度满足尽可能多的重要负荷供电，通过微网/配电网之间的并网 PCC 开关、联络开关等不同组合，实现多个微电网的并列式、串联式、嵌套式和分散多点式等多种形式重新组合，从而形成区域内微电网的多种运行状态。

该方法的具体过程为首先确定区域内多微电网动态组网的目标函数，如总体的最优经济运行或提高供电可靠性等。其次，以确保区域范围内的功率平衡、DG 出力、支路潮流、储能电池荷电状态等为约束构建一个非线性的整数优化规划模型。然后，利用改进遗传算法进行编码方式的确定、适应函数的确定、遗传操作方式的选择及操作参数的确定以及终止条件的确定等步骤，将约束条件以惩罚因子的形式引入目标函数中，及时纠正了不可行解的出现，改善遗传算法的性能。最终，通过联络开关的分合控制，实现多微电网的动态组网。

(3) 区域多微电网冷热电优化方法

区域多微电网的运行经济性直接关系着用户和主电网的利益，合理的经济运行控制策略显得尤为重要。区域多微电网的运行模式有并网和孤岛之分，并网运行时，区域多微电网系统与外部电网存在着功率的交换问题，由外部电网提供系统自身电量的缺额或吸收系统电量的超额部分，微电网内部的负荷并不全部是由内部的微电源承担；区域多微电网孤岛运行时，微电网内部的负荷则需要全部由微电源和储能承担，可能面对供能不足或供能过剩，各微电网之间可能存在功率的交换。

具体方法为提出以经济效益、可再生能源消纳率、区域综合能效等最大化为目标，计及能量平衡和设备约束条件，将区域多微网多目标优化模型转化为一个混合整数规划模型，利用改进的线性规划方法求解得到区域多微电网综合能源优化调度方案。最终，通过对三联供机组、可控负荷、储能电池、水蓄能、光伏的调节，结合智能楼宇技术，实现新能源 100%就地消纳，提高供电可靠性和综合能效水平。

(4) 能源大数据安全存储与挖掘

为保证微电网系统运行安全，必须对能源数据进行采集、对运行情况进行监测。然而，由于分布式光伏电站建设分散、数量众多，对数据安全传输和存储都带来了巨大的挑战。

因此在数据采集传输环节增加相关的安全设备，并对数据进行了加密；同时，为节省存储空间，采取了对光伏发电的有效数据进行计算和识别存储，从而大大节省了存储空间，也有利于提高对存储数据的查找速度。

利用新能源气象数据库中辐照等数据，考虑微电网的地理位置、海拔高度等因素，采用聚类算法分析各站点在不同的季节、月份的发电时间。再根据历史数据核定新增数据存储长度及类型，对光伏夜间等时段无效发电数据进行过滤、压缩，形成密集、易检索的存储方式。

针对分布式新能源监测数据量大、保密性高的特点，在数据传输的全过程中采用了两道措施保证数据的安全，新能源电站或变电站的遥测数据，通过公网采用无线通信方式进行安全隔离传输到安全三区，通过外网服务器下载数值天气预报，与遥测数据一起通过安全隔离装置传输到安全三区，最后由安全三区服务器通过安全隔离转送到安全二区，最终将预测的结果提供给平台上的其他系统。

5. 区域多微电网高级量测技术研究

（1）微电网频率自适应计量算法

微电网建设后，由于发电补贴政策等原因，原本的电能计量问题变成了更为复杂的补贴计量问题。而传统计量设备计量算法不能准确计量非周期性瞬变分布式电能，且双向潮流问题也对计量造成了一定的影响。

微电网频率自适应计量算法是通过对典型微电网电能信号特性的分析，首先考虑到分布式瞬变信号波形严重畸变，使电网信号中不仅谐波、间谐波现象更严重；以及分布式瞬变信号在频率和幅值都存在不同程度的变化。利用自适应频率算法实现对输入电压、电流信号中的直流成分及各个交流成分的有功、无功功率的跟踪，估计功率的速度基本不受幅值大小的影响，增强了算法的鲁棒性，可用于复杂条件下对电力系统中频率未知的谐波及间谐波功率的检测与分析。

（2）高速实时以太网络通信技术

现有的工业以太网物理层为载体，通过自主研发的数据协议完成微电网高速实时以太网通信，速度可以达到 100M/s。由于借助标准的工业以太网物理层，以光纤为传输介质，最远传输距离大于 2km，比目前国内外电力控制网络经常使用的 RS485 通信协议（1200m）最远传输距离增加一倍。为实现大规模的区域微电网提供高速控制环网。高速实时以太网的传输方式为环状结构，双向均可通信，具备冗余功能，优于目前国内外电网单条控制回路，增加智能微电网的控制回路的安全性和可靠性。目前国内外电网控制周期最快为毫秒级，微电网高速实时以太网数据交换周期在 500μs，控制数据传输的实时性得到显著提升。

6. 区域多微电网能效管理技术研究

（1）用电设备负荷特性建模方法

用电设备种类较多，每一种设备都有各自的负荷特性，因此需要为每种设备建立能够反映各自的负荷特性的用电模型。

具体方法为将用电设备按照用电时间是否可以转移，用电过程是否可以中断，是否具有热力学属性等特点，将家庭用电设备分为不可转移负荷、可转移负荷、热力学设备以及储能设备等四类。针对每一种设备的实际运行特点，建立用电设备的负荷特性模型。

针对部分负荷非线性的特点，加入标志变量，将非线性约束转化为线性约束，降低了优化问题求解难度，提高了求解效率，以便进行能效管理系统的求解。

（2）微电网电能消纳研究方法

在微电网电能消纳方法上，考虑时间、季节、用户习惯等因素，分析用户的用电特性，制定最优的储能控制策略。通过收集历史数据，分析用户负荷在多个时间尺度上的负荷曲线特征，归纳用户的运行负荷模型，同时结合用户参与响应程度，进行需求响应容量判断，建立区域微电网能效控制系统，提高区域内光伏消纳比例。

7. 区域多微电网运维支撑技术研究

（1）微电网设备内特性分析方法

微电网关键设备有部分参量作为内特性不可能直接测量获得，只能通过电压、电流、温度等一些直接测量的外特性参数估计获得，例如电池 SOH，其与电池的内阻、温度、放电电流等参数之间存在高度复杂的非线性关系，难以用常规的数学方程表达。微电网设备内特性分析方法是利用人工神经网络可以通过实验数据的误差往复训练过程映射这种非线性关系，建立 SOH 与各参数之间的对应关系，通过实验数据在网络节点中循环不断的正向传播和反向传播，训练网络模型，逐渐使模型的输出与实际输出的误差值达到标准值。

（2）微电网关键设备的检修方法

微电网设备综合检修时，由于经济性、可靠性以及资源配置之间存在矛盾冲突，因而使各个目标函数同时达到最优的情况很难出现，无法达到按需检修的目的。

微电网关键设备的检修方法是以微电网设备状态监测为基础，考虑到微电网各设备的含有大量不等式约束条件，利用设备状态评价结果和风险评估结论，采用基于精英保留策略和目标函数值排序的多目标差分进化算法，高效求取全局最优解集。制定状态检修策略，为开展微电网关键设备状态按需检修提供依据，提高供电可靠性与运维经济性。

三、实践

以上研究成果已成功在中新天津生态城动漫园区域多微电网中得到应用，利用70kWp幕墙光伏、400kWp车棚光伏、517.5kWp屋顶光伏、1.5MW燃气三联供、1MW地源热泵机组，构建4个微网系统以及3个分布式发电构成的园区多微电网系统。微电网之间通过交、直流联络进行两两互联，可实现分布式光伏的最大消纳，并在电网进线故障时，最大限度的实现微网内部的电能供应。

通过项目的实施，提升了生态城内能源综合利用效率，促进可再生分布式能源的就地消纳，大幅提升能源的自给率，提升节能减排效果，促进用户能效提升。为中新天津生态城带来了巨大的经济和社会效益。有助于未来智慧能源产业的推广应用。

（撰稿：申刚）

第四节　建立能源大数据互联网是根本所在

一、概述

近年来，智慧能源产业的发展在国内引起了越来越广泛的关注。智慧能源涉及能源和信息两大领域，其中能源领域以能源的生产、消费、利用为主，即传统能源生产、新能源开发、能源供应、传输、使用以及能源管理、节能和综合利用等。信息领域则包含了自动控制、总线管理、智能监控、无线通信、网络传输和相关的软、硬件开发及实际应用。那么，以信息通信技术承载能源技术，实现能源和信息两大领域的互联互通，建立能源大数据互联网，就是发展智慧能源产业的关键所在。其应用的前景很广阔，无论是政府和公共机构，还是园区和企业，对于能源大数据的需求非常强烈，期望能够通过智慧能源产业的发展来推动能源生产和消费革命，提升节能减排工作成效，提高能源综合效率，推动能源市场开放和产业升级，形成新的经济增长点。就目前来看，我国的智慧能源产业正在由以基础性研究为主的概念阶段，向以应用性研究为主的起步阶段转变。

贵州黔信数据有限公司通过能源大数据的实施和部署，总结积累可持续、可推动的试点示范成功经验，挖掘互联网与能源数据及能源市场深度融合带来的经济、环境和社会效益，带动智慧能源产业的新技术、新模式和新业态发展。将能源生产、传输、存储、消费与大数据密切关联的能源监管新模式，推动能源使用朝着生产明确、多能协调、信息对称、供需分散、阳光消费的发展方向，激活能源供给端和消费端的新潜力，形成新型的能源生产消费体系和管控体系。

二、研究

能源大数据，是以电力系统为核心、以智能电网为基础、以大规模接入可再生能源为主的、采用先进的信息通信技术和电力电子技术的分布式能源的管理系统，还包括信息物理系统，对物理设施进行广域的协调控制，能够实现多种能源的互补，多能互补的主要目的是要接纳可再生能源和提高能源利用效率。

1. 实现数据的集成和共享

实施能源领域的国家大数据战略，拓展能源全链条数据采集面和采集范围，逐步覆盖电、煤、油、气等能源领域及气象、经济、交通等其他领域。实现多领域能源大数据的集成融合。建设能源大数据中心，逐渐实现与相关市场主体的数据集成和共享。在安全、公平的基础上，以有效监管为前提，打通政府部门、企事业单位之间的数据壁垒，促进各类数据资源整合，提升能源统计、分析、预测等业务的时效性和准确度。

2. 基于能源大数据建立行业监管体系

基于能源大数据技术，精确需求导向的能源规划新模式，推动多能协同的综合规划模式，提升政府对能源重大基础设施规划的科学决策水平，推进能源体制机制持续创新。推动基于能源互联网的能源监管模式创新，发挥能源大数据技术在能源监管中的基础性作用，建立覆盖能源生产、流通、消费全链条，透明高效的现代能源监督管理网络体系，提升能源监管的效率和效益。建设基于互联网、分级分层的能源统计、分析与预测预警平台，指导监督能源消费总量控制。

3. 创新能源大数据的业务服务体系

促进基于能源大数据的创新创业，开展面向能源生产、流通、消费等环节的新业务应用与增值服务。鼓励能源生产、服务企业和第三方企业投资建设面向风电、光伏等能源大数据运营平台，为能源资源评估、选址优化等业务提供专业化服务。发展基于能源大数据的信息挖掘与智能预测业务，对能源设备的运行管理进行精准调度、故障诊断和状态检修。发展基于能源大数据的温室气体排放相关专业化服务。开展面向能源终端用户的用能大数据信息服务，对用能行为进行实时感知与动态分析，实现远程、友好、互动的智能用能控制。

4. 推动能源衍生要素市场发展

针对当下在试点和建设中的电力交易、碳排放权交易，以及筹备中的用能源、绿色电力证书交易等衍生要素市场，能源大数据平台可以通过数据共享和应用开发的方式，逐步完善针对每个要素交易市场参与各方的能源数据服务，解决新型要素市场早期数据碎片化问题，与第三方服务机构合作提供对交易各方的辅助信用管理，降低交易成本，推动交易产品创新、提升市场风险控制能力，从而发挥市场对能源衍生要素定价和配置能力。

5. 能源大数据撬动多行业协同

通过开放数据的方式，吸引科研机构、技术服务机构、金融服务机构等第三方服务机构入驻，将能源大数据资源与第三方服务机构业务资源结合，发挥多边平台的效率优势，提升智慧能源产业吸引力，推动后续创新项目和投资落地。

三、实践

1. 实施方向

（1）优化宏观决策，支撑中长期能源与产业规划

依托贵州省碳排放清单管理、重点能耗与碳排放企业数据接入条件，积累火电、大型可再生能源项目、重点用能单位数据，建立分区域、分行业、分类型的能源与能耗数据库，通过积累能源和能耗负荷特征、能效与经济性指标等数据，为能源局和发改委能源规划与产业规划提供依据。

（2）弥合信息鸿沟，支持新型能源服务产业发展

为新型能源服务产业提供“能源云”服务，共享能源数据，降低进入能源服务和能源市场的门槛，通过能源大数据所带来的供需匹配能力，提升合同能源管理、节能服务、分布式能源投资与管理服务、电力需求侧管理服务与储能服务领域活力，为相关产业扶持政策落地提供市场化高效手段支持。

（3）降低交易成本，加速新能源与能源服务投资

围绕工业园区建立本地化“能源云”，参与园区智能微网建设与运行，加速从一级能耗数据采集向三级用能数据下沉，形成园区能源需求侧数据，并对第三方能

源技术服务方开放数据接入，吸引入驻“能源云”，为园区重点用能单位能效对标、节能诊断、需求侧管理、售电匹配、分布式能源与储能开发等领域提供招商和投资支持，挖掘并向社会资本提供前期经济性分析、实施过程能源结算服务、后期项目融资支持，形成对新能源、智慧能源与节能服务领域投资的系统性支撑效果。

（4）培育新型市场，推动能源衍生要素市场发展

通过与电力市场、碳市场、用能权与绿色电力证书等能源衍生要素市场对接，为市场交易提供合约支付、为交易各方提供信用与金融服务，提升交易活跃性，强化市场对不同类型能源服务等定价有效性，更好发挥市场配置不同能源与技术服务的能力。

2. 解决方案

以打造数据生态链为理念，使能源大数据真正建成服务于B端的能源行业的“阿里巴巴”。

（1）数据采集环节

有偿提供节能解决方案，帮助企业完成节能减排目标，为企业降低产品单耗，确保项目在投资、运营期间即可盈利。

①贵州黔信数据有限公司自主研发和部署的企业端“能源管理云平台”服务系统，解决部分企业自建能管系统投入大、维护难的问题，以合同能源管理或租赁等模式为企业提供节能诊断，节能咨询等服务，提供有效、科学地节能一站式解决方案。

②为控排企业提供免费的企业碳资产管理咨询和部署该系统，通过严谨、科学、可确权的碳资产核查数据，给企业提供碳资产证券化服务及CCER项目获益。

（2）数据分析环节

①随着项目的实施，数据采集逐步覆盖电、煤、油、气、热、光伏、风能、地热能、生物质能、水质监测等多能源品种，并延伸至气象、经济、交通等其他领域，打通部门、单位的数据壁垒，实现各形态数据的集成融合和安全共享。从总量控制、强度控制、对标分析和决策支持的角度出发，分析展示贵州经济、能源与环境的宏观数据、主要指标的实时状况和变化趋势，以精准的数据分析报告，即能源一站式解决方案获取政府购买服务。

②通过数据开放，吸引科研机构、技术服务机构、金融服务机构等第三方服务机构进驻，将能源大数据资源与第三方服务机构业务资源结合，发挥多边平台的效

率优势，提升贵州省智慧能源产业吸引力，推动后续创新项目和投资落地，共同开发市场共享市场收益。

（3）数据应用环节

对用能企业进行需求分析，匹配合同能源管理服务、分布式能源管理服务、绿色金融风险管理服务等，撮合交易并提供信用及金融结算服务。以平台发展的思维植入“能源宝”服务，以此为纽带，串联起能源服务产业链，形成“能源大超市”战略。

①打造服务链：通过平台建设构建数据服务“生态体系”，面向能源生产、利用、消费等环节开拓新业务应用与增值服务，开展信息挖掘与智能预测业务，根据用能企业整体经济发展与用电负荷变化的相关性分析，预测下一周期的发电量、用电量。对能源设备的运行管理进行精准调度、故障诊断和状态检修，对用能行为进行实时感知与动态分析，实现远程互动的智能用能控制。引导能源生产、能源服务企业和第三方机构向清洁能源投资倾斜，为能源资源评估、选址优化等业务提供专业化服务。

②推动能源衍生市场建设，开展专业化服务并撮合交易，通过数据共享和应用开发，参与各方能源数据服务，解决早期数据碎片化问题。发挥市场对能源衍生要素定价和配置能力，提升市场风控能力，通过开展分布式能源技术配套服务、合同能源管理配套服务、需求侧响应与储能配套服务，逐步发展壮大成为数据运营商。以精准的能源数据为新能源投资服务，规避弃风弃电现象。

（4）分布式智能微网

以能源大数据为基础开发分布式智能微网为居民用户提供经检测认定的家庭智慧用能服务。通过以免费提供家庭用能故障诊断、状态检修、用能结算量核查以及水、电、气费用代缴等服务，免费为家庭安装智能微网终端，实现远程互动的智慧用能控制。

功能：

①为家庭用能结算数据提供第三方检测认证，为和谐社会保驾护航；

②提供智慧用能控制，为家庭用能提供实时在线保障；

③为清洁能源投资提供数据支撑。提供并网服务，开发分布式能源采集点，包括楼顶光伏、楼面光伏发电等服务；

④为电网提供家庭能耗数据，保障“削峰填谷”正确决策。

（5）碳资产证券化服务

配合国家发展改革委提出的 2017 年启动全国碳市场工作，提前布局，通过为企业免费提供“企业碳资产管理系统”，为控排企业开发碳资产产品，为本地环境交易所开发出可供交易的碳资产产品，为碳市场碳券商提供一级产品，保障二级市场交易需求。

作为基础性、战略性资源的能源大数据，既可作用于经济基础改造，也可作用于上层建筑改造，是全面提升国家治理能力的战略手段。作为未来新兴增长点，它将推动能源生产革命、能源消费革命、能源技术革命、能源体制革命（即能源调配，能源调控管理和能源安全监管）和深化能源区域合作。项目应用现代网络技术，建立开放的、多层次服务体系，带动大数据新技术、新模式、新业态发展以及相关领域的创新创业，构建能源合作共荣新格局。促进智慧用能和科学用能，达成节能减排目标。

（撰稿：梁洪源）

第五节　标准是智慧能源产业创新发展的支柱

一、概述

由于目前新能源领域独立产品的标准随着近年来技术的发展，标准工作正在逐步完善，但是对于“源-网-荷-储”协调发展、集成互补的能源互联网，目前针对系统的认证和评价标准处于缺失状态，将来 55 个“互联网+”智慧能源（能源互联网）示范项目的验收工作也对系统集成和新型产品的标准提出了需求。

“互联网+”智慧能源（能源互联网）示范项目的评审工作是由国家能源互联网产业及技术创新联盟秘书处单位清华大学能源互联网创新研究院在国家能源局的监督和指导下进行评审的组织工作，评审专家根据能源局专家库在随机抽取的基础上产生，与参评项目有利益关系的评审专家对项目的评审实行回避制度，包括预备、初评和终评三个阶段。最终能源局对终评意见进行核准，根据国家能源互联网产业和技术发展的战略布局，确定通过评审的示范项目，并给出批复的意见和建议。

项目建成后的验收工作是由省级能源主管部门委托第三方专业机构验收开展，组织编制项目验收报告上报国家能源局，国家能源局承担项目建设工作的监管和辅导工作。这就对各个省级能源主管部门委托的第三方机构能力要求和不同类型项目（前面共分为九大类）验收所采用的验收标准提出了高要求，尤其是验收标准的出台才能够保证不同验收第三方机构、不同省份、不同项目的验收工作有据可依。

近年来国家在标准建设方面陆续发布了《深化标准化工作改革方案》《国家标准化体系建设发展规划（2016—2020 年）》等战略部署和政策规划，2017 年科技部、国家质检总局、国家标准委联合发布了《“十三五”技术标准科技创新规划》，全面实施技术标准战略，引导科技、产业等各类资源积极参与技术标准研制与应用，以实施技术标准战略为主线，围绕健全技术标准创新协同推进机制、激发市场主体技术标准创新活力、培育中国标准国际竞争新优势等方面提出了一系列重要举措，建立健全新型技术标准体系，健全科技与标准化互动支撑机制，以标准加速科技成果转化应用，促进发展动力转换，提升发展的质量效益。对照智慧能源领域，在技术革新的同时以科技引领技术标准水平提升、着力补齐技术标准研制与应用短板、加强新兴和交叉领域技术标准研制是市场也是国家对于该行业标准发展的要求。国家需要激发市场主体技术标准创新活力，不仅要提升企业的技术标准创制能力，同时也需要增强社会团体的技术标准创新活力，加强智慧能源标准领域从业人员队伍的能力建设，提升科研人员技术标准创新意识和能力，支持科技创新人员广泛参与技术标准研制。这也对技术标准创新投入机制提出了多元化要求，引导鼓励各方面资金共同投入技术标准研制，才能形成良性的互动局面。

中国智慧能源产业技术创新战略联盟的成员对于团体标准在智慧能源这类新兴领域中的意义和作用有着清晰的认识。首先，标准化具有的重要战略性是无可置疑和普遍共识的。再者，因其本身的科学技术属性，又在科技创新和成果转化的全产业链条中有着难以替代的作用。团体标准因其本身所具有的市场基因，与市场主体的利益一致性，是这种交流最易接受沟通的方法与工具。团体标准对于全产业链的构建、碎片化需求和资源的整合，以及新技术和市场的共创共享共赢、保护技术创新成果激发创新积极性，有着不可替代的作用，会以不断迸发的微观活力支撑宏观经济大局稳定。团体标准是释放标准化能量去激发创新活力的举措。就标准化全面深化改革而言，团体标准是标准化战略性和战术性在这个时代的焦点的体现，同时对其他的改革措施有着促进作用，互为关联，相辅相成。团体标准在促进产业发展和企业发展中，甚至可以被视为社会或商业契约。而团体标准因其天然的市场化与需求驱动属性，是最易与国际贸易规则融合的一类标准，有着天然的市场亲近性。

目前，在推动团体标准工作时已经考虑到按照国际通用的规则程序去制定标准，并且对标准制定程序的公正透明原则做出了要求。要与国际接轨，按市场经济的原则办事，才能为全球应用打下一个互认的基础。

团体标准要保护好民族产业和国家利益，这是重要选项之一。同样可以在充分运用规则的前提下来保护自己，从而获得更加持久而稳定的合法合理的利益。

在现实操作中，标准化社团组织不仅是企业的联合，也是企业、高校、政府部门，甚至消费者等诸多主体的联合。在标准制定过程中，可以集思广益。这与一些行政色彩浓重的、闭门造车式的标准制定模式不同，它是通过开放和半开放的模式，保证了标准制定的效率。同时，国家的法规政策应关注引导在团体标准的制定过程中，实现规则的公正公开，以保证团体标准在贸易中提升为更高级别或转化为更大范围内应用的标准时，具有利于贸易中互认的基础。团体标准在促进产业发展和企业发展中，甚至可以被视为社会或商业契约。

2017年底国家质检总局、国家标准委、民政部联合制定的《团体标准管理规定（试行）》正式出台，为规范、引导和监督我国团体标准化工作提供有力支撑。在国家重大战略部署中，团体标准是政府提升治理能力和水平的重要工具，是企业获得竞争能力和引领发展的重要条件，在标准化深化改革中居于突出位置。团体标准与自愿性产品认证（符合性评定）的有机结合，从而让团体标准更有力量。团体标准具有与自愿性认证有机结合的良好市场基础，让团体标准在适宜的范围内发挥最佳的效用，应当成为标准化深化改革中的一个突破，以团体标准为先手，作系统长远的工程，协调好团体标准与自愿性认证共同迅速发展。做一些具体推动当然很重要，但营造发展氛围，释放激发出创新活力，更是根本之举。团体标准的工作原则坚持市场驱动和创新驱动原则，理清现实中存在的重大问题及其背后深刻的制度原因，我们才能进一步出台可操作性的建议，更高效地推动团体标准工作的全面开展。团体标准因为其来自市场和需求，具有天然的市场属性，自下而上的特性，成为众多标准化改革措施中易启动、易参与、显成效、最根本、最具活力的抓手，能支撑创新驱动，在全产业链、行业交融和社会管理所需的标准制定、实施、知识产权等要素中激发其活力与自主协调利益，起到科学方法和协调机制的作用。

就标准化工作而言，人才与标准化工作互相推动、互为因果，团体标准的推动必将推动行业产业中涌现出大量精通标准化的人才，而这些人才又必将引领带领产业企业熟练地运用标准化的理念和方法，在市场中去创造更好地收益。专业的标准化机构与人才必不可少，而有企业、产业和科技研发背景的标准化专家人才队伍则更显重要与关键。团体标准的工作与人才一起成长，才能共同持续地促进经济发展科技创新。

二、研究

标准是自主创新的制高点，谁掌握了标准制定的话语权，谁就掌握了市场竞争的主动权。作为能源行业的主管部门，国家能源局负责能源领域各项行业标准的管理、发布和实施，近年来国家能源局在标准领域的工作也在逐年加强。每年的年初，国家能源局便会公布本年度实施的新标准，2016 年制修订了 345 项行业标准，其中能源标准（NB）54 项、电力标准（DL）125 项和石油天然气标准（SY）166 项；2017 年制修订了 159 项行业标准，其中能源标准（NB）34 项、电力标准（DL）39 项、石油标准（SY）86 项；2018 年初发布了 80 项新制修订的行业标准，其中能源标准（NB）9 项、电力标准（DL）37 项、石化标准（NB/SH）34 项。

纵观 2018 年度将要新实施的涉及能源 9 项标准和电力行业 37 项标准，涉及智慧能源的包括锅炉技术和设备、发电技术和设备、电力行业包括柔性直流输电设备监造技术导则、高压直流互感器现场校验规范、柔性直流输电换流站运行规程、配电系统电气装置安装工程施工及验收规范、3kV～110kV 电网继电保护装置运行整定规程、变电站及配电线路用电压无功调节控制系统使用技术条件等标准。标准中传统电能领域的标准依然占据主流地位，且关注于源、网两个环节，对于储、荷方面的标准相关机构组织正在加强相关的研究。未来智慧能源的不断发展也会对现有的行业标准提出更全面、更深入的要求。

近年来，智能电网开始在全球得到快速发展，经过几年努力，已经在理论基础、技术研发、标准研制、工程建设方面均已取得了显著成效，但新形势下也出现了一些新的特点，风、光等新能源更大规模的发展给电网的安全稳定运行带来了新的巨大挑战。随着云计算、大数据、互联网等 ICT 技术的广泛应用，智能电网技术也面临着进一步完善和发展要求，一方面，智能电网既要适应可再生能源在电能生产中占比越来越高、分布式能源的高渗透以及电动汽车大规模应用的场景，又要满足电力用户参与度更高，电力能源交易更加灵活、频繁的需要；另一方面，智能电网功能还要承担一次能源与终端能源之间在大范围协调优化的核心纽带作用，把电能与供热、供水、供气以及交通系统进行互联互通，从而在保证电网安全、供电可靠的基础上，实现全社会的能源的清洁高效利用。因此，智能电网的概念在原有实践基础上需要进一步扩展和延伸，但国内外对这个扩展后的新概念尚未形成统一的名称和定义。国际电工委员会（IEC）在原来智能电网战略工作组（SG3）和智能电网系统评估组（SEG2）基础上成立了“智慧能源”（SmartEnergy）系统委员会（SyC1），提出了智慧能源这一概念，SyC1 将智慧能源描述为以智能电网为核心，通过与供热、供气等系统的交互，进一步提高电网灵活性的系统。

综上所述，智能电网将在三个层面上进行扩展：在用户层面，智能电网中的用电领域将向区域能源互联网发展，以提高用户侧参与能源管理能力，提高用户侧能效；在城市层面，智能电网中的配电领域将与城市的供热、供气、供水和交通系统实现交互，将智能电网融入城市的功能系统中，形成城市能源互联网，有效支持智慧城市发展；在国家、洲际和全球范围内，智能电网中的输电领域将与国际电网互联，逐步实现超大地域范围的能源互联网。

电网方面的标准化建设已经取得积极成果，国家已经将智能电网标准化纳入《战略性新兴产业标准化发展规划》。中国智能电网标准体系框架已经编制完成，形成了有 9 个专业分支、25 个技术领域、110 个标准系列的技术标准体系。针对新能源并网、智能变电站、智能调度、电动汽车充电设施建设等领域开展的智能电网综合标准化试点工作获有国家批准。在智能电网重点领域重点标准建设已经取得突破，风电、光伏等新能源接入电力系统标准已经修订完成，特高压交直流标准体系已经建立，GB/T 30155—2013《智能变电站技术导则》、IEC 61850 系列标准关键标准相继编制完成，智能电能表、配电网自动化、微电网及需求侧管理等重要标准正在稳步推进。在国际标准化方面，我国成功申请成立了国际电工委员会智能电网用户接口项目委员会、可再生能源接入电网分技术委员会、微电网系统评估组，由我国担任国际标准召集人，确定了我国在智能电网国际标准化工作中的地位。

智慧能源与智能电网相比，更具系统性，复杂性也更高，急需统一规划和顶层设计。目前，智慧能源在基本概念、术语定义、概念模型、体系架构、评价指标等方面尚未形成共识，需要从全社会的层面上对智慧能源标准化进行统一规范，以支撑未来产业发展的需要。

目前，国际电工委员会（IEC）主要针对智能电网出台了一系列的技术标准，尚没有其他国际标准化组织明确提出智慧能源的标准架构，智慧能源建设可以采用国际电工委员会智能电网核心标准及配电、用电、储能、电力电子、信息和通信技术等相关标准，包括电动汽车充放电设施、智能家居及设备间的通信协议等相关技术标准；但仍有一部分标准缺失或标准间协调性不够，如分布式能源接入、大容量化学储能装置接入等，不能满足智慧能源建设需求，需要加大工作力度。

中国智慧能源产业相关的国内的 TC 共有 21 个（见表 2－7）。另外全国微电网与分布式电源并网标准化技术委员会已通过国家标准委批准，对口国际电工委员会电能供应系统方面技术委员会（IEC/TC 8），目前正在筹建中。国家电网公司也正在申请成立专门的全国智慧能源标准化技术委员会，以推动我国能源互联网发展。

表 2－7　国内标准的对口技术组织

编号	名称
SAC/TC 20	全国能源基础与管理标准化技术委员会
SAC/TC 25	全国电气安全标准化技术委员会
SAC/TC 28	全国信息技术标准化技术委员会
SAC/TC 44	全国变压器标准化技术委员会
SAC/TC 60	全国电力电子系统和设备标准化技术委员会
SAC/TC 65	全国高压开关设备标准化技术委员会
SAC/TC 82	全国电力系统管理及其信息交换标准化技术委员会
SAC/TC 90	全国太阳光伏能源系统标准化技术委员会
SAC/TC 104	全国电工仪器仪表标准化技术委员会
SAC/TC 296	全国电力监管标准化技术委员会
SAC/TC 321	全国电力设备状态维修与在线监测标准化技术委员会
SAC/TC 324	全国高压直流输电工程标准化技术委员会
SAC/TC 402	全国太阳能标准化技术委员会
SAC/TC 411	全国电器设备网络通信接口标准化技术委员会
SAC/TC 413	全国输配电用电力电子器件标准化技术委员会
SAC/TC 426	全国智能建筑及居住区数字化标准化技术委员会
SAC/TC 446	全国电网运行与控制标准化技术委员会
SAC/TC 459	全国能量系统标准化技术委员会
SAC/TC 485	全国通信标准化技术委员会
SAC/TC 549	全国智能电网用户接口标准化技术委员会
SAC/TC 550	全国电力储能标准化技术委员会

标准化工作具有分工负责、协作配合的工作特点，当前智慧能源关注的相关专业领域，已经建立了相关专业技术委员会。在大数据、云计算领域，有电力行业信息标准化技术委员会负责；在新能源接入电网领域，有能源行业风电标准化技术委员会、全国电网运行与控制标准化技术委员会负责；在智能配用电领域，有电力行业电测量标准化技术委员会、电力行业供用电标准化技术委员会、全国电力系统管理及其信息交换标准化以及相关设备标准化技术委员会负责；在电动汽车与电网互动领域，有能源行业电动汽车充电设施标准化技术委员会负责；在电网与用电用户接口互动方面，有全国智能电网用户接口标准化技术委员会负责；在储能应用方面，有全国电力储能标准化技术委员会负责；在分布式能源和微电网领域，有正在筹建的全国微电网和分布式能源并网标准化技术委员会。

其中特别值得一提的是系列标准 IEEE 1888《泛在绿色社区控制网络协议》。在构建能源互联网的过程中，数以百亿计的设备需要与网络互联互通，同时这些设备产生的海量数据需要进行格式统一，并最终保证数据安全。在此过程中，其标准的制定及统一一直是行业的关键问题。为解决设备与设备、设备与网络、信息与数据间存在的“孤岛”问题，最终实现能源互联网产业的全球部署，由我国中国电信、清华大学、北京天地互连信息技术有限公司、北京交通大学、青岛高校信息产业有限责任公司、广州视声电子科技有限公司、广州智能家居技术标准促进中心主导的全球能源互联网首个国际标准 IEEE 1888 应运而生。目前，它已作为能源互联网产业入口的重要标准受到全球关注。标准 IEEE 1888《泛在绿色社区控制网络协议》于 2015 年 3 月 2 日正式获得国际标准化组织 ISO/IEC 通过。IEEE 1888 能源互联网标准向 ISO/IEC 的转化终于获得了成功。该标准采用全 IP 的思路，深度融合 IPv6、物联网、云计算等信息通信技术，构建了一个开放的能源互联网体系，可广泛应用于智慧能源网络，包括下一代电力管理系统、楼宇能力管理系统、设施设备管理系统等领域的通信。IEEE 1888 是能源互联网领域的 TCP/IP 标准。通过 IEEE 1888 标准将电、水、气等能源数据化，应用大数据、云计算等互联网新技术，达到提高能效、节能减排等作用。围绕 IEEE 1888 标准，将形成包括终端产品、汇聚产品、多协议网关产品、存储系统、智能分析平台、可视化界面、认证与安全系统、网管和计费系统、系统集成、认证与测试、合同能源管理服务的产业链。IEEE 1888 发展至今，已在中国、日本、越南、泰国、印度等全球各地完成了多个成功的示范项目及商业化的解决方案，某些项目在帮助企业提高生产效率的同时，甚至产生了45%以上的节能量，并产生了很多新的商业机会及商业模式。可以说，IEEE 1888不但顺应了技术发展的趋势，而且符合运营商的发展需求，符合我国产业发展的需求以及全球节能低碳大背景下的发展需求。

（撰稿：中国智慧能源产业技术创新战略联盟标准与技术服务专委会）

第六节　零碳研究是实现智慧能源的重要支撑

一、概述

目前，对于零碳的概念分两种情况：一是通过合理规划设计等方式，控制生产和生活过程中不得已产生的碳排放，将其减少到零；二是通过绿色能源替代、碳交易、碳产品封存及生态碳汇补偿等方法，抵消碳源，使碳汇和碳源中和为零。

零碳研究与智慧能源看似没有联系，实则有很多关联之处。首先，无论是智慧能源，还是零碳研究，两者的共同目标都是为了实现生态文明。其次，两者拥有共同的载体：安全、充足、清洁的能源。智慧能源的载体是能源，不懈探索的目的也是寻觅更加安全、充足、清洁的能源；而零碳研究的载体也是清洁、充足的可再生能源。再者，零碳研究是实现智慧能源的重要支撑。智慧能源的智慧，融汇于能源开发利用技术创新中，而零碳研究主要包括零碳技术、零碳产品、零碳应用等。

本节中所探讨的零碳研究，围绕生产和生活领域，开展的零碳工业、零碳能源、零碳建筑、零碳交通、零碳农林业等技术研究及成果案例分享。同时，零碳研究不是一蹴而就，而是由高碳、低碳、近零碳一步一步实现零碳的最终目标，因此绿色、节能、循环、低碳、近零碳技术的研究及应用都应纳入零碳研究的范围之内。

政策是开展零碳研究的指导方针，中国党和政府大力推进生态文明建设，推动绿色循环低碳发展，把应对气候变化融入国家经济社会发展中长期规划，近年来密集出台了应对气候变化多项政策。

2007年6月3日，国务院发布《中国应对气候变化国家方案》，是我国第一部应对气候变化的全面的政策性文件，也是发展中国家颁布的第一部应对气候变化的国家方案。本方案明确了到2010年中国应对气候变化的具体目标、基本原则、重点领域及其政策措施。

2008 年 10 月 29 日，国务院新闻办公室发布《中国应对气候变化的政策与行动》白皮书，全面介绍气候变化对中国的影响、中国减缓和适应气候变化的政策与行动，及中国对此进行的体制机制建设。

2010 年 7 月 19 日，国家发展改革委发布《关于开展低碳省区和低碳城市试点工作的通知》，明确将组织开展低碳省区和低碳城市试点工作，并确定广东、辽宁、湖北、陕西、云南五省和天津、重庆、深圳、厦门、杭州、南昌、贵阳、保定八市为我国第一批国家低碳试点。通知对低碳试点地区的工作提出具体要求，包括：编制低碳发展规划、制定支持低碳绿色发展的配套政策、加快建立以低碳排放为特征的产业体系、建立温室气体排放数据统计和管理体系、积极倡导低碳绿色生活方式和消费模式等。

2011 年 3 月 14 日，第十一届全国人民代表大会第四次会议批准《中华人民共和国经济社会发展第十二个五规划纲要》，其中第二十一章提出“探索建立低碳产品标准、标识和认证制度，建立完善温室气体排放统计核算制度，逐步建立碳排放交易市场”。

2011 年 12 月 1 日，国务院发布《“十二五”控制温室气体排放工作方案》，明确到 2015 年中国控制温室气体排放的总体要求和主要目标，提出要综合利用多种措施有效控制温室气体排放，并通过低碳试验试点形成一批典型的低碳省区、低碳城市、低碳园区和低碳社区等，从而全面提升温室气体控排能力。

2014 年 9 月 19 日，国家发展改革委发布《关于印发国家应对气候变化规划（2014—2020 年）的通知》，提出到 2020 年应对气候变化工作的主要目标，具体包括：控制温室气体排放行动目标全面完成，低碳试点示范取得显著进展，适应气候变化能力大幅提升，能力建设取得重要成果，国际交流合作广泛开展等。

2014 年 11 月 12 日，中美两国联合发布《中美气候变化联合声明》，首次公布了中美 2020 年后各自的行动目标，双方均表示为应对全球气候变化这一人类面临的巨大威胁，将为了共同利益建设性地一起努力。双发达成温室气体减排协议，美国承诺到 2025 年减排 26%，中国承诺到 2030 年前停止增加二氧化碳排放。

2015 年 9 月 25 日，习近平主席和奥巴马总统联合发布《中美元首气候变化联合声明》，一方面明确提出我国计划于 2017 年启动覆盖钢铁、电力、化工、建材、造纸和有色金属等重点工业行业的全国碳排放交易体系；另一方面表示将支持其他发展中国家应对气候变化，包括增强其使用绿色气候基金资金的能力。

2016 年 12 月 20 日，国务院印发《“十三五”节能减排综合工作方案》，明确“十三五”节能减排主要目标：2020 年，全国万元国内生产总值能耗比 2015 年下降 15%，能源消费总量控制在 50 亿 tce 以内。全国化学需氧量、氨氮、二氧化硫、氮氧化物排放总量分别控制在 2001 万 t、207 万 t、1580 万 t、1574 万 t 以内，比 2015 年分别下降 10%、10%、15%和 15%。全国挥发性有机物排放总量比 2015 年下降 10%以上。

2017 年 5 月 6 日，国家发展改革委印发《循环发展引领行动》，主要指标：到 2020 年，主要资源产出率比 2015 年提高 15%，主要废弃物循环利用率达到 54.6%左右。一般工业固体废物综合利用率达到 73%，农作物秸秆综合利用率达到 85%，资源循环利用产业产值达到 3 万亿元。75%的国家级园区和 50%的省级园区开展循环化改造。

2017 年 12 月 19 日，经国务院同意，国家发展改革委印发《全国碳排放权交易市场建设方案（发电行业）》，启动全国碳排放交易体系，建设全国碳排放权交易市场是利用市场机制控制和减少温室气体排放、推动绿色低碳发展的一项重大制度创新实践，是深入贯彻党的十九大精神，落实党中央、国务院重大决策部署，践行“创新、协调、绿色、开放、共享”新发展理念的一项重要举措，对引导相关行业企业转型升级，建立健全绿色低碳循环发展的经济体系，构建市场导向的绿色技术创新体系，促进我国绿色低碳和更高质量发展，将起到积极的推动作。

二、 技术与应用

零碳技术指通过新工艺、新材料、新技术、新装备或可再生能源的研发及应用，达到节能、环保、近零排放的目的，涵盖工业、能源、建筑、交通、农林业等多领域。

1. 工业领域

工业是中国能源和资源消耗的主要领域，也是中国应对气候变化的重要领域之一。因此工业制造过程的近零碳化，是降低碳排放的主力军。工业制造过程中主要的近零碳工业技术包括：

（1）节能改造技术

高用能企业开展节能技术改造，包括应用先进节能技术装备、开展余热余压利用、高效电机和变压器系统改造等技术实现节能。

上海电机系统节能工程技术研究中心将存量低效电机通过重新设计、更换零部件等方法，再制造成高效率电机或适用于特定负载和工况的系统节能电机。哈尔滨工业大学通过模型模拟了空调季的逐时动态冷负荷，在不改变蒸汽型溴化锂冷水机组的蒸汽消耗率的条件下，进行了水泵叶轮切削、水泵更换和变流量三种模拟改造，最后通过选用动态平衡阀，实现了系统的动态水力平衡，节省大量的水泵电能。

(2) 节水改造技术

高耗水企业、缺水地区工业企业、节水标杆企业等实施节水技术改造，实现工艺节水、洗涤节水、工业废水深度处理回用、非常规水资源开发利用等技术应用。

首钢京唐公司按照循环经济的理念和清洁生产的要求，在节水工艺技术方面，同步提升工艺、技术水平，强化节水和废水资源化利用，达到用水减量化、科学化、提供污水深度处理水平，实现了废水“零排放”。主要的节水技术有海水资源综合利用、焦化废水深度处理零排放、冷轧废水零排放、全厂综合污水“耦合式”废水零排放等技术。采用先进的“三干”节水技术，同时积极开发利用非常规水资源，强化串级用水，可有效地提高水的利用率。

(3) 工业企业再制造技术

再制造是指在工业生产环境下，将到寿产品重新加工恢复成具有等同于新产品的质量和性能的过程。通过设备修复与再制造，实现设备的再利用价值。

中国铁建重工集团有限公司，从2012年至今，该公司陆续完成了65台套掘进机整机及关键零部件等项目的再制造工作，投入市场的再制造产品累计已完成掘进里程近100km，再制造产业共计实现产值约2.5亿元。同时，企业针对再制造产品评估、无损拆解、绿色清洗、高效成型、应用监测等关键工艺积极开展技术研究和设备投入，拟建设再制造产业基地并力争将其打造成国内技术实力领先、制造过程绿色化率最高的掘进机再制造示范及产业化基地。

卡特彼勒公司年均生产220万件再制造产品，每天向全球170多个国家运送9000件再制造产品。主要再制造产品是针对发动机/变速箱，以机械零部件为主，并延伸到传动系统、液压产品和电子产品等，这里的电子产品也是工程机械类的，如汽车、卡车、军方设备上的电子产品。

(4) 余热余压回收技术与装备

余热余压回收技术是指企业生产过程中释放出来多余的副产热能、压差能，这些副产热能、压差能在一定的经济技术条件下可以回收利用。余热余压回收利用主要来自高温气体、液体、固体的热能和化学反应产生的热能。通过余热余压回收再利用，降低整体工艺过程的能耗，实现节能降耗。

西安陕鼓汽轮机运用当代先进的设计理论和方式，开发出新一代的叶片型和热力计算程序，其内效率比同类汽轮机提高 2%以上；进行可靠性设计和优化设计，确保产品和机组安全可靠长寿命运行。并与各行业设计院合作，采用先进的余热发电工艺流程，开发低温余热回收饱和蒸汽除水技术，提高了机组可靠性和系统经济效益。

(5) 再生资源技术

废弃电器电子、废钢、废有色金属、废塑料、废轮胎、废纸、建筑废弃物、餐厨废弃物、建筑废弃物、道路沥青和农林废弃物等资源化利用等。

英利绿色能源、环科院、中科院电工所等企业和科研院所研究寿命期后的光伏组件的回收和无害化处理序列技术，对寿命期后的光伏设备材料（玻璃，硅，铝，银，铜，塑料等）进行回收利用和无害化处理，不仅可以在一定程度上缓解光伏器件原材料短缺的问题，避免资源浪费，并且避免对生态环境造成污染。

2. 能源领域

零碳能源是指通过发展清洁能源，包括风能、太阳能、核能、地热能和生物质能等替代煤炭、石油等化石能源以减少二氧化碳排放。核心技术及装备主要包括水电、太阳能电池、太阳能光伏系统、太阳能光热系统；风力发电设备、风能控制设备、新型风机设备；风光互补系统；垃圾发电、沼气发电；智能电网、分布式能源并网技术。

英利集团是可再生能源的代表性企业，也是我国光伏行业的领军企业，一直致力于近零碳技术的研究与探索。一是推进产品生产过程和使用过程中的节能减排，针对镀膜系统、焊接系统、层压设备等高能耗设备实施优化设计；二是打造绿色供应链，建立有毒有害物质管理系统；三是开展高效轻质化双面发电产品的研究，相关成果逐步开始应用；四是开展回收和再制造，研究寿命期后光伏组件的无害化回收和再利用，有效减缓资源短缺；五是开发绿色低碳材料，使用绿色环保可回收包装箱等辅助材料；六是推进生产过程清洁化，从源头减少污染物的排放。

3. 建筑领域

零碳建筑主要包括新型建材和墙体保温材料，节能型门窗、楼宇智能控制系统、光伏建筑一体化整体解决方案等。积极推广以外遮阳、通风、绿化、门窗及兼顾保温隔热功能为主要内容的既有居住建筑节能和绿色化改造。核心技术包括建筑工业化技术、装配式住宅技术、超低能耗建筑技术、高效能热泵技术、磁悬浮变频离心式中央空调技术、温湿度独立控制空调系统技术、排风余热与制冷机组冷凝热回收、高防火性墙体保温技术、热反射镀膜玻璃技术、低辐射（Low－E）玻璃技术、以及建筑遮阳技术等。在日益严重的能源危机和环境污染背景下，被动式超低能耗建筑是应对气候变化、节能减排的最重要途径。有业内人士预计：到2020年，我国至少将建成5000个超低能耗建筑，面积将超过1亿m^2，产业规模将达千亿元级，促成建筑规划、设计、施工、咨询、建材、设备行业的全面升级换代，使城市迈入超低能耗的“零碳时代”。

近零碳建筑的典型示范项目有保定的电谷城市低碳公园和上海虹桥迎宾馆。

保定电谷城市低碳公园，占地3.2万m^2，地上一层，局部两层，集种植、观光、健身、餐饮等工程为一体，是亚洲最大的全玻城市综合体项目。该项目共安装使用双面发电光伏组件3MW，年发电量约360万kWh，综合使用了负压风机和湿帘系统、水源热泵系统和空压机余热回收系统，大幅降低能耗，是保定市超低能耗示范建筑，充分展示了低碳、环保、绿色、节能的理念。

上海虹桥迎宾馆，总建筑面积2866.2m^2；地上三层，局部一层、两层，建筑高度12m；通过采用被动式节能技术（自然采光、光导照明、自然通风、建筑围护等）、可再生能源（安装光伏组件系统）、集成控制系统（新风热交换系统控制、外窗与空调联动自动控制、能源计量系统等），实现建筑年度单位面积碳排放量每年小于25kg/m^2的近零碳排放目标。

4. 交通领域

零碳交通主要包括构建城市智能交通运输体系、淘汰治理老旧车辆、鼓励使用节能、清洁能源和新能源运输工具、推行交通节能调度、发展绿色物流等，以实现总体降低交通能耗，实现交通领域的近零碳排放。核心技术包括新能源与节能汽车（混合动力、纯动力）整车开发技术、智能交通系统技术、快速充电系统、基于减小螺旋桨运动阻力的船舶推进系统、大容量储能装置研究、轨道运输节能技术、沥青路面冷再生技术等。其中自动驾驶电动汽车环境感知技术、基于新型电力电子器件的高性能充电系统关键技术等关键技术已经列入科技部“十三五”重点专项计划中。

目前普遍认可纯电动汽车是完全环保产品，该类产品具有零排放、无污染，能源节约、使用成本低等优点。电动车的能源转化效率（90%左右）远高于传统燃油车能源转化效率（17%左右）。综合比较各种交通工具的能源来源、效率、成本等因素，新能源汽车特别是纯电动、燃料电池动力具有较好的应用前景，一汽、东风、长城、长安、奇瑞等汽车公司都在研发新能源汽车。

5. 农林业领域

发展农林业可增加生态碳汇。零碳农业指通过推动农村新型能源应用，调整农牧业产业结构，实施化肥使用量零增长行动，深入推进测土配方施肥行动，逐步推广现代高效施肥技术，不断丰富完善有机肥源利用技术。建设畜禽养殖场大中型沼气工程，建立畜禽粪污无害化处理长效机制，因地制宜全面实施农村清洁工程。零碳林业指通过实施天然林保护、退耕还林、三北防护林、封山（沙）育林、荒漠化治理等林业生态工程，不断增加森林资源，增加生态碳汇。

张家口塞罕坝可谓是封山育林的典型示范，经过 55 年的时间，通过三代人的努力，在沟壑山坳和碎石砂砾中建造了 110 多万亩（1 亩＝666.67m^2）森林，这是世界上面积最大的人工森林，已经成为一道坚实的生态屏障，每年为京津地区涵养水源、净化水体 1.37 亿 m^3，固碳 74.7 万 t，释放氧气 55 万 t。

三、 发展建议

1. 完善法规标准和制度

进一步完善节能环保法规体系和管理体系。健全节能减排标准体系，促进企业深入推进节能减排工作。提高工业、建筑、交通节能标准，逐步实现重点行业节能标准全覆盖，制修订污水综合排放标准、家具行业挥发性有机物排放标准、畜禽养殖场污染排放标准等相关环保标准，鼓励制定节能减排团体标准。

2. 完善节能减排支持政策

进一步完善工业、交通等节能减排专项扶持政策，加大财政引导资金投入。鼓励银行业金融机构对节能减排重点工程给予多元化融资支持，鼓励金融机构进一步完善绿色信贷机制，支持以碳排放权、节能项目收益权等为抵（质）押的绿色信贷。完善智慧能源体系相关政策，推行节能近零碳电力调度，对可再生能源优先安排购电，提升非化石能源电力消纳能力。

3. 健全计量、统计、监测、预警体系

健全能源计量体系和消费统计指标体系，完善环境统计体系，强化统计数据质量管理，拓展能源计量数据应用。以绿色发展理念引领绿色统计改革，提高能源环境统计服务水平。

4. 加快推进近零碳示范工程建设

提高核心技术研发、制造、系统集成和产业化能力，对减排效果好、应用前景广阔的关键产品组织规模化生产。加快建立政产学研用有效结合机制，引导企业、高校、科研院所建立低碳技术创新联盟，形成技术研发、示范应用和产业化联动机制，加大对近零碳技术产业化的支持力度，推进近零碳示范工程建设。

5. 加强宣传引导

加强应对气候变化宣传和科普教育，围绕全国低碳日、节能宣传周等重要活动和新媒体平台，广泛开展丰富多样的宣传活动，引导公众参与节能低碳行动，提升全民低碳意识，倡导以爱护家园环境为己任，垃圾不落地，自觉维护家园的清洁卫生。加强应对气候变化传播培训，提升媒体从业人员报道的专业水平。将应对气候变化知识纳入生态文明宣教体系，营造积极应对气候变化的良好社会氛围。充分发挥社会组织积极作用，支持社会组织有序开展应对气候变化宣教活动。

在“十九大”报告中，习近平总书记强调指出，生态文明建设功在当代、利在千秋。我们要牢固树立社会主义生态文明观，推动形成人与自然和谐发展现代化建设新格局，为保护生态环境作出我们这代人的努力。

（撰稿：宋登元、吴翠姑）

第七节　区块链是能源互联网的基础

一、概述

目前，中国步入数字社会时代，很多领域，比如金融领域数字化程度已经非常高，而由于能源领域的基础设施比较大，技术积累比较多，所以步入数字化相对滞后。在数字化社会里面，如何激活能源领域，值得探讨。

数字社会核心的能力是什么？是数据的归管能力。如何把数据管好、用好，这是数据社会的核心生产力。在能源交易场景中，有电网、发电方、用电方、银行清算机构，这些是属于不同机构的，如果想把这些场景串起来，创造出一个新的数字社会的时候，就需要各方把数据拿出来，放在一个数据中心里面，但这是个大难题。而如何说服大家把数据拿出来，把数据用起来，这是核心。

在这一过程中会涉及安全、隐私、合法、如何监督等等一系列的问题。这其实就是数字社会中的信用缺失问题。在这样的背景下，研究区块链也好，研究任何其他数据交换也好，都需要做到的是如何建立一个可信、透明、可追溯的数据交换与业务协同的系统。

这样的前提下，数据“三权分立”是必然的趋势，数据所有权跟数据使用权不再是一回事。数据拿出来共享就是意味着我把数据拷给你，我把使用权给你用的时候，我把所有权也丧失了。

这个怎么解决呢？我们要加入中间一方——“执行方”。数据可以拿来做贡献，原始数据阅后计分。但由谁来承担这样的执行方，我们研究发现，区块链是最好的选择。

区块链从结构上是分布式的数据库，这些数据分布在所有交易对手方的机构中，数据的同步并不是按照传统数据库的分布，而是完全对等。但数据怎么确定它的有效性？靠投票。这就意味着区块链当中的数据是不可被篡改的，可以用投票的数据把数据篡改的痕迹检测出来。这样就保证了区块链最基本的特性——数据的不可篡改性。

在不可篡改性的基础上，区块链共有四大特性。首先是不可篡改，永久留痕。第二是安全。作为一个能源交易系统，需要它客观安全。区块链的出现可以保证双向安全。第三是高流动性。能源交易过程中会涉及非常多的环节。这样的交易环节需要增信，以及各方的调研、调查或者说信用的背书等等一系列的手段。区块链可以缓解中转烦琐的手续。比如说对一个企业做增信的时候，在区块链的增信就是对历史数据的扫描，查询以前的违法违规记录以及合同执行的数据，增信是瞬间的计算过程。最后是主动执行的形式。比如要盖一个楼，这个楼可能会涉及一万多份合约，现在要解决一个问题，如何在合同履行完毕之后立即能分到钱？现在无法解决，所以才会出现拖欠工资的问题。区块链就不会存在这样的问题。智能合约被签名之后是部署在所有节点上的，只要总承包商收到钱，转账行为从各个节点立即开始，不会停下来。只要各方在智能合约上签字，就能保证及时公正。区块链加合约扮演了什么样的角色？就是信用的中心。

区块链数据流动规则的建立，其实是实现一个数字社会的基础。首先区块链让数字社会交易成为可能，每个交易里面都是信用体，信用可以被其他所有人监督，这样就保证每一个人以往的行为能够被记录下来，能够被计算到他们信用体系中。第二，区块链让虚拟世界的交易成为可能。可以实现现实世界和虚拟世界的有效连接。第三，如何使智能合约具有法律效应？为了达到这个目标要解决三个问题，一是智能合约执行环境的问题，在什么样的环境下执行？二是法律语义，比如说资产定义包括哪些属性？这些人的权利义务是什么样的？在计算语言里面应该如何定义？应该如何执行等等的问题都是要解决的。三是执行语义。

二、 研究

回到能源领域，能源数据交换能够做什么，比如说一个园区中，一个场景下，一个区域中，“风光电热储”共存，如何进行能源进行交易？都放到大电网上？但这样就失去了多能互补微网的意义。在微网的场景下，能源首先是自循环的，不够的再从大电网上拿。实现微网，要解决几个问题，首先是多种能源之间如何进行互补，应该用光还是风？电价应该是多少？这些都可以被固化在智能合约里。

合约分账，给电网分多少钱、发电方分多少钱、储能方分多少钱，给能源交易的售电商分多少钱，整个分账要求绝对透明。这样大家才会对整个利益的分配达成共识。这样的基础上就可以做柔性的交易。最后通过长期的数据积累做到区域性的能源决策。

在这样的场景中如何进行能源交易？区块链可以实现这样的过程：定义购电的过程完全托管给区块链智能合约，让它询价。比如说定义绿色能源优先，就先用绿色能源。还要进行交易，交易从某一方买电，卖给另外一方。这过程就是把能源资产化，然后资产证券化（我买的不是电，是电的使用权，卖的也不是电，是这部分电的收益权）。把这些权益证券化后，就可以进行证券形式的交易。还可以通过平台看到电价的变化，这样的过程中，我们对整个用电情况非常了解，整个电价的规则以及当时的定价是可以做溢价销售的。最后，这样的能源销售形式是准现货市场。比如说我们现在购电，花200元买的是2个月以后发出来的电，这2个月内并没有享受到200元买的权利。但这区块链中，我们可以买5min以后发出来的电，也就是说5min之内我就可以享受到我的权益。这还不是最重要的，最重要的是对发电方来讲，资金回笼不会两个月以后，可以快速地进行资金回笼。目前我们在几个实验区比如说大同、武汉、天津进行了规划，也在逐步地根据当地能源基础设施还有社会治理的结构、经济的基础设施，比如结算、第三方支付等，来定制系统。

总之，基于数据交换的业务协同才是未来能源互联网、大的互联网必然的趋势。区块链和智能合约是满足这一趋势的数据基础设施。

（撰稿：朱皞罡）

第八节　燃料电池将实现分布式能源供给

一、概述

智慧能源拥有自组织、自检查、自平衡、自优化等人类大脑功能，是一种满足系统、安全、清洁和经济要求的能源形式。智慧能源的载体是能源，其中包括传统能源和新型洁净能源，考虑可持续性，未来的智慧能源载体一定是洁净能源，如风能、太阳能、海洋能、地热能、生物质能、氢能、核聚变能等。因为传统化石能源作为不可再生资源，面临着资源稀缺性的制约，按照过去几十年的消费增速线性外推，全球已探明石油储量只能支撑三十年。人类能源结构已经到了必须再次大变革的前夜，洁净能源将逐步取代传统的化石能源成为能源的主体，而以石油动力的能源设备将被氢能燃料电池所取代。

氢能燃料电池是一种将储存在燃料和氧化剂中的化学能，直接转化为电能的装置。当源源不断地从外部向燃料电池供给燃料和氧化剂时，它就可以连续发电，已被誉为是继水力、火力、核电之后的第四代发电技术。燃料电池虽然名叫电池，但实际它的工作原理与电池截然不同，电池属于储能器，而燃料电池本身不储存任何能量，本质上只是一个能量转换器，更像是一台发电机。

与传统发电方式相比，燃料电池有其特殊之处：在反应过程中，燃料电池能量转换过程无明火燃烧活动，所以能量转换效率不受卡诺循环限制。

燃料电池特点有以下几个特点：

1. 发电效率高

理论上，燃料电池的发电效率可达到85%～90%，不受卡诺循环的限制。但由于工作时各种极化的限制，目前燃料电池的能量转化效率约为40%～60%。若实现热电联供，燃料的总利用率可高达80%以上。

2. 比能量高

是汽油的3倍，远高于锂电池。液氢燃料电池的比能量是镍镉电池的800倍，直接甲醇燃料电池的比能量比锂离子电池（能量密度最高的充电电池）高10倍以上。目前，燃料电池的实际比能量尽管只有理论值的10%，但仍比一般电池的实际比能量高很多。

3. 环境友好

燃料电池唯一的生成物是水，零污染。燃料电池结构简单，运动部件少，工作时噪声很低。即使在11MW级的燃料电池发电厂附近，所测得的噪音也低于55dB。

4. 燃料可再生，来源广

氢是自然界中储量最多的元素，当前对于燃料电池而言，只要含有氢原子的物质都可以作为燃料，例如天然气、石油、煤炭等化石产物，或是沼气、酒精、甲醇等。当前有大量的化工副产品可利用，未来可以利用风能、太阳能等清洁能源电解水制取氢气。

5. 负荷调节灵活，可靠性高

当燃料电池的负载有变动时，它会很快响应。无论处于额定功率以上过载运行或低于额定功率运行，它都能承受且效率变化不大。由于燃料电池的运行高度可靠，可作为各种应急电源和不间断电源使用。

燃料电池具有组装式结构，安装维修方便，不需要很多辅助设施。燃料电池电站的设计和制造相当方便。

依据电解质的不同，燃料电池分为5大类：分别是碱性燃料电池（AFC）、磷酸型燃料电池（PAFC）、熔融碳酸盐燃料电池（MCFC）、固体氧化物燃料电池（SOFC）、质子交换膜燃料电池（PEMFC），见表2-8。

除此之外，燃料电池还有几种特殊的类型：直接甲醇燃料电池（DMFC）、再生燃料电池（RFC）和直接碳燃料电池（DCFC）。

二、发展现状

碱性燃料电池（AFC）是最早开发的燃料电池技术，在20世纪60年代就成功的应用于航天飞行领域。美国的阿波罗登月飞船和航天飞机等轨道飞行器都采用这类燃料电池作为搭载电源，实际飞行结果表明电池系统具有很高的可靠性。20 世纪 80 年代中期以后，随着一些新材料的应用及工艺的不断改进，碱性氢氧燃料电池的性能得到完善，比如工作温度、工作压力、电流密度提高，比质量（单位功率的质量）显著减小等。

表 2-8　部分燃料电池的特性

燃料电池类型	碱性燃料电池（AFC）	磷酸盐型燃料电池（PAFC）	熔融碳酸盐型燃料电池（MCFC）	固体氧化物型燃料电池（SOFC）	质子交换膜燃料电池（PEMFC）
燃料	纯氢	重整天然气	净化煤气、天然气、重整天然气	净化煤气、天然气	氢气、甲醇
工作温度	<80℃	150℃～200℃	600℃～700℃	500℃～900℃	50℃～100℃
发电效率	60%～70%	40%～42%	43%～47%	60%	50%～70%
输出功率	10kW～100kW	50kW～1MW	<1MW	5kW～3MW	<250kW
寿命	3kh～10kh	30kh～40kh	10kh～40kh	8kh～40kh	10kh～100kh
优点	成本低、启动快、性能可靠	寿命长、技术成熟	燃料使用范围广、余热可利用	无材料腐蚀、电解问题、余热可利用	启动快、功率密度高、寿命长、性能可靠
用途	太空、军事	分布式发电	电力公司、大型分布式发电	移动电源、电力公司、大型分布式发电	备用电源、移动电源、小型分布式发电、交通

碱性氢氧燃料电池除成功应用于空间技术外，也进行了其他用途的开发。美国 UTC 公司曾试制过 60kW、80kW 的深水探查船用电源及 30kW 深海潜水救助艇用的电源，德国西门子公司曾试制过 100kW 的潜水艇动力电源，但都在样机试用以后终止开发，未投入正式使用。比利时 Elenco 公司及美国 UCC 公司也都进行过将碱性氢空气燃料电池用于电动车动力电源的开发，日本的富士电机公司曾在月光计划资助下开发过千瓦级的应急用碱性燃料电池。目前，此类燃料电池技术的发展已非常成熟并已经在航天飞行及潜艇中成功应用。国内已研制出 200W 氨-空气的碱性燃料电池系统，制成了 1kW、10kW、20kW 的碱性燃料电池。

碱性燃料电池在地面应用的最大缺点是对燃料纯度要求太高而且不能使用含C、CO_2及CO的燃料气，使用空气也必须脱除空气中的CO_2，从而限制了这类电池在地面上的应用。

磷酸型燃料电池（PAFC）也是第一代燃料电池技术，是目前最为成熟的应用技术，已经进入了商业化应用和批量生产。目前这类电池在城市发电，供气及其他工业项目上广为试用。如在宾馆、医院、办公楼、工厂等地方用PAFC来进行辅助供电、供热。还有一种采用生物气体的PAFC体系已被开发出来，而在废弃物质的处理方面，含有甲烷的沼气或其他有机气体已经被利用。大规模利用生物沼气的PAFC可望在将来应用于垃圾回收领域，解决一大社会难题。

美国是最早发展PAFC电站技术的国家，而日本是PAFC电站技术发展最快的国家，PAFC在日本已进入产业化阶段。日本是开发燃料电池积极而热情的国家，近年来成果尤为显著，特别是在PAFC商业化方面已与美国并驾齐驱。目前，日本的制造商在电力公司，煤气公司的通力合作之下，已经可以生产50kW、100kW、200kW、1000kW、5000kW、11MW等各种规格的PAFC电站。英国、德国、荷兰、比利时、意大利、丹麦、瑞典、芬兰等9个国家22家公司于1989年9月11日成立的欧洲燃料电源集团（EFCG）也与美国和日本的公司在这一领域展开竞争。事实上，到目前为止，美日两国的公司已经销售了数以百计的磷酸型燃料电池，正在试验的则为数更多，可以说，PAFC的基础研究工作已经结束。商品化阶段已经开始，正在向工业化迈进。

熔融碳酸型燃料电池（MCFC）是第二代燃料电池技术，主要应用于设备发电。美国是从事熔融碳酸盐燃料电池最早和技术高度发展的国家之一，美国对熔融碳酸盐电池的开发重点在大容量的兆瓦级机组的开发，从事熔融碳酸盐燃料电池研究和开发的主要单位为煤气技术研究所（IGT），该所已于1987年组建了M－C动力公司和能量研究所（ERC），这两个单位现在均具有熔融碳酸盐燃料电池电站的生产能力。日本从1981年开始研究发展熔融碳酸盐燃料电池技术，在完成1kW、10kW、30kW和100kW熔融碳酸盐燃料电池系统的试验后，于1988年由23家公司成立了熔融碳酸盐燃料电池研究协会，目的是发展1000kW的熔融碳酸盐燃料电池分散电站。

目前成本和寿命是影响MCFC的主要障碍，阴极溶解、阳极蠕变、高温腐蚀和电解质损失是主要影响因素。因此，研制新的电极材料，改进密封技术将是今后一段时期的研究关键。

固体氧化物燃料电池（SOFC）以其全固态结构、更高的能量效率和对煤气、天然气、混合气体等多种燃料气体广泛适应性等突出特点，发展最快，应用广泛，成为第三代燃料电池。国内SOFC的主要研制单位有大连物化所，中科院上海硅酸盐研究所，吉林大学，中国科技大学，中科院北京化冶所等单位。目前我国已具备了研制数千瓦级SOFC发电系统的能力。SOFC在高温下工作也给其带来一系列材料、密封和结构上的问题，如电极的烧结，电解质与电极之间的界面化学扩散以及热膨胀系数不同的材料之间的匹配和双极板材料的稳定性等，这些也在一定程度上制约着SOFC的发展，成为其技术突破的关键方面。

日本是固体氧化物燃料电池应用最多的国家，在政府主导下，于2009年正式商业销售，该系统以管道燃气为燃料，为家庭提供电力和热水供应装置以及后备热源装置，热电联供可以极大地提高燃料的利用效率，总效率可达90%～95%。截至2016年底，日本家用燃料电池系统安装量约为19.6万套，日本政府希望到2030年有530万套的家庭安装家用燃料电池系统。

目前正在开发的商用燃料电池还有质子交换膜燃料电池（PEMFC）。它具有较高的能量效率和能量密度，体积重量小，冷启动时间短，运行安全可靠。另外，由于使用的电解质膜为固态，可避免电解质腐蚀。是继AFC、PAFC、MCFC、SOFC之后正在迅速发展起来的温度最低、比能最高、启动最快、寿命最长、应用最广的第五代燃料电池。

质子交换膜燃料电池以氟磺酸型或非氟磺酸型质子交换膜为固体电解质，能量转换效率高，无污染，可在室温下快速启动，特别适合用做动力电源。美国通用电器公司在20世纪60年代就将PEMFC电池用于双子星座航天飞机。

它又是电动车的最佳驱动电源，受到美国、德国、加拿大和日本等发达国家政府及国际汽车业巨头如德国奔驰公司和美国通用汽车公司等企业的支持，发展势头非常强劲。1993年，加拿大Ballard公司研制出世界上第一辆燃料电池公共汽车。2015年日本丰田汽车公司正式量产第一款燃料电池乘用车Mirai，引发全球燃料电池汽车应用热潮。

总部位于加拿大温哥华的BalardPowerSystem公司被公认为是世界开发、生产和营销零排放质子交换膜（PEM）燃料电池的领先者。国内从事PEMFC研究的单位主要有中科院大连物理化学研究所，新源动力，北京亿华通等。目前，我国广东云浮已经引进巴拉德燃料电池生产线，在国内生产车用燃料电池动力系统，并已投入运行。另外我国地方和企业与科研院所合作已具备研制 50kW 以上，可用于电动汽车的燃料电池动力模块的能力。

美国、日本等一些公司也已研究开发出便携式 PEMFC 发电堆。加拿大电力系统公司与日本的 EBARA 公司合作研究开发 250kW PEMFC 发电设备和 1kW PEMFC 便携式发电系统。德国在柏林建造了一个 250kW PEMFC 的实验堆。质子交换膜燃料电池的核心技术是电极—膜—电极三合一组件的制备技术。为了向气体扩散，电极内加入质子导体，并改善电极与膜的接触，采用热压的方法将电极、膜、电极压合在一起，形成了电极—膜—电极三合一组件，其中，质子交换膜的技术参数直接影响着三合一组件的性能，因而关系到整个电池及电池组的运行效率。PEMFC 的价格也制约着其商业化进程，因此，改进其必要组件性能，降低运行成本，是发展 PEMFC 的重要方向。

三、 前景展望

对燃料电池的开发研究以及商业化，是解决世界节能和环保的重要手段。燃料电池的先进性和实用性已经得到世界的公认，我国也在加大对燃料电池的开发、研究与利用力度。尽管燃料电池还存在一些问题，比如电极材料、制造成本、催化剂等等问题，但是瑕不掩瑜，加快燃料电池发展必然是世界发展的总趋势。在发展燃料电池过程中，应该根据各种不同燃料电池各自的优缺点和发展障碍，有针对性地展开适宜的研究，使各种燃料电池都能发挥应有的作用。随着燃料电池技术的进一步深化，必将能够加快我国经济建设与可持续化发展步伐。

加拿大、日本、美国、韩国以及一些欧洲国家介入燃料电池的研发较多，特别是加拿大和日本是研究投入较多的国家，开发应用也处于世界前列。对燃料电池的研究，我国也投入了相当大的人力物力。在燃料电池的基本理论研究方面，我们与世界先进国家的差距不太大，但在结构优化、材料应用，关键部件的设计与生产方面有一定差距。近年来，随着研究机构和经费投入的不断增加，我国对燃料电池催化剂的研究取得了可喜的成果，从事质子交换膜燃料电池原材料及半成品制造的公司开始出现，相信我国的燃料电池研究将出现一个崭新的局面。

随着智慧能源的建设和氢能时代的来临，传统能源供给构架将由集中向分布式转变，以清洁能源—氢能为载体的智慧能源—氢能时代，将呈现以下特点：氢能以极高的转换效率（50%～90%）转化为电能，氢气将替代石油成为国家战略燃料储备物资；各种类型的氢燃料电池就地部分替代大电网运输，向用户供电，实现分布式能源供给；各用户有完善的智慧能源管控系统，能源与互联网融合；各类交通工具弃用内燃机动力，由氢燃料电池动力取代。

（撰稿：苌国强）

第三章　中国智慧能源产业发展

第一节　智慧能源园区实践

近几年来，随着我国工业园区的建设发展、微网与新能源发电的普及、新投资模式的不断升级，同时注重可靠技术与经济回报的理念加深。为满足新供需形势下的需求，发展多能互补概念下的终端一体化集成供能系统和风光水火储多能互补系统就成为了不二选择。

国家能源局公布的首批多能互补集成优化示范工程入选项目多达 23 个，并且多数为终端一体化集成供能系统。除此之外，在多能互补概念公布之前，就已经存在大型城市综合能源站等相关示范项目，在分布式燃机与能源梯级利用方面取得了一定示范效果。

基于多能互补的研究和发展情况，为实现可再生能源在区域内最大限度的高效利用，通过建设能源体系、信息化体系和标准化体系，结合现在市场环境的需求和技术产品的应用现状，聚焦于以园区为基本单元的新能源的建设和运营。对区域的能源供给和消费，提出智慧能源的整体规划，就是对冷、热、电等能源资源进行统一规划，协调供应，消除工程建设的孤岛，提高能源的综合利用率。

一、 商业园区应用案例——山东省物联网基地

1. 项目概况

山东省物联网基地是一个集光伏、地源热泵、储电、能源管控及智慧计量为一体的智慧型、智能型园区。通过地源热泵技术为整栋大楼提供冷量、热量。涵盖电、水、（地源热泵）空调系统、新风系统、智能建筑管理系统、智能微电网系统、环境监测、气象监测等为一体的现代化智慧园区。光伏和储电系统构成微电网系统，地源热泵和空气源热泵系统，以多能互补的方式高效利用可再生能源。系统具有极强的调节能力，可以在建筑负荷需求变化时，通过择优运行和降低设备空耗实

现节能运行，避免能源浪费。

2. 项目优势

能源可靠性：微电网能够独立于主电网，实现自给自足，从而实现弹性供电。当主电网遇到重大问题时，微电网能够快速解耦，并仍然可以继续从地方电源供电。

能源易获取：在无法接入主电网时，以合理的成本获得能源。

能源成本优化：利用能源灵活性优化能源结构和电网平衡。微电网的一个目标是实现地方可再生绿色能源的自给消费，以便能够部分或全部取代主电网提供的能源，从而有助于减少与能源有关的温室气体排放。

弹性更好：通过可以更快实施的较低资本密度、模块化、可扩展的解决方案，更为轻松地获取能源；提供更多与电网进行交互的时间和方式选择。

3. 建设方式

通过计量器具平台实现园区各级用电量在线计量、监测，通过能源管控平台对园区电能供应和需求情况进行分析、预测和调度，建设智能微电网示范项目，探索能源智慧化应用新模式。

充分利用园区可再生能源，实现光伏、储电以及市电协调供应。

削峰填谷：储电系统晚上充电，白天放电，实现电网削峰填谷，缓解电网高峰时期用电压力，是电网的有益补充。

数据中心备用电源：作为应急电源，保证数据中心服务器正常运行。

（1）光伏项目建设方式

依据可利用面积1500m^2、可装机为130kWp的光伏发电系统。130kWp光伏并网发电项目分三个部分：屋顶光伏78kWp和光伏车棚52kWp。其中屋顶光伏发电项目安装区域为混凝土平楼顶，采用水泥配重支架安装方式，在屋顶放置水泥基础，然后固定支架，光伏组件以20°倾角斜铺在支架上。光伏车棚并网发电项目安装方式是在钢结构车棚上焊接热镀锌钢支架，然后将光伏组件平铺在支架上并固定。

（2）地源热泵项目建设方式

地源热泵系统是把热交换器埋于地下，通过水在由高强度塑料管组成的封闭环路中循环流动，从而实现与大地土壤进行冷热交换的目的。夏季通过机组将房间内的热量转移到地下，对房间进行降温。同时储存热量，以备冬用。冬季通过热泵将土壤中的热量转移到房间，对房间进行供暖，同时储存冷量，以备夏用，大地土壤提供了一个很好的免费能量存贮源泉，这样就实现了能量的季节转换。地埋管系统分为两种：垂直埋管、水平埋管。垂直埋管打井深度长，投资高，但相对水平埋管占地面积小；水平埋管开挖简单，投资低，但相对垂直埋管占地面积大。垂直埋管地源热泵系统和水平埋管地源热泵系统分别如图 3－1 和图 3－2 所示。

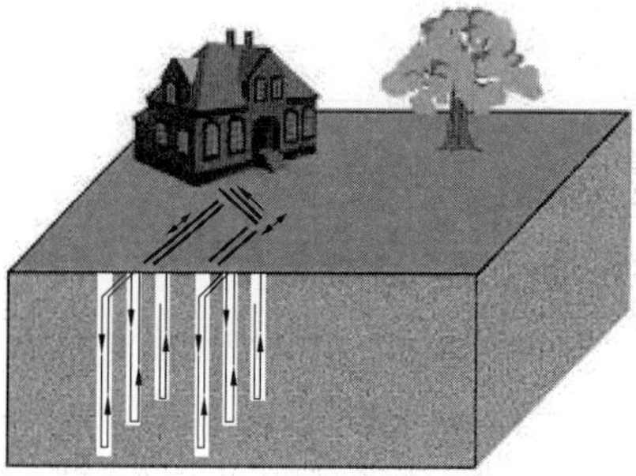
图 3－1　垂直埋管地源热泵系统

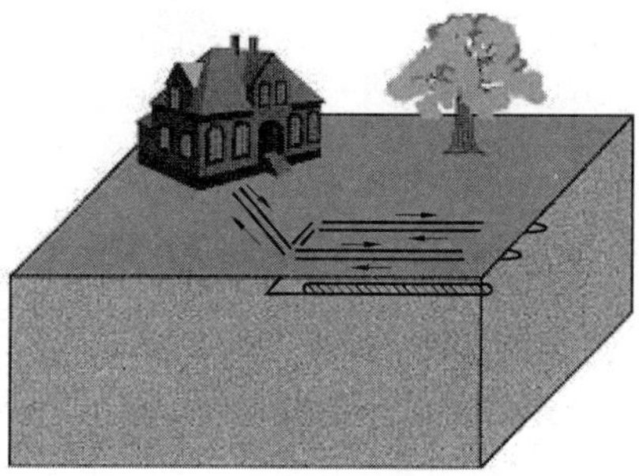
图 3－2　水平埋管地源热泵系统

（3）储电系统建设方式

依据园区负荷统计（见图 3－3、图 3－4），测算储电系统的容量如下：变压器容量为 400kVA，额定电流为 577.4A，最大的负载功率是 235kW，最小 30kW。

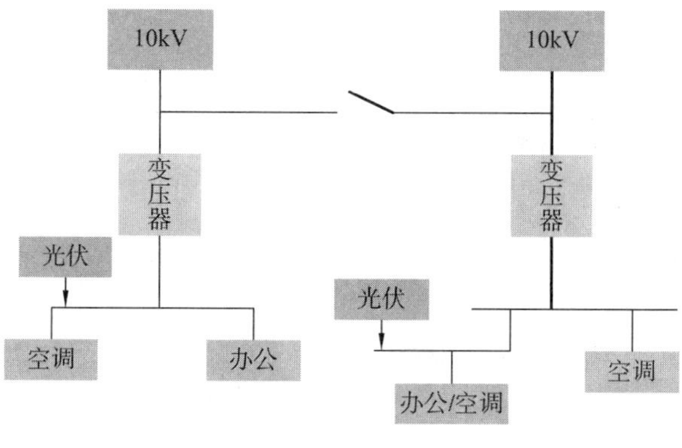

图 3－3　园区电气网络图

储电系统容量计算：储电系统容量＝30×3/0.7＝128kWh，储电系统装机容量 120kWh，双向逆变器选用 30kS。

储电系统正常运行：正常运行，晚上谷电时间充电，白天尖峰时间放电，放电时间在 8h 内根据工作日和空调季节自动调度，放电深 60％～70％。

储电系统备用功能：在市电停电时，自动切换到储电系统供电，保证数据中心

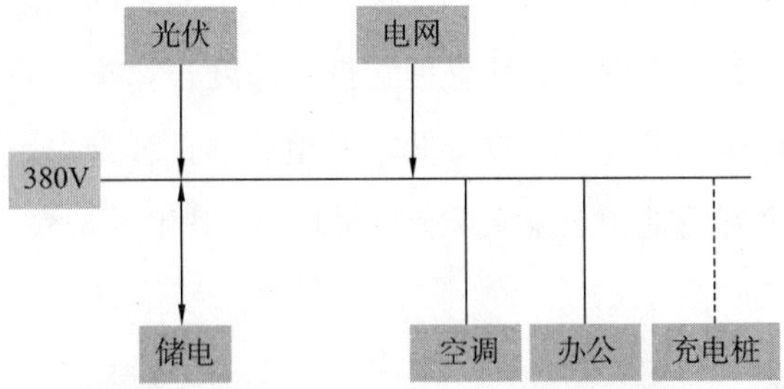

图 3-4　北楼低压侧微电网网络图

服务器运行时间不小于 4h。

储电系统能够实现在线监测：就地设置显示控制屏监测储电系统运行状态；监控内容至少包括：储电系统充放电的时间设置、充放电电量、充放电电流、充放电压、逆变器效率等。

储电系统控制要求：储电系统能够接受能管平台指令，实现园区微电网自动调度；园区用电能耗信号接入储电系统实现储电系统在尖峰和高峰时段放电。

北楼光伏最高小时发电量约为 55kWh，在周末或假期用电负荷较小时，储电系统需考虑与园区光伏发电的协调调度，不得向电网倒送电。

储电系统谐波满足电网要求，不能影响电网质量。

4. 项目效果

物联网产业基地建筑面积 20000m^2，装地源热泵机组 2 套。地源热泵系统中地源侧循环水泵和空调侧循环水泵各三台。采用地源热泵系统＋空气源热泵系统综合组成的“多能互补热泵系统”完成冷热供应，充分利用地热能、空气能、储能等可再生能源作为能量供应源。

二、 工业园区应用案例——孙村污水处理厂

1. 项目概况

位于济南高新区孙村片区北部，杨家河西岸，南临科技路，西临春暄路，北靠胶济铁路。孙村污水处理厂主要接纳孙村片区的工业废水及生活废水的收集和处理，设计进水指标：BOD≤250mg/L，COD≤500mg/L，SS≤300mg/L，NH3－N≤45mg/L，TP≤6mg/L，TN≤60mg/L，经处理后的污水达到《城镇污水处理厂污染物排放标准》（GB 18918—2002）一级 A 排放标准。

通过安装多晶组件建设光伏电站，孙村污水处理厂实现了利用可再生清洁能源

治理环境污染的目标，同时获得了污水池上部空间的二次开发利用。

2. 建设情况

孙村污水处理厂 300kWp 光伏发电项目，采用了全球唯一专利技术——柔性支架技术，该专利技术成功解决了污水池面、荒山、荒地、滩涂、鱼塘等大跨度支架无法安装的技术难题，倾角调节灵活，土地、空间二次利用，提升发电量，既节能又减排又增效；柔性支架优化方案，对地质、地形、地貌不加约束，少桩基、少开挖，节省钢材，安装便利，安全可靠。此电站的建设，刷新了国内多项行业纪录：50 天超短施工周期、超大跨距污水池面安装组件、节约成本 30%以上等。

此光伏发电项目装机容量为 300kW，年发电量为 37 万 kWh，经测算，该项目建成后，每年减排二氧化碳 369.54t，寿命周期内月节约标准煤 3260t，生态效益和环境效益十分显著。

与此同时，利用中水源热泵技术，实施对厂区超过 1000m^2 的办公区域制冷、取暖的空气调节的应用。

3. 项目效果

经过一年多的运行，设备运行稳定，比普通空气源空调节省电量 30%～40%，如果该技术能得到广泛推广，节能效果非常可观。实现了电、冷、热及中水四联供，是国内首个污水处理厂智慧能源综合应用示范项目。

整个项目对于园区内的水、电、热、气等能源工程进行统一规划，随片区开发而建设，即建即用。有利于消除工程“孤岛”，化整为零，降低工程建设成本，实现能源高效利用。按照高标准建设智慧能源工程，规范化管理、专业化运营，保障能源高效利用，减少浪费和污染。通过 BOO 的模式建设运营，项目具有可复制、可推广、可持续的特性。

（撰稿：史俊花）

第二节　多能互补建设模式的研究

一、 建设内容及目标

多能互补分布式能源系统是指多种能源资源输入，并形成多种产出功能和输运形式的以区域为中心的能源服务系统。使得分布式能源的应用由点扩展到面，由局部走向系统。

多能互补集成优化示范工程主要有两种模式：一是面向终端用户电、热、冷、气等多种用能需求，因地制宜、统筹开发、互补利用传统能源和新能源，优化布局建设一体化集成供能基础设施，通过天然气热电冷三联供、分布式可再生能源和能源智能微网等方式，实现多能协同供应和能源综合梯级利用；二是利用大型综合能源基地风能、太阳能、水能、天然气等资源组合优势，推进风、光、水、火储多能互补系统建设运行。

对于新增用能区域，结合区域内的用能需求及规划，通过多能互补的方式，形成终端一体化集成供能系统。包括对智慧能源的顶层规划，建立目标体系，对水、电、热统筹规划，能源资源智慧化；在信息管控、楼宇建筑、计量终端智能化；产品应用、体系构建、工程建设标准化。

通过建设能源体系、信息化体系和标准化体系，我们针对区域的能源供给和消费，提出智慧能源的整体规划，就是对水电冷热气等能源资源进行统一规划，协调供应，消除工程建设的孤岛，提高能源的综合利用率。

基于以上的内容及目标，实现可再生能源在区域内最大限度的高效利用。

二、 能源体系的建设

能源体系的建设，包括多能互补的冷热供应和智能微电网的建设，通过对地热能、空气能、地表水能的提取，结合蓄冷蓄热的方式，同时采用光伏发电、风力发电和储能技术，对区域中进行能源供给和消费。

1. 多能互补冷热供应系统

采用多能互补冷热供应系统具有以下优势：

（1）稳定性好：地能或地表浅层地热资源的温度一年四季相对稳定；

（2）节能高效：系统主要利用地下恒定的能量，以电力为辅，节能高效，能效比可达5以上；

（3）通过浅层地热能、地表水能、空气能、储能等多种能源互补；

（4）使用寿命长：热泵系统非常的可靠耐用，主机系统安装于室内，不受天气影响，使用寿命比仅有10年的普通空调高出一倍；

（5）环保可再生：热泵的运行没有任何污染，并且，地源热泵属于可再生能源，具有可持续性，是理想的绿色环保产品。

2. 智能微电网系统

微电网是基于局部配电网建设的，风、光、生物质等各类分布式能源多能互补，具备较高新能源电力接入比例，可通过能量存储和优化配置实现本地能源生产与用能负荷基本平衡，可根据需要与公共电网灵活互动且相对独立运行的智慧型能源综合利用局域网。

第一阶段发电上网：在电力系统电网电源侧的可再生能源大功率发电站。第二阶段即发即用：在用电需求侧的可再生能源分布式发电站。第三阶段智能微电网：在用电需求侧的可再生能源分布式发电站与电力区域配电网系统有机组成的区域智能微电网供电系统。

建设目标：基于110kV及以下变电站构建智慧管理的区域智能微电网供电系统，最大限度的利用可再生能源。

建设智能微电网具有以下优势：

(1) 110kV及以下，系统规模小；

(2) 具有自平衡和自启动的能力，自发自用为主，余电上网；

(3) 与外部电网的交换功率和时段可控；

(4) 以可再生能源为主，发电占比不低于50%。

3. 直饮水系统

针对园区内规划，可通过微孔过滤、超滤、纳滤、反渗透（RO膜技术）等系列程序达到健康饮用水标准，使大型纯净水工厂小型化、家庭化、时尚化、美观化、现场化，通过直饮水机和净水管道，分层到层或者分层到户，消费者只需打开水龙头，即可以喝到健康纯净没有任何污染的纯净水，实现“健康好水自己造”。

同时将净化过后的浓水，汇集于中水站，集中处理过后，通过中水回用，高效利用资源，向建筑物供暖制冷。

三、 信息化体系的建设

在能源体系的基础上，我们辅助建设信息化体系，以区域内的一个园区为例，建设信息管控中心，集成各种智能建筑系统，通过智慧计量、智能终端完成底层数据采集。

其中包括的系统有计算机管理系统工程，楼宇设备自控系统工程，通信系统工程，保安监控及防盗报警系统工程，卫星及共用电视系统工程，车库管理系统工程，综合布线系统工程，计算机网络系统工程，智能化小区物业管理系统工程，大屏幕显示系统工程，智能灯光、音响控制系统工程，火灾报警系统工程，计算机机房工程，一卡通系统工程。

通过园区的信息管控中心的建设，可以做到对计量器具的精准计量、对系统的优化控制和协同调度。整个系统以信息监控管理系统为基础管理系统，集成智能建筑子系统、空调系统、新风洗、智能微电网子系统、环境气象监测子系统等五大子系统，实现对园区所使用电能、水、热、光能、土壤源等各类能源的管理。

标准体系建立。ISO/TC 268 标委会制订的城市可持续发展体系标准，其中有 14 项，涉及城市可持续发展的术语、管理体系、评价指标、智慧城市战略和评价、智慧城市基础设施等多方面。

IEC/ISO 18880/IEEE 1888《泛在绿色社区控制网络协议》是能源互联网领域的 TCP/IP 标准。通过 IEEE 1888 标准，将电、水、气等能源数据化，应用大数据、云计算等互联网新技术，达到提高能效、节能减排等作用。

智慧能源团体标准，依据现行标准进行智慧能源建设，建设示范项目，制定团体标准。

以园区为载体，按照城市可持续发展标准、社区泛在网通信协议、及团体标准，打造国家节能标准化示范性工程，组织建设智能微电网、区域能源管控和可再生能源相关的技术和团体标准，确保区域能源布局和智慧化园区建设的国际化品质，逐步打造区域生态体系，推动新区新城科学、可持续和健康发展。在技术上坚持标准引领产业，确保项目建设在保障质量的基础上，有较强的可复制性和推广性，最终将成功经验辐射到更多的地区。

（撰稿：史俊花）

第三节 流体节能在智慧能源中的探索与实践

一、概述

流体节能是指通过某种技术或产品，有效收集、利用流失、废弃流体（液体或气体的总称）的过程。流体节能广泛应用于工业与民用各行业：锅炉、燃烧炉、烘烤炉等延期的热量回收；油脂冷却过程中的热量回收；空调系统的冬季热量和夏季冷量回收；空气压缩机的冷却空气或冷却水的热量回收；通风系统的热量和/或冷量回收；冷却塔的热量回收；电子、纺织、制药、食品、机械等行业的工艺排风的热量回收；化学反应的热量回收；蒸汽尾汽的热量回收；其他各类流体（空气和其他液体）的能量回收。

作为中国领先的流体节能服务商，多年来，杭州哲达科技股份有限公司一直专注于为用户提供高品质的智慧节能产品与系统节能解决方案，荣获2013年国家科学技术进步一等奖。主要业务包括：区域供热系统节能集成技术、空调系统智慧节能集成技术、高炉煤气余热发电优化控制系统、工业循环水系统节能优化运行技术、风机系统节能增效集成技术、压缩空气系统节能优化运行技术、工业余热能量综合回收利用技术等综合能源站超高效集成技术。杭州哲达坚持“最绿色的能源是节约下来的能源”，以“智慧流体+智慧能源”为发展方向，以“产品+节能服务”为发展模式，持续专注于最绿色能源的智造。

在节能服务方面，开发了智能综合管控平台系统。系统采用先进的信息化、自动化、物联网等技术实现能源消耗的可视化、可量化和智能化分析；重要安全数据的可视化、可控化和智能化预警。同时辅以能效专家，提供从咨询、规划、实施、运维一整套的服务，从而挖掘运行过程中的节能潜力和管理缺陷，促进企业的精细化管理，提升企业管理效率。依托大数据促进能源管理、安全生产和提升风险防范预判的效果。系统具有六大功能模块：

数据监测——重要系统全面对接，数据实时采集；

能源分析——全厂能源单耗数据、产量单耗数据、用能趋势数据实时分析和用能计划调度；

安全管理——实现异常管理、隐患管理和故障管理APP&网页联动管理；

设备管理——故障处理流程化、设备资料电子化、图纸资料数字化；

故障报警——四重故障报警系统，实现报警多样化、人性化和智能化；

自动报表——根据客户模板自动生成、支持手工修改、自动导出EXCEL文件。

压缩机控制发开发ICS安全控制系统。ICS安全控制系统是世界上最可靠的透平机械安全控制系统，在气体工厂、化工厂、炼油厂、石化工厂、离岸生产设施如海上平台及其他类似的项目的关键控制领域积累了超过35年的设计和运用经验。

推出智慧空调——中央空调节能优化控制系统（S－AC）。S－AC中央空调节能优化控制系统针对新建、改建项目，为客户定制符合当前中央空调系统的节能优化控制系统。系统具有强大的管理功能，实现冷冻站内机组负荷匹配群控、输配系统水力平衡控制、泵阀一体控制、冷却效率极大化控制，使得产品的节能性进一步加强；并具有强大的网络通信功能，开放楼宇自控和能量计费系统接口，使得产品的开放性、兼容性进一步加强。S－AC中央空调节能优化控制系统软件ACEC软件界面操作简便、直观实用，更加人性化。S－AC为中央空调系统的高效、安全运行提供了完善的机电一体化控制解决方案。

在智慧供热上，推出智慧供热系统解决方案。供热系统是一个多参量、大滞后的复杂系统。智慧热网节能控制技术，就是要有针对性地解决供热系统热源、管网和终端用户实际问题、提供三个主要环节的信息化管理平台，实现热源控制一体化、管网智能化、终端用户信息化，最终解决系统整体过量供热、管网水力失调、室温冷热不均等问题，达到整个系统的节能目的。

智慧热网节能解决方案至少包含三方面内容：全面热力平衡系统解决方案、换热站智能节能控制系统解决方案以及节能综合GIS管控平台。全面热力平衡系统主要解决一、二次网水力热力失衡问题；换热站系统主要解决换热站的无人值守以及节能优化控制问题；GIS平台则以Web的方式提供供热地图数据、物联网设备实时数据及其他行业资源和功能，用户可采用多种终端随时随地访问这些数据、资源和功能，并进行物联网智慧管控。

二、 案例：S－AC解决方案

数据显示，目前我国公共建筑占城乡房屋建筑总面积的10.7%，但能耗约占建筑总能耗的20%。因此，有效降低公共建筑的能耗，具有重要的战略意义。

公共建筑能耗包含采暖、空调、通风、热水供应、照明、炊事、各类电器、电梯等，其中采暖、空调、通风、热水供应、照明能耗高，节能潜力也最大。而采暖空调系统的能耗占公共建筑能耗的50%，是节能改造的重点对象。

传统的空调系统控制手段，对其中的3个子系统（冷冻水系统、冷却水系统、冷水机组）分别独立进行PID控制，虽然3个子系统相互独立，但又互相影响和制约，如果协调不好，不仅投资增加，而且不易保证实施效果，很显然，这种控制方法对于当前的空调系统已不能体现其作用了。

智慧节能空调系统解决方案，简称S－AC（Super Smart Air－conditioning Solution），是针对现有空调系统设计中存在的普遍问题进行调整和改进，以精准测量空调系统主机、管网、末端等全流程相关数据为基础，进行精确全反馈自适应系统控制的智慧节能解决方案。S－AC主要由超高效智慧能源站、智慧节能输配系统、智慧节能超级终端和智慧节能优化控制系统（ACEC）构成，是一种HVAC系统节能技术。

利用S－AC可同时解决技术层面（保证空调效果的基础上能耗最低）和工程施工层面（协同控制）上出现的困难，有效降低空调系统能耗。S－AC的最终目标，是在满足同样舒适度的前提下，实现系统能效（系统COP）最优控制。

S－AC的优势体现在哪里？

S－AC通过集成控制末端、输配管网及冷冻站的所有设备，与以往单点控制节能、3个子系统独立节能控制及基于模糊算法控制相比，具有一定的节能优势。

首先，传统的单点节能主要包括冷冻（却）水泵的变频或更换，末端（冷却塔）风机的变频，以及更换高效制冷主机等形式。即通过对设备进行调速控制或更换相对高效设备进行替代。其中，许多对设备进行调速控制后，节能率相对较低，且遇到管网水力不平衡时，无法对设备进行调速节能控制，否则，最不利末端将发生欠流等现象。更换相对高效设备虽然在一定程度上提升设备的运行能效，但是却没有解决能源浪费的根本问题，因而节能率依然不高。

其次，3个子系统独立节能控制，虽然均能相对高效的独立运行，但是正是这种独立性意味着整个空调系统并未以最高效率运行。

最后，基于模糊算法控制的控制手段并非最优控制。基于模糊算法控制是目前最流行的一种节能控制手段，通过模糊算法计算出所需的冷冻水流量等参数，给相应的设备发出指令，使其运行在优化工况范围内。但是在实际运行中，即使运行在所谓的优化工况范围内，却未达到计算的最高效率。究其原因模糊控制是经验控制，而非最优控制，且并未对管网输配系统进行合理的平衡控制，以及阻力的最小化控制。因此，即使计算出的冷冻水量可减少，但是扬程的限制使其无法运行在最高效点。

因此，S－AC的系统最优化控制是基于末端设备的运行优化和管网的智能控制之上，结合优化算法对空调系统设备进行协同控制，可确保系统的总能效最大化。

S－AC 主要包含 6 大节能优势功能：末端设备智能集成管控；输配系统管网水力平衡智能控制；冷冻水系统泵阀一体化智慧节能；集成气候补偿的冷却效率极大化；冷热源高效匹配集成智造；基于人工智能的综合电单耗最优。

这 6 大功能通过对空调系统的末端设备控制、管网系统平衡控制到系统 COP 最优控制，保证根据末端用户的负荷需求，解决输配系统水力失调的问题，从根本上协同控制冷冻站设备，提高空调系统的整体能效。

此外，在末端运行优化和输配系统的管网阻力极小化控制的基础上，S－AC 的"基于人工智能的综合电单耗最优"功能依据冷冻水和冷却水系统中的流量计、压差传感器和温度传感器反馈的检测参数，通过内嵌 BP 神经网络建立的多参数中央空调系统能效模型，对冷水机组负荷率、冷却水流量、冷却水供回水温度、冷冻水流量、冷冻水供回水温度以及电量等数据进行分析，并经由内嵌的自适应学习算法，不断完善模型。结合 GA 遗传算法求解出在不同负荷下，空调系统能效最优的参数。由于 BP 神经网络算法具有自学习功能，随着运行时间的增加，能效模型预测精度也将随之增大。同时结合 S－AC 自带的能效检测分析与运行优化控制（EAOC）模块，在中央空调运行过程中能效进一步优化提升。

因此，S－AC 通过协同改变冷冻水流量、冷却水流量和冷却风量，结合冷却塔气候补偿、冷源机组高效匹配等算法确保在当前环境温度和负荷下，整体所消耗的功率最小，系统 COP 最优。

（撰稿：沈新荣）

第四节　储能＋多能互补＋智慧能源承担清洁取暖重担

中国幅员辽阔，纬度跨度大，东北地区由于纬度高，冬季寒冷漫长，冬季平均温度为－25℃左右，昼夜温差较大，平均温差为 10℃以上，采暖时长约为 6 个月，西北地区深居内陆，距海遥远地形对湿润气流的阻挡和高海拔，冬季严寒而干燥，最低平均温度为－30℃～10℃，气温的日较差和年较差都很大，昼夜平均温差可达 20℃以上。华北地区四季变化明显，冬季寒冷，冬季平均温度为－10℃左右，昼夜温差较大，平均温差为 10℃左右，采暖时间为 5 个月，夏季冷负荷需求大，制冷时长约为 3 个月。本文所指的北方地区包括北京、天津、河北、山西、内蒙古、辽宁、吉林、黑龙江、山东、陕西、甘肃、宁夏、新疆、青海等 14 个省（区、市）以及河南省部分地区，涵盖了京津冀大气污染传输通道的“2+26”个重点城市（含雄安新区）。冬季群暖时间因地域不同有所差异，华北地区一般为 4 个月，东北、西北地区一般为 5～7 个月。

一、 北方地区供暖情况

1. 供暖现状

（1）取暖面积：截至 2016 年底，我国北方地区城乡建筑取暖总面积约 206 亿 m^2，其中，城镇建筑取暖面积 141 亿 m^2，农村建筑取暖面积 65 亿 m^2。

（2）能源结构：燃煤供暖作为北方地区取暖的主力，其供暖面积占总供暖面积的 83%，天然气、电、太阳能、生物质能、地热，空气能、余热、废热等合计占 17%。北方地区供热平均综合能耗约 22kgce/m^2。

（3）供暖热源：在北方城镇地区，主要通过热电联产，大型区域锅炉房等集中供热设施满足取暖要求，集中供暖尚未覆盖的区域—燃煤小锅炉、天然气、电、可再生能源等分散供暖作为补充。城乡结合部、农村地区则多为分散供暖，大量使用柴灶、火炕、炉子或土暖气取暖。

（4）热网系统：截至 2016 年底，我国城镇集中供热管网总里程达到 31.2 万 km，其中供热一级管网长度约 9.6 万 km，供热二级管网长度约 21.6 万 km。

2. 清洁取暖情况

（1）天然气供暖：天然气供暖是以天然气为燃料，采用集中式或分布式供暖设施向用户供暖的方式，截至 2016 年底，北方地区天然气供暖面积约 22 亿 m^2，占取暖面积的 11%。

（2）电供暖：电供暖是利用电力，分为直接加热型的电锅炉，发热设备等供暖设施，以及间接的各类电驱动热泵向用户供暖的方式，截至 2016 年底，我国北方地区电供暖面积约 4 亿 m^2，占 2%。

（3）清洁燃煤集中供暖：清洁燃煤集中供暖是对燃煤热电联产、燃煤锅炉房实施超低排放改造后，通过热网系统向用户供暖的方式，截至 2016 年底，我国北方地区清洁燃煤集中供暖面积约 35 亿 m^2，均为燃煤热电联产集中供暖，占比 17%。

（4）可再生能源等其他清洁供暖：包括地热供暖、生物质能清洁供暖、太阳能供暖、工业余热供暖，截至 2016 年底，合计供暖面积约 8 亿 m^2，占比 4%。其中地热供暖面积约 5 亿 m^2、生物质能清洁供暖面积 2 亿 m^2、工业余热供暖面积约 1 亿 m^2。

总的来看，我国北方地区清洁取暖比例低（占总取暖面积的 34%），且发展缓慢。

二、 技术问题

目前开展的清洁能源供暖技术包括空气源热泵、水源热泵、太阳能、天然气供暖、电采暖等，但是市场上出现的这些清洁能源集中供暖替代方案都或多或少的存在一些缺陷，单独空气源热泵供暖存在冬季结霜，极端天气供暖不足的缺点；地源热泵会对地下水造成污染，并造成地下温度失衡，并且存在地下水回灌问题；太阳能供暖前期投资大，占地面积大，并且供暖受太阳波动影响大，需要配置备用能源；天然气供暖成本较高，未来随着天然气供应不足，成本会越来越高，仍然存在污染问题，并且天然气管道存在安全风险；直接电采暖成本最高，并且对变压器容量要求较大。

三、 解决方案

深圳爱能森希望以爱能森核心储能技术为主，尽量利用现有清洁能源供暖技术的优势，同时解决其存在的部分问题，开发出一种投资少、供暖成本低、适用范围广、零碳排、零污染、安全稳定、启动反应迅速的清洁能源供暖技术，如图 3－5 所示。

爱能森“储能+多能互补+智慧能源”零污染高效冷暖系统采用空气源热泵作为基础负荷，系统能效比较高，空气源热泵利用电能驱动热泵运行，吸收空气中的部分能量，实现集中供暖，由于系统的调峰需求以及极寒天气出力不足，因此，配置储能系统进行补充，热池系统通过储存晚上谷电时段的电力，用能高峰进行补充，最终实现清洁能源能暖站的清洁、高效、稳定运行。同时由于采用了多种可再生能源和成本低廉的谷电智能组合，大大降低了供暖成本，具有良好的经济价值和社会价值。

1. 系统具有创新性

（1）选用目前成熟的清洁能源供暖技术作为供暖基础负荷，配置储能系统进行补充及调节，采用多种能源相互结合的方式，保证供暖的稳定性；

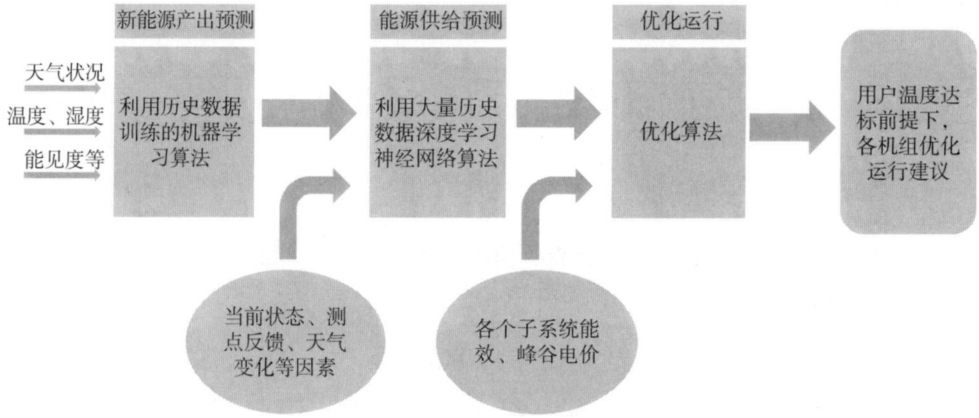

图 3-5 爱能森清洁能源供暖技术框图

（2）通过配置储能系统，降低系统初始投资，形成爱能森内循环热泵系统，改善现有清洁能源供暖技术的相关劣势；

（3）开发出高效、低成本的清洁能源供冷暖专用储能材料及系统；

（4）研发出智慧能源管理系统，实施监控用户端耗能情况，快速调节系统出力，保证用户体验舒适度，减少能源浪费；

（5）模块式设计及分布式建设，减少管网投资及传输损耗，系统规模可大可小，建设周期短，区域能源利用安全性好；

（6）供暖成本几乎与燃煤供暖持平，平均供暖成本≤19 元/（m^2·季）。

2. 系统项目意义

（1）符合国家及地方的产业政策、发展规划，推进国家清洁能源供暖改造的推进。该项技术研发符合国家产业政策，贯彻落实《关于推进电能替代的指导意见》（发改能源〔2016〕1054 号），增加能源供应，改善以煤炭为主的供热能源结构，保障能源安全，保护环境，实现经济社会的可持续发展。

（2）减少污染，节约能源，保护环境。该项技术主要采用的是谷电、空气能、地热能等清洁能源，零污染，整套系统采用多能互补的方式，最终实现最经济最节能的能源解决方案。通过本项目的建设，达到推进新能源利用、节约能源和保护环境的目的，以三元朱村项目为例，供暖面积 7.2 万 m^2，每年可节省约 1141tce，减少 CO_2 排放量 2501t，减少有毒 SO_2 的排放量 17.0t；减少 NO_x 的排放量 3.0t，减排效果非常显著。

（3）降低能源成本、提高能源利用效率的重要手段。根据各种能源的时价，对能源利用的比例进行调整，谷电便宜多用谷电，地热能便宜多用地热能，再加上太阳能和空气能，可以使系统能耗费用达到最低，提高投资收益，同时也提高了各种能源的利用率。该技术开发，供暖成本低，工程量小，建设周期短，并且降低政府补贴及居民供暖成本压力。

（4）建设清洁低碳、安全高效现代能源体系的需求。推动多能互补储能零污染高效冷暖系统建设有利于促进清洁能源消纳；大大拓宽了能源的获取来源，有利于提高能源系统综合效率；有利于提高能源供需协调、稳定调控能力，满足建设清洁低碳，安全高效现代能源体系的需求。

截至2017年底，爱能森“储能+多能互补+智慧能源”零污染高效冷暖系统（HSES系统、赫爱斯系统）冷暖站已在山东寿光市孙家集街道一共建设7个分站，分别是三元朱村站、孙集站、胡营二中站、胡营嘉和站、小董村站、石门董村站、斟灌村站，项目规划总供暖面积40万m^2。

（撰稿：曾智勇）

第五节　配电智能运维在用电服务中的探索与实践

纵观历史，能源的发展变革经历了以下三个阶段：

第一次工业革命：主要能源由木材向煤炭发展，燃煤蒸汽机成为主要的生产动力，人类从此进入了以煤炭为主的化石能源时代。

第二次工业革命：人类由蒸汽时代跨入电气时代，石油代替煤炭成为主要的能源。

能源互联网时代：能源多层面交互、睿智供给与使用，使得多能源互补的综合能源成为可能。在现有的传统能源服务的基础上，如热电厂、燃气、电网等，结合光能、垃圾沼气发电、三联供等新的技术，利用大数据、云计算，使能源互联、能源管理、能源售电及市场分配等均能被用户使用。

智光在资本市场助力下，大力发展基于新一代的能源互联网的相关业务，从2014年成立用电投资公司以来，在广东、广西、云南、贵州、福建等省市拥有15家线下用电服务公司和3家售电公司。

在整体的综合能源大服务中，所有产生的数据都会通过实时互联的互联网进行交互。如何利用好这些数据为客户服务，同时降低能源互联网公司的运营成本成了一个很关键的问题。

目前的增量配网、能源管理、园区的业务运营等，都不可避免的面临着一个问题，即如何实现智能运维？智光充分利用能源互联网的特性，积极开展智能运维业务，利用配电智能运维云平台，实现对整个配电系统的智能运维，为用户和投资者创造价值，如图 3－6 所示。

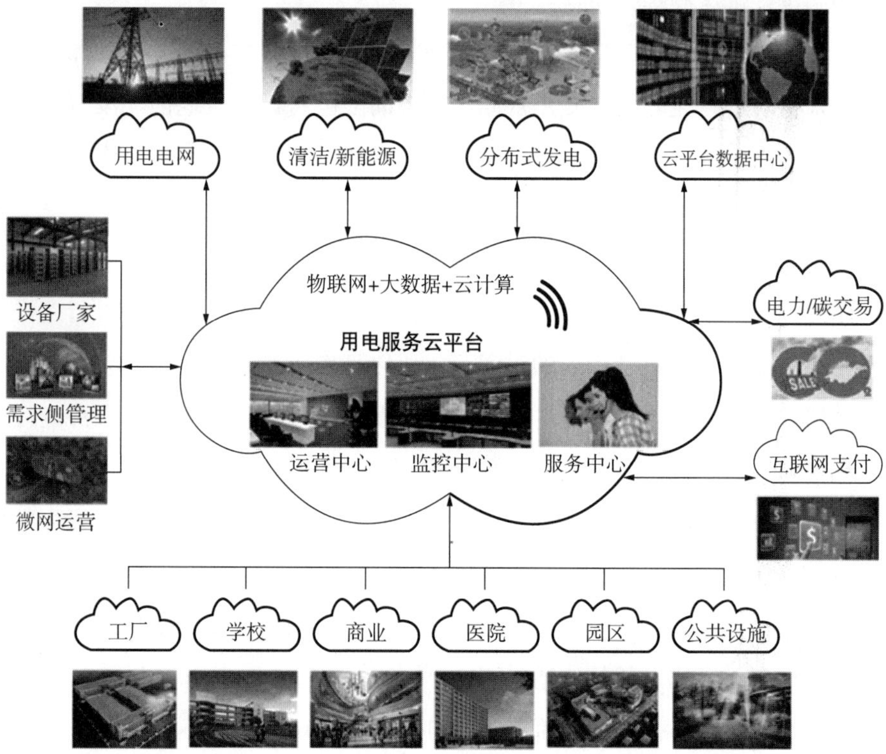

图 3－6　配电智能运维云平台

一、 配电运维的现状

目前为用户提供的能源主要分为两类：一是电能，二是其他新的能源如热联供，供气、供热、供冷等，这些都需要维护。很多时候电力作为中间交换的介质，是能源输送最主要的手段，所以这里所讲的内容主要是从配电智能运维的角度出发。

智能运维至少包含以下三个方面的内容：

运行：变电站的运行管理是最基础的方面；其次是设备计划停/复役操作，用户将配电房托管之后所有的东西都需要服务商全盘负责；同时需要记录各类运行数据，包括配电房运行的状况是否良好等；最后是设备台账的管理，例如运维了多少地方等这些方面都需要进行管理。

维护：维护需要定期的巡检，对配电房、变电站所有设备、线路线缆定期进行维护保养，电力设备高压预防性测验，另外也要做好站容站貌的清洁工作。

抢修：当客户发生故障问题时要及时响应抢修，应急供电，做好设备的更换、改造，协调设备供应商提供质保服务等。

目前来说，运营商这一块大部分时候都是通过人工巡视、纸质记录和电话沟通三种方式来实现的，尤其是专变用户侧，原来的配电房都比较老旧，没有智能化的手段，主要是人工巡视，巡视完之后纸质记录，通过电话跟用户进行沟通。所以传统运维其实是一种劳动密集型的业务，存在着诸多弊端，例如：

人力的占用成本很高，大部分工作都需要靠人力来做。

工作效率低，一般情况下巡维是两个人一台车，在划定的范围内进行巡维，另外还有花在路上的时间以及沟通的时间等，所以工作效率比较低。

人员培训困难，随着业务的扩展，越来越多用户的加入，需要对人员进行业务培训。现在的培训模式基本是授课、传帮带，因为发生事故的可能性比较低，人员对故障模拟的情况比较少，设备没有实时在线监测，所以只能依靠事故发生之后的抢修才能借鉴学习。

沟通时间长，不紧急的事件一般都是跟用户电话沟通，紧急事件才会上门当面沟通，所以存在一个比较长的沟通过程。

抢修响应时间长，抢修一般都是用户主动发起的，很少是运维商主动发现的。由于用户对故障的描述存在偏差，可能用户的描述和现场发现的问题不一致，这严重影响了对抢修的及时响应。

以上这些问题的存在导致企业的运行成本居高不下，用户黏性低，降低了运维商的竞争优势。

二、 配电运维智能化的需求

从用户和能源提供商的角度来看，智能运维的需求可以从安全、舒适和节约三个方面来描述：

1. 安全的需求

杜绝事故的方法：

（1）做好故障预警，在事故没有发生之前将隐患扼杀在摇篮里。

（2）掌握所有状态。

（3）定期巡检是必要的，但是仅靠一个星期一次的巡检并不能解决所有问题。

2. 舒适的需求

可以用几个关键词来概括：

（1）无感式托管：用户将配电房托管之后由服务商全权负责，问题的发生及解决不需要用户操心。

（2）沉浸式服务：既要让用户感觉不到你，又要让用户感觉你无处不在，发生问题服务商会比用户第一时间知道，并拿出解决方案。

（3）参与感：用户对配电房运维的一切都了然于心，包括用了多少电、配电房安不安全等，所有的状况用户都很清楚。

（4）管家服务：以管家的服务态度为用户提供服务。

3. 节约的需求

对用户来讲：

（1）用户将配电房委托，节省了人力。

（2）事故减少，损失也相应地减少。

（3）发现一些不合理的用电环节能及时进行节能改造，这也是一种节约。

对能源提供商来讲：

（1）人员减少，以前需要一个星期一次巡检，使用了新技术之后可能两个星期一次巡检就足够了。

（2）在整个环节的调配上，会为运维公司提供一个更好的调控手段，合理配置资源，从而达到降低成本的目的。

三、 配电智能运维的实现

1. 实现方法

配电智能代运维服务的核心是：把计算机网络技术及现代通信技术应用于配电室代维业务中，提升代维护的可靠性和效率，也是把现代服务业理念应用于配电代维业务中的创举和典范。通过科技手段提升配电室维护的可靠性和效率，规避人为因素造成的安全隐患，降低运行维护费用。

如图 3－7 所示，用电智能运维系统包括以下几个方面：

（1）专业的运维公司：为用户做专业的业务，提供专业的服务。

（2）专业的团队：这个团队是运维商所具备的，用户是不具备的。

（3）专业的工具：有很多专业的设备共同为用户提供服务，实现用户的需求。

智光依托“互联网＋”的创新思维理念，通过线上信息技术采集及智能数据分析，为客户提供系统化、专业化、标准化的线下服务，达到有效互动，改变传统服务场景，从而实现资源最大化，进一步拓展服务边界，创造全新的服务模式。

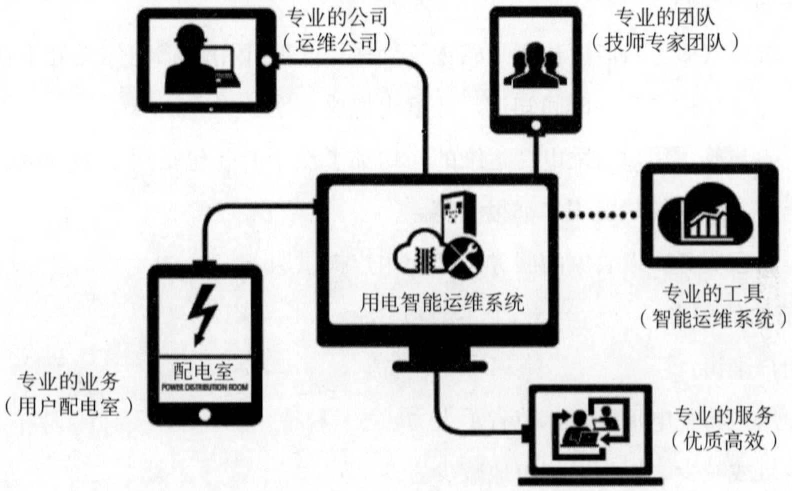

图 3－7　用电智能运维系统

2. 实现目标

（1）用户可以通过用电服务云平台的网页 Web 端、IOS 或安卓手机端、微信公众号登录管理配电房。

（2）智能运维的产品最基础的是要实现远程的实时监视，要能准确的知道配电房的运行状况。

（3）用历史数据的分析把按时检修变成按需检修，有的设备比较老旧，需要适当的增加检修的频次，而对新设备的检修维护次数可以适当减少。

（4）变电运行方式分析，在给供电局交电费的时候，其中有一部分容量费是可以商量、自行协调的。

（5）通过采集的数据参量对是否发生事故做一个简单的趋势分析，对数据做集成化处理。

（6）高级专家诊断服务，现场发生的故障运营商应该先于用户知道，同时对故障有一个初步的预判，后台的高级专家诊断服务在现场抢修过程中全程配合，为用户提供专家服务，在最短的时间完成抢修。

四、 配电智能运维系统设计

1. 配电智能运维框架

如图 3－8 所示，基于 SAAS 的用电大数据云平台架构大致分为以下四层：

（1）智能设备层：这些设备层是装在配电房内的，大部分都是传感器，主要采集设备运行状态、环境状态等数据。

（2）接入层：采集的数据通过接入层传到云平台，接入层主流的运行方式包括 2G、3G、4G、LoRa、NB—LOT 等。

（3）云数据层：把所有数据集中在一个平台里，在这个平台上应用层就可以做很多应用，为能源运营商的业务拓展提供了可能。

（4）应用层：可以做智能运维、能源管控、负荷预测、电力培训、售电业务、节能诊断等服务。

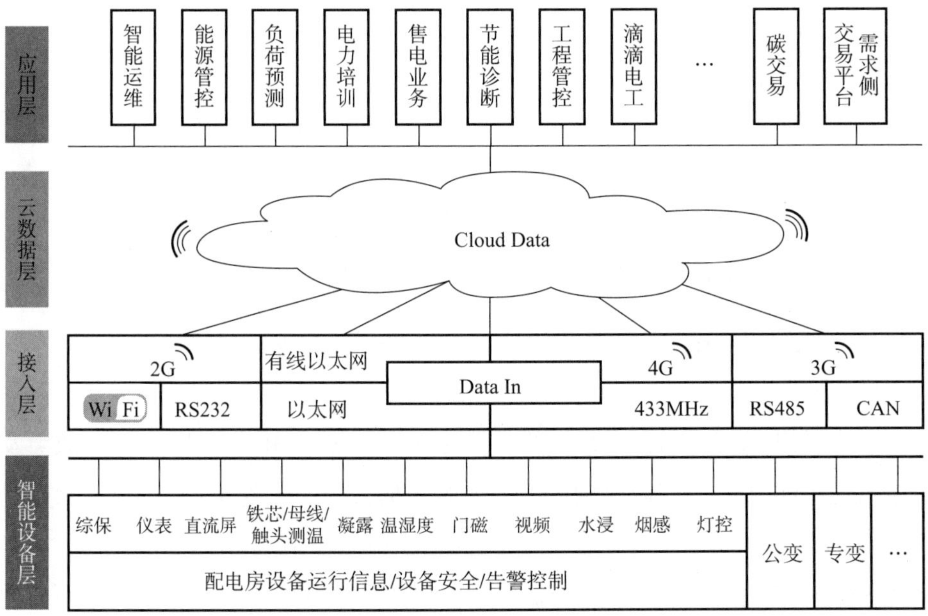

图 3－8 基于 SAAS 的用电大数据云平台架构

2. 配电智能运维的功能

（1）配电房的实景再现

如图 3－9 所示，虽然配电房是无人值守的，但是需要能够实时反馈数据、视频等信息，在后台实时展现，包括 3D 动画、实时视频、历史视频回溯等。

（2）预告警与应急故障处理

预告警与应急故障处理是运维里面最重要的一个环节。如图 3－10 所示，预告警的主要功能是在后台完成的，对现场出现的一些不寻常的状态做出判断、分析。例如温度方面，每个配电房都装有干式变压器的温控仪，可以发出超温和高温的信号给到变压器保护。一般情况下超温和高温是由厂家进行设置的，预警上限比较高，通过阀值报警是预告警最基础的阶段。预告警的进阶是看温升，夏天和冬天同一个温升却是不同的概念，应该区别对待。第三个阶段是将电流和温升结合起来，变压器在 50％负载的时候温升是在 50K，10％负载的时候也是在 50K，这时候就有理由怀疑变压器是否出现了问题，就需要进行预报警。

预告警另外一块是在线的局放监测，可以利用地电波去测局放信号，局放一发生就可以得到信号，就能及时进行检修，及早排除故障。

图 3－9　配电房实景再现

图 3－10　预告警与应急故障处理

当现场发生故障时怎样在最短的时间内解决问题？如图 3－11 所示，故障发生时监控中心会在第一时间内收到信息，实时数据流会智能派单给最近的检修人员，检修人员现场确认问题并抢修，抢修完后通过视频或者照片上传维修结果。如果检修人员没办法维修或者需要多方协调，可以把问题传到后台，专家通过后台信息进行问题的分析和指导，这种操作可以称之为“圆桌工单”，把相关人员整合在一起，当出现问题或者需要协调配合时可以随时联系相应人员。

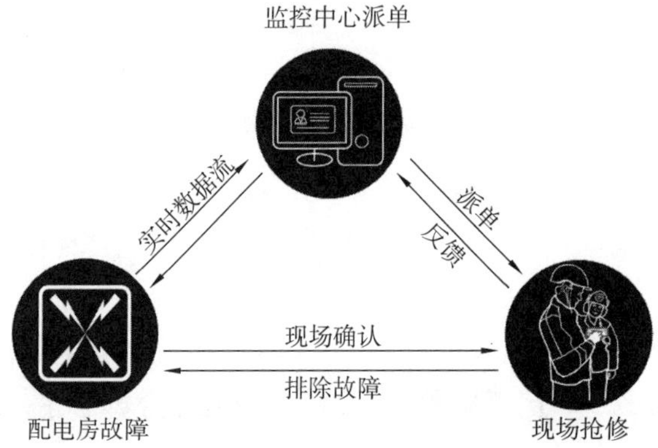

图 3-11 故障排除流程

(3) 运维企业管理

企业本身也需要管理，业务的状况、运维的质量、用户对工单完成情况的打分、区域运维的划分、人员的流动轨迹图等都需要进行管理，如图 3-12 所示。这样才能更快的协调资源，更好的为用户提供服务。

(4) 运维业务流程管理

运维业务流程管理如图 3-13 所示，包括：

图 3-12 运维企业管理

图 3-13 运维业务流程管理

①合同管理：每个用户什么时候上线、包含多少次服务、多久时间做一次巡视等都规定在合同内。

②资产管理：所有的智能运维平台都应该基于资产去实现工单、报警以及监控业务等，这些最终都体现在资产方面。

③文件管理：例如可以从后台知道某个高压柜的生产厂家等信息。

④日常巡视工单：例如配电房什么时候进行的巡检、上次故障的时间、什么类型的故障等，这些都可以通过后台一目了然。

⑤人员定位与管理：实现低碳化高效率的运转，必须要在系统里面植入运维流程。

（撰稿：闻成胜、赵正军）

第六节　基于“智慧+节能”的综合能源服务实践

一、概况

烟台东方能源科技有限公司成立于2016年初，其前身是东方电子旗下的节能服务板块，是国家发展改革委首批备案的合同能源管理公司，从事工业领域节能服务已近十年。可以说，新公司是伴随着能源领域“互联网+”智慧能源兴起和新一轮电力体制改革启动以及合同能源管理模式由效益分享型主导向能源费用托管型、节能量保证型，由工业节能向建筑节能、综合节能延伸拓展应运而生。创建伊始，公司使命就明确为打造一流的综合能源服务商，致力于向能源用户提供最优性价比和最佳能效的终端能源解决方案。东方能源是国内较早以综合能源服务为唯一主营业务的节能公司，也是较早完成由节能服务向综合能源服务全面转型的节能公司。

相比两年前，今天的综合能源服务在能源领域已经家喻户晓，其内涵也趋于达成共识。所谓综合，一般是理解为两个维度的内涵：一是横向以所提供服务的能源种类，其综合广度涵盖了终端用能的所有种类，包括并不限于电、热、冷、气、汽甚至水；二是纵向以所提供服务的业务种类，其综合深度可以覆盖从咨询、规划、设计、投资、建设直至运营的整个价值链。而针对具体的项目，无论是能源种类还是服务内容，都可以根据服务对象的实际情况因需而变，因地制宜。

传统意义的能源供需关系中，只有供给侧和需求侧，如图3－14所示。供给侧既包括能源的生产者，也包括能源的传输者和供应商，如电网公司、热力公司、燃气公司、水务公司等；需求侧即用能者，他们直接从能源供应商购买一次能源或二次能源，或直接使用，或通过二次加工成满足自己生产生活所需的能源形式。能源的供需交易直接完成，没有中间环节。即便有，比如园区或公租楼宇、商业综合体等业态的物业，中间环节也都是直接转移，并不产生任何附加价值。

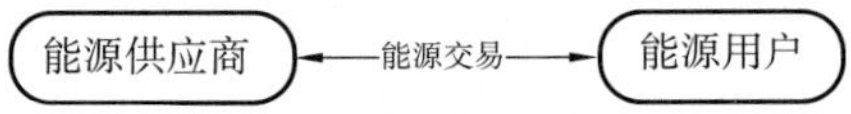

图 3-14 传统能源关系

综合能源服务商的出现改变了这种传统关系，在能源供应方和需求方之间增加了一个环节，可以称之为“匹配方”或“匹配商”，如图 3-15 所示。相对于用户而言，它可视为供给侧，而对于供给侧而言，则可纳入需求侧。相对于供给侧关注能源来源和传输、接入，关注输配电网、热力网、燃气网等环节；相对于需求侧关注能源的应用和体验，关注与末端用能设备；匹配商关注的是用户用能系统的效率是否最优和能源的再分配是否合理高效，关注的重点是为固定区域提供服务的分布式能源系统、储能系统、配用电系统、空调系统、水系统等。

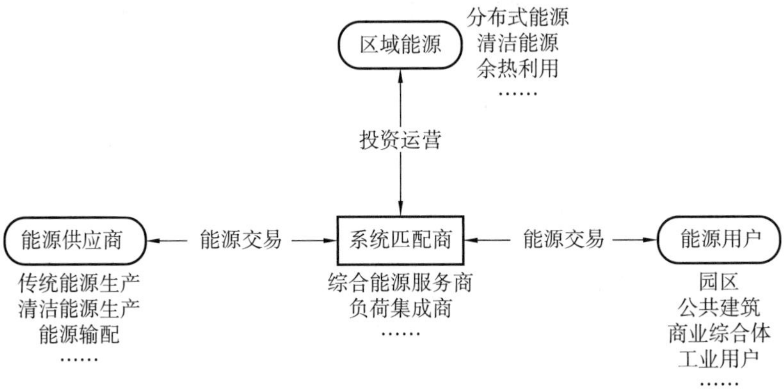

图 3-15 新型能源关系

为客户提供多种能源形式并满足其多种服务需求，是综合能源服务商的主要职能，也是能源匹配商存在的真实价值所在。

2016 年，国家发展改革委、国家能源局、工信部发布《关于推进“互联网+”智慧能源发展的指导意见》，把“发展用户智慧用能新模式、构建用户自主的能源服务新模式、拓展智慧用能增值服务”列为重点任务之一。智慧用能既是政策导向，也是大势所趋，是实施能源消费革命的重要条件。智慧用能将颠覆现有需求侧能源消费模式，现有能源体系的封闭、垄断结构将被彻底打破，新的能源体系将从以供应侧为中心彻底转向以用户需求为中心。在用户侧将大量的分布式能源、储能、冷热电联供等系统投入运行，越来越多的用能者从单纯的能源使用者同时成为能源的提供者。同时，互联网、大数据、云计算等通用技术，以及分布式发电、储能、可再生能源利用、区域微网等现代能源技术的发展为智慧用能的快速发展提供了支撑和保障。作为本次能源革命所伴生的重要新生事物，综合能源服务商是用户侧能源系统的管理者，是用户侧智慧用能推动者，是用户侧智慧用能解决方案的提供者和实施者。智慧用能是综合能源服务的出发点和主要抓手。

节能，是综合能源服务不可或缺的另一个重要抓手，节能是综合能源服务的基本内容，节能收益是综合能源服务业务重要利润来源。一个综合能源服务商本质上是一个节能服务商；一个综合能源服务项目，必然是一个“能源费用托管型合同能源管理”项目。相对于其他节能服务形式，综合能源服务商开展节能服务更主动更积极，也更容易。节能服务由原来的用能方和节能服务公司的二元结构，变成了综合能源服务商一元主导，开展节能服务更主动更积极，也更容易。对于节能技术和节能设备的选择上，也从以前的技术设备主导，转变为需求主导、性价比主导。

二、 实例

2017 年 9 月，联合国环境署和国家发展改革委“SE4ALL 全球能效加速器—城市区域能源系统中国项目启动会暨专家研讨会”在山东烟台召开，东方能源的“蓝色智谷区域能源项目”作为唯一案例，应邀交流，组织与会专家四十余人进行了现场观摩。蓝色智谷区域能源站，是一个典型的基于分布式区域能源解决方案的综合能源服务实例。通过特许授权和 BOT 模式，东方能源为烟台高新区蓝色智谷科技园提供涵盖冷、热、电等能源形式，从设计、投资、建设直至长期运营的综合服务。

蓝色智谷科技园总建筑面积 30 万 m^2，总投资 21 亿元。园区由 16 栋单体建筑及配套商业用房构成，包括商务写字楼、创意孵化器、数据中心、企业总部、星级酒店等 11 个功能分区。全面投运后，预计将进驻企业 500 家以上，年营业额 50 亿元以上，带动链接企业 2000 家以上，成为引领烟台和山东半岛“互联网+”产业发展的旗舰型园区。

项目由东方能源投资 2000 万元以 BOT 模式在园区内投资建设两座清洁能源区域能源站，为入园企业提供冷、暖、电等用能系统的的运营管理。合同服务期不少于 15 年，承诺合同期内能源收费标准不高于同类型建筑或园区市政标准。

结合高新区的定位和周边能源供给情况，本项目采用了多能互补的全清洁能源解决方案。能源站整合高效冷水机组、空气源热泵、低谷电蓄热、冰蓄冷、余热回收等多种技术，制冷、供暖以及热水供应全部以电能作为驱动能源。能源站配电容量 12MW，年用电量约 400 万 kWh。配置低谷电蓄热容量 8MW，低谷段用电量约每年 160 万 kWh，占全部用电量的 40%。

制冷供热技术方案采用多种技术耦合，实现初投资和运行能效上最佳平衡。在降低初投资的基础上，提高投资设备的利用率，在各种情况下保持系统的运行能效最高，实现全生命周期内的综合能效最高，成本最低。

夏季制冷采用冷水机组耦合空气源热泵；冬季供暖采用空气源热泵耦合低谷电蓄热锅炉；利用余热回收及热能梯级利用为园区提供热水，同时预留电储能、水蓄冷、分布式光伏接口。

大规模储热设备的使用，当期实现移峰填谷，获得综合用电成本最低；同时也为未来主动参与电力需求侧响应和更大范围的区域能源调配做好技术准备。

配用电管理方面，采用代运代维方式托管园区配电系统，为终端用户提供用电服务。东方能源通过负荷集成，参与山东省电力市场化交易，获得电价优惠和代售电增值服务收益，降低用电成本。

系统和设备满足无人值班要求，配置智能控制系统实现空调系统的全天候节能运行；项目纳入东方能源“智慧用能云平台监控系统”，实现远程监控和能源数据统计分析；可依据能源价格变动调整运行模式，最优能效和最低成本。

项目初投资高于传统模式，但低碳环保、运行成本低；综合能源服务公司以 BOT 模式实施，可实现能源服务公司、园区管理者、入住企业和社会环境的多赢。技术设备的合理配置，也充分体现了能源服务商在专业技术、资金和运营技术方面的综合优势。

一是缓解业主方投资压力，促进先进、高能效的区域能源系统建设，利用能源服务公司的技术优势，避免因技术决策失误导致的投资损失。

二是针对固定区域进行能源系统统筹规划和投资建设，减少系统冗余度，降低投资成本，提升能源系统的利用率，实现能源的梯级利用，提高区域内的整体能效。

三是能源服务公司以投资持有、设计、收益、运维四位一体，有利于控制建设质量、确保系统运行稳定。

四是定制化能源供应，用能更灵活（时间、周期、温度等），业主主要职能由投资和管理转变为第三方的监督考核。

五是用市场化模式，解决环保问题，优化区域内能源结构，每年可减少区域内5500tce，区域减排二氧化碳 1.44 万 t。

2016 年以来，东方能源积极拓展区域能源服务业务，顺利完成从一个传统节能服务公司向专业化综合能源服务公司的蜕变。目前公司提供综合能源服务的范围已覆盖烟台全域，为区域内公共机构、公共园区、企事业单位提供基于能源托管的区域能源投资建设运营、分布式光伏发电系统的投资建设运营、城市绿色出行光伏充电系统的投资建设和运营等综合能源服务。目前已为近 100 万 m^2 面积的建筑提供区域供暖供冷服务，其中清洁能源供暖供冷面积约 50 万 m^2；拥有分布式光伏系统 10 余座，总装机容量 20MWp，年发电量超过 2500 万 kWh，折合减排二氧化碳 15 万 t 以上；服务和管理发配充电容量约 62MVA，年用电量约 2 亿 kWh；拥有 5 个电动汽车充电站，年充电约 5 万车次，年充电量 300 万 kWh；为全市 1000 余辆电动公交提供充电服务。

（撰稿：任志远）

第七节　智慧+能源大数据+能源云服务

一、概况

为落实《关于推进“互联网+”智慧能源发展的指导意见》（发改能源〔2016〕392 号）要求和国务院第 138 次常务会议的部署，有效促进能源和信息深度融合，推动能源领域结构性改革，根据《国家能源局关于组织实施“互联网+”智慧能源（能源互联网）示范项目的通知》（国能科技〔2016〕200 号）的要求，贵州黔信数据有限公司向国家能源局申报了“贵州省能源大数据管理云平台”项目，并于 2017 年 6 月成功获国家能源局批复，作为首批全国“互联网+”智慧能源（能源互联网）示范项目。

经过三年时间，已完成对贵州省 275 家重点用能单位能耗在线监测的数据采集（年耗能 1 万 tce 以上企业，共 275 家），占贵州省能耗总量的 60%以上。已建成“贵州省节能低碳在线监测管理云平台”即“节能低碳云”，初步试点了全能源品种数据的采集和存储，并完成了五家重点用能单位的能耗数据同步上传国家平台。

黔信公司受贵州省能源局委托开发和部署了“贵州省电煤调度系统”，目前全省494家煤炭生产企业已全部上线，在全省一次能源生产数据规模上也占非常高的比重，再加上已完成的全省重点用能单位能耗在线监测和数据采集，解决了数据源的问题。

公司自主研发且部署完成了能耗在线监测系统、企业能源利用管理系统、区域温室气体排放直报系统、企业能源管理云平台以及辅助填报系统等，从技术层面解决了数据质量问题。

已建成了位于贵州省电子政务外网机房内的贵州省能源消费数据库。基于与贵州省信息中心的合作，数据库达到信息安全三级等级保护水平，同时采用访问控制、同态加密、安全云计算等技术，分别从物理上和技术上解决了数据安全的问题。

公司自主研发能源手机APP软件，方便政府主管部门及企业各级负责人通过移动终端对重点企业能耗状况实时在线数据监测。

能源大数据云平台有电子政务服务、能源综合服务、数据综合服务三大板块，及构建基础信息数据库、规范词典数据库、采集数据库、统计分析数据库、资源管理数据库和GIS数据库。

随着能耗数据采集面从年耗能1万tce扩展至5000tce以上企业，约1000家；未来继续延伸至3000tce以上企业，使能耗数据采集面覆盖贵州省能源消费总量的90%以上；通过能源大数据的建设，逐步扩容到能源全产业链，包括能源资源数据、能源GIS数据、能源生产数据、能源消费数据、能源流通数据和能源储能数据的采集，使能源的关联数据量做到全覆盖。

二、市场分析

1. 政府刚需市场

（1）摸清能源家底，完成双控目标，发挥能源大数据在能源监管中的基础性作用，提升政府对能源规划的科学决策水平，建立覆盖能源全链条的透明高效的现代能源监管网络体系，为能源审计、节能监察提供依据，提高能源预警预测能力，以精准的数据分析、为政府节能减排工作提供一站式能源解决方案获取政府购买服务，包括：提供能源资源数据、能源生产数据、能源消费数据、能源流通数据以及企业碳排放数据分析等，支撑政府在新型要素市场的管理工作，提高政府行政管理效率，降低管理成本。

（2）为政府工作报告中提到的有效处置“僵尸企业”提供能源数据支撑，并为企业兼并重组，破产清算提供能源数据服务。

（3）通过精准的能源数据分析，为新能源投资提供数据支撑，可有效避免弃风、弃光现象，精准引导新能源投资导向，为其健康发展保驾护航。

2. 企业节能减排需求

企业节能减排是一个将近万亿元规模的市场，国务院《“十三五”控制温室气体排放工作方案》要求，到2020年将能源消费总量控制在50亿 tce以内、煤炭消费总量控制在42亿 t左右。在这个市场中，平台通过对能源全链条数据进行监测和分析，指导企业完成节能减排目标，同时深挖企业节能潜力，提高能源利用效率，降低产品单耗，提升竞争力。如此庞大的市场是急切需要能源大数据提供数据支撑的。

3. 能源衍生市场需求

根据国务院《“十三五”节能减排综合工作方案》，明确到2020年节能环保、新能源装备、新能源汽车等绿色低碳产业总产值将突破10万亿元。另外“十三五”期间在分布式能源开发方面，可再生能源总的投资规模将达到2.5万亿元。

2017年全国启动碳市场，未来也将配套用能权市场，为各用能企业开发企业端的碳资产管理系统，核算企业碳排放量和配额量，开发本省的CCER项目并提供碳资产证券化服务，为将来贵州省的碳市场交易，碳资产盘查，碳配额确权发放提供数据支撑。

三、 商业模式

贵州黔信数据有限公司是贵州省贵安新区通过招商引资，引入了泰豪集团，于2014年3月注册成立的混合所有制企业，注册资本金5000万元。受贵州省发改委委托，负责投资、建设和运营“全国重点用能单位能耗在线监测（贵州省试点）”的国家级试点项目。现已建成“贵州省节能低碳监测管理平台”，按照原“十二五”规划要求，对贵州省的275家重点用能单位（年耗能1万 tce以上），实施能耗数据在线监测。采用大数据、云计算等手段，依托能耗数据为各用能单位开展节能诊断、节能改造、节能咨询、能源审计等服务。

以打造能源行业产业链为理念，规划设计“能源大超市”的商业运营模式，构建能源行业的“阿里巴巴”！并配套设计了以平台化运作能源行业的支付系统即“能源宝”，作为这个大超市的“收银台”，以这一金融纽带，最终形成本平台商业模式的闭环。

首先要把“能源大超市”开起来，做得有价值，须满足两个条件：即如何提升“超市”知名度和如何“招商”。提升“超市”知名度，就是围绕数据做文章，做到能源全产业链数据齐全、可靠、安全且实时在线；数据分析精准、数据应用灵活且能创造数据价值。“超市招商”的目标群体一是能源生产企业和用能单位；二是能源服务企业、节能服务公司；三是通过平台建设培养第三方数据服务公司；四是以平台价值吸引更多的企业参与平台运营。让所有能源产业链上的企业都能在平台上自行寻找到能源服务商机，这样就打造出了产业链和生态链。

其次把“能源宝”做得有价值，客户愿意使用。须满足：一是要有高度的信用。黔信数据公司的两个国字号项目的建设和运营是根本保证，同时我们在“大超市”的运营模式里打造能源行业的信用体系；二是要具备支付功能。我们将与银联、蚂蚁金服开展合作，并衍生其金融服务功能；三是具备纽带功能，通过服务流、技术流、资金流，打通上下游产业链。

最后，这种模式具有良好的社会和经济效益。

能源监测和数据分析。实现全省能源品种监测和数据分析。对全省综合能源消费量在线监测；综合各相关能源管理信息系统资源，实现全省用能统筹管理。有效促进能源和信息深度融合，推动能源领域结构性改革。

节能考核监管。建立能源目标分解落实和评价考核体系，确保单位能耗节能指标和能耗总量控制目标从全省到行业、地区、用能单位地逐级落实，实现节能目标从用能单位到地区、行业地逐级考核。

能源效率分析。从宏观上把握系统监测的产能单位、用能单位，市县和行业的单位能耗水平，为考察能源转换和能源消费效率提供宏观数据。

节能潜力分析。从能源转换效率和能源使用效率的角度分析节能潜力，挖掘行业、市县和用能单位的节能潜力，为政府节能项目的选择和推广提供信息。

能源预测、预警。基于系统掌握的能源数据，对全省、各行业、各区域的能源形势进行预测、预警，确保能源责任目标和定额的完成。

（撰稿：梁洪源）

第八节　智慧+电动汽车+燃料电池

一、概况

近年来，随着经济的高速发展和人们生活水平的不断提高，各国汽车拥有量急剧增加，汽车尾气污染已从区域性问题变为全球性问题，机动车尾气对城市环境的危害日益突出。同时，由于化石能源消耗量巨大，全球可供开采的化石能源已经接近枯竭，作为不可再生资源，面临资源稀缺性的制约。在全球性的能源危机与环境污染背景下，调整能源结构并开发可持续发展的新能源汽车已成为世界各国的一致选择。截至 2017 年 7 月底，已经有 8 个欧洲国家以及日本、印度提出未来要禁售燃油车，其中荷兰和挪威的时间表是 2025 年，德国、瑞士、比利时、印度是 2030 年，英国和法国是 2040 年，而瑞典则是 2050 年，见表 3－1。中国也于近期启动研究传统燃油车退出时间表。

表 3－1　传统燃油车退出时间表

燃油车禁售国家（地区）	政策发布时间	政策实施时间	禁售车型
荷兰	2013 年	2025 年	传统燃油车
挪威	2016 年	2025 年	非电动汽车
德国	2016 年	2030 年	传统内燃机车
印度	2017 年	2030 年	传统燃油车
比利时	2017 年	2030 年	传统燃油车
法国	2017 年	2040 年	传统燃油车
英国	2017 年	2040 年	燃油车、油电混动车
瑞典	2017 年	2050 年	传统燃油车
美国加州	2018 年	2040 年	传统燃油车

在这样的背景下，全球几乎所有汽车企业的重心都在向新能源汽车方向转移。从概念上讲，新能源汽车是指采用非常规的车用燃料作为动力来源，集成先进的动力控制和驱动技术，原理先进、结构先进，并整合大量新技术的车型。新能源汽车包括纯电动汽车（BEV）、燃料电池汽车（FCEV）、混合动力汽车（HEV）、氢发动机汽车以及醇醚汽车等。

新能源汽车是未来汽车的发展方向，无论是政策引导层面，还是车企的主动战略变革层面，新能源汽车时代已经到来。

二、发展现状

从驱动原理上讲纯电动汽车、燃料电池汽车都属于电动汽车，我国为加快新能源汽车产业发展，自从“十五”以来，连续4个五年计划启动新能源汽车科技研发专项，统筹部署了纯电动、燃料电池汽车为主的动力系统和电池、电机、电控为核心技术的“三纵三横”研发布局。同时，对消费者购买新能源汽车给予国家＋地方双补政策，而且对限购地区实行单独摇号或不限购买，这大大地刺激了新能源车的生产和销售。2017年，我国的新能源汽车销量达到77.7万辆，增速达到53.3%。从全球市场规模看，2016年我国新能源汽车产量达到51.7万辆，并连续两年产销量居全球第一，累计推广量超过100万辆，占全球市场保有量的50%以上，处于全球绝对领先地位。

虽然我国新能源汽车在数量上领先全球，但多数汽车是简单的“传统汽车＋动力电池＋电机”中低端车型，在技术上与世界顶级新能源汽车生产商如特斯拉、丰田存在不小的差距。部分车企甚至在没有充分技术准备和研发能力的情况下，在财政补贴和市场需求的刺激，匆忙推出所谓新能源汽车，导致行业良莠不齐，产品技术水平和质量差距很大。

在全球电动汽车领域中，最具代表性的车型是特斯拉的纯电动版 Model S 和丰田的燃料电池版 Mirai。

Model S 是特斯拉 2012 年推出了一款四门纯电动智能轿跑车，其动力采用松下高性能的 18650 钴酸锂锂电池组，高端车型采用 7000 多节单电池组，容量 85kWh，最大功率 310kW，最高时速 200km/h，充电时间 8h（快充 1h），单次充电续航里程为 480km。自行研发、拥有高度知识产权的核心技术的电池管理系统是特斯拉 Model S 成功的关键，系统主要功能包括数据采集、电池状态计算、能量管理、热管理、安全管理、均衡控制和通信功能等。

除独具特色的电池管理系统之外，特斯拉 Model S 另一大亮点是智能化，用户可通过软件“空中升级”不断增加新功能，其操控系统、硬件性能包括自动驾驶等都可以不断完善和优化，也就是赋予车以生命力，让其拥有智慧。另外 Model S 的仪表中控位置安装有一块 17in（1in＝25.4mm）的多功能液晶显示屏，该屏集成了车辆行驶模式调节（舒适、正常、运动）、车辆灯光、车辆用电状况、以及导航、音乐、电话等功能于一体，并可实现分屏显示。

Mirai是丰田2015年量产的一款四门燃料电池电动乘用车，其动力采用370节单体燃料电池堆栈组成，容量165kWh（充满11lb氢气，1lb=0.4536kg），最大功率114kW，最高时速180km/h，加氢时间3min，最大续航里程502km。

Mirai没有传统的仪表盘，车辆行驶等信息全部通过4.2in的高清TFT液晶中控显示屏显示，同时搭载丰田最新的Entuen人机交互系统，该系统融合了车辆信息设置、道路救援、蓝牙以及手机连接等功能，也可以实现常规的导航以及娱乐功能。

另外，日本本田于2017年11日东京国际车展上推出一款燃料电池汽车CLARITY。韩国现代也将在2018年在ix35燃料电池汽车基础上，推出一款全新的燃料电池汽车Nexo。特斯拉在Model S之后，又相续推出了纯电动智能SUV车型Model X和纯电动高性能智能轿车Model 3。除此之外，国外的奔驰、大众、通用、福特、大宇等以及我国的比亚迪、奇瑞、吉利、长城等汽车生产商也都先后推出了各自纯电动版或燃料电池版电动汽车车型。

三、发展趋势

中国电动汽车百人会理事长陈清泰对当前我国电动汽车发展状况指出："电动汽车要取得对传统燃油车的优势，衔接未来、造福社会，仅靠电动化远远不够，必须与网联化、智能化、共享化联结在一起，多个方面协同发展。"中国新能源汽车要实现弯道超车，改变传统能源汽车的落后局面，"智慧+电动+燃料电池"应该是最佳选择。

"智慧"是让汽车智能化，可以自动实现环境感知、规划决策、多等级辅助驾驶等，它集中运用计算机、现代传感、信息融合、通信、人工智能及自动控制等技术，是众多高新技术的综合体。

对于我国电动汽车未来的发展预测，中科院院士、清华大学教授欧阳明高指出，"制造纯电动汽车的难度并不是非常大，就目前电动车的核心技术方面，中国和国外的汽车企业基本处在同一起跑线上。未来的汽车必然会呈现电动化+智能化的趋势，我国在电动化方面开展研究较早，在汽车的智能化方面也占据一定优势"。说明我国在"电动"和"智慧"上，技术上没有明显的相差，缺乏的是资源的有效整合。

提起电动汽车，人们首先想到的特斯拉、比亚迪这些采用锂离子为动力的电动汽车，实际上相对纯电动汽车路线而言，效率更高、更节能环保的是氢燃料电池汽车。从能量密度上看，即使是最新一代的锂电池车，其能量密度极值也只有汽油的1/40，而以氢气为原料的氢燃料电池基础能量密度是汽油的3倍，电动机的做功效率是内燃机的2倍，实际密度是汽油的6倍。作为燃料，氢气来源广泛，可再生，是典型的二次能源。燃料电池工作环境友好，生成物只有水，因此采用氢能源的燃料电池作为汽车动力无疑更能代表历史发展的方向。

汽车性能主要为续航能力、燃料加注/充电时间、输出功率和安全性等。燃料电池能量密度远高于锂电池，同时电池容量，快充能力和续航里程就具备了较大优势，即使是和锂电池的顶级豪车 Tesla 相比也是大幅领先。

燃料电池技术与纯电动是两个技术方向，两者一定程度上起到互补作用。但是，氢燃料电池技术的创新正成为全球能源技术革命的重要方向。相对于纯电动汽车，普通百姓对于氢燃料电池汽车还知之甚少。国际能源署（IEA）发布的《氢能与燃料电池技术路线图》显示，氢燃料电池是将氢气和氧气的化学能经过电化学反应直接转换为电能的发电装置，而氢燃料电池汽车本质上仍是电动汽车，氢气储存在车上的高压罐内，通过燃料电池将氢能转化成电能给汽车提供动力。也就是“电动汽车+燃料电池”。

与燃油车相比，燃料电池汽车动力充足，没有明显的噪音，排放出来的唯一产物是水，这种水的水质甚至可以达到饮用标准。此外，氢气相较于电能更易储存、更易运输，且充填效率与传统汽油车相近，单次充填燃料后的续航里程也明显大于纯电动车。

四、 未来方向

目前，氢燃料电池技术创新正成为全球能源技术革命的重要方向，在车用能源领域，氢能燃料电池被认为是实现车辆使用阶段“零排放”、全生命周期“低排放”的重要技术方案，是未来汽车产业技术竞争的制高点。越来越多的车企加入到了氢燃料电池车的研发当中，包括丰田、本田、现代等，这些车企生产的氢燃料电池车已经量产，并投放到了世界多地市场。

未来新能源汽车的发展方向应该是，“智慧+电动+燃料电池”，整车采用先进的燃料电池动力系统和先进的永磁电机驱动技术，采用全新车体结构，并整合先进控制思想和控制策略，融入人工智能、大数据、物联网等相关技术。车辆安装有先进的传感器（雷达、摄像）、控制器、执行器等装置，通过车载传感系统和信息终端实现与人、车、路等的智能信息交换，使车辆具备智能的环境感知能力，能够自动分析车辆行驶的安全及危险状态，并使车辆按照人的意愿到达目的地，实现自动驾驶。

智能化已经被众多国家和汽车企业认定为未来汽车产业发展的方向。国家发展改革委副主任林念修表示，全球汽车产业正在步入以电动化、智能化为主的转型升级时代，国家发展改革委将不断完善政策，加快推动智能汽车发展。众多专家和业内人士表示，2018 年汽车智能化将进入快速发展期，并将成为未来汽车产业提升的主要动力。国家发展改革委等部门将新能源汽车、智能汽车纳入战略性新兴产业来谋划，未来将在建立智能汽车发展的统筹机制、推进汽车制造与互联网等相互融合、提升动力电池等关键技术水平和新能源汽车消费政策等五大方面持续发力，推进智能化汽车发展。国家发展改革委发布了智能汽车创新发展战略征求意见稿，计划到 2020 年智能汽车新车比例达到 50%，到 2035 年在全球范围内率先建成智能汽车强国。

（撰稿：苌国强）

第九节　智慧+城市运营+建筑+供热

一、概况

智慧能源作为在信息系统与能源系统的深度耦合基础上形成的一种以促进能源安全、高效、低碳发展的全新能源生产和利用方式有着广阔的发展前景，而新型城镇化背景下城市建设、社会发展对智慧能源的强烈需求为智慧能源产业的发展提供了良好的发展契机。

《国家新型城镇化规划（2014—2020 年）》提出“推动形成绿色低碳的生产生活方式和城市建设运营模式”，因此，保护与合理利用城市生态环境、促进可持续发展为城市运营的重要前提。“智慧+城市运营+建筑+供热”可视为结合智慧能源与新型城镇化要求的城市建筑供热运营。

为促进城市可持续发展，建设低碳智慧城市（绿色生态城市）成为发展路径，而“智慧+城市运营+建筑+供热”是低碳智慧城市的重要组成部分，其中城市运营是运作模式与开发经营过程，建筑是城市的载体，供热是城市能源运行的重要组成部分。低碳智慧城市的建设需要以前瞻理念为先导，以顶层设计为核心，以创新融合为驱动，以集成服务为根基，以持续发展为目标。通过智慧信息技术的应用，开展基于城市战略目标的顶层设计；通过科学规划，使建设前“每一寸土地都规划的清清楚楚”；通过系统化的综合建设确保城市绿色生态布局的实现；通过“科学评价、优化规划、智慧运维”实现大数据驱动下的城市运营管理。

随着低碳智慧城市建设的深入开展，低碳智慧城市集成服务行业逐渐形成与壮大。低碳智慧城市集成服务涉及低碳智慧城市建设的顶层设计、总体规划、专项咨询、技术设计、技术集成服务、项目运营管理等各方面。并在上述各个环节中贯穿“智慧”的理念，智慧技术支撑了顶层设计中的决策支持、精细化评估、模拟预测、专项规划及综合建设中的智慧建造、运营管理中的智慧运营等。“智慧+城市运营+建筑+供热”各业务之间的关系如图 3－16 所示。

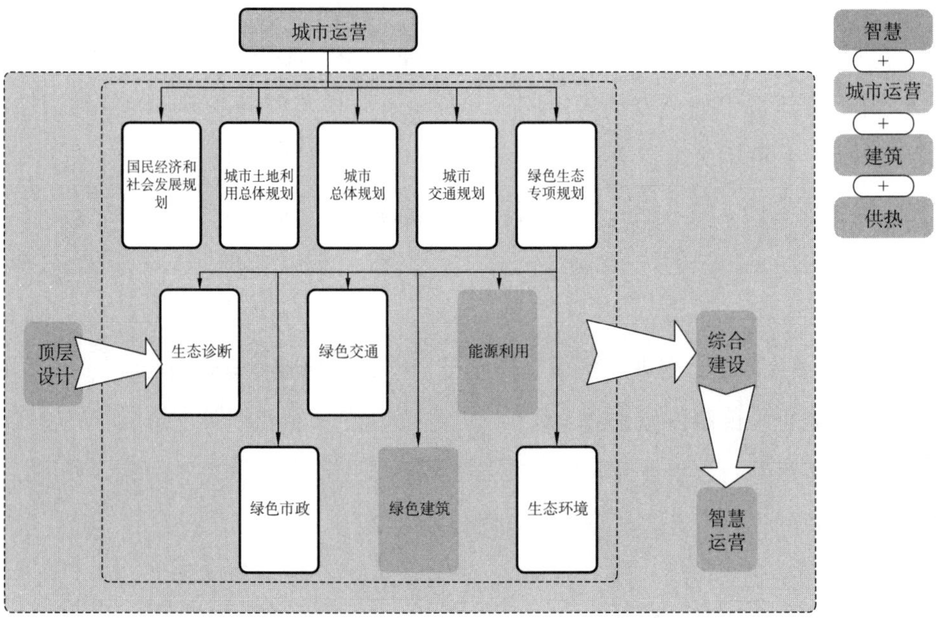

图 3－16　“智慧＋城市运营＋建筑＋供热”业务关系示意图

在顶层设计方面，国内绿色生态城市规划建设已经取得了一定进展，从研究制定绿色生态指标体系、发布建设标准或导则阶段转入全面实施的关键时期。然而，对于城市如何进行绿色生态规划的理解还处于摸索和研究阶段。随着区域（城市）绿色生态顶层设计与专项规划的不断完善，其涵盖范围基本包括了生态诊断、绿色交通、能源利用、绿色市政、绿色建筑、生态环境等内容。

2017年初，中信基金会联合中国城镇化促进会、中信PPP联合体、华晟基金等50多家机构发起成立了中国城市运营联盟。将城市运营界定为在新型城镇化战略的引导下，以土地运营为基础，以产业运作为保障，以资本运作为核心，以构建产业、文化、交通、生态和人居环境等城市综合系统为目标，通过“市场主导，政府引导”的PPP市场化运作方式。城市运营商通过与政府建立平等契约伙伴关系，以前瞻性的城市发展策划和规划、土地整理、城市公共基础设施建设以及城市产业投资等一系列资源整合运作，提升目标城市的功能规模和资源价值，从而共同获取城市整体资源溢价和投资增值收益的城市综合开发运营过程。

目前，建筑节能和绿色建筑得到深入发展，随着新建建筑节能设计标准不断提升和绿色建筑的深入开展，我国多地先后出台超低能耗建筑及既有公共建筑绿色化改造方面的奖励政策，推动着建筑节能和绿色建筑工作向纵深发展。

随着能源革命，城市建筑供热行业不断优化能源结构，燃气、城市热力等比例上升；因地制宜的应用地热能、地温能、太阳能、空气能等可再生能源比例也不断提高。一些先进技术如燃气锅炉冷凝式热回收和低氮燃烧技术得到进一步推广应用，互联网、物联网大数据等技术也逐渐在供热行业得到应用，规模以上供热单位均建立了供热能耗监测系统，从而提高了供热行业的系统管理水平。同时，行业内骨干企业整合小型分散锅炉房的趋势得以继续，促使城市建筑供热的专业化、集约化运行。

1. 行业融合加速，企业竞争模式向基于全产业链的整体竞争演变

传统模式下，能源供应企业及建设施工类企业在城镇化业务上虽然存在交叉和合作，但基本是并行开展业务，随着智慧能源和城市智慧运营模式的深入发展，这两类企业在业务上都展开了转型，行业融合加速。

大型建设企业从传统的施工企业向工程建设与综合服务集团转型发展，从城市的顶层设计、综合建设、智慧运营三个方面，以完善产业链为目标，科学调整组织架构，提升企业核心竞争能力。从为城市（区域）提供绿色生态发展方面的专项咨询，如：战略目标定位、指标体系制订、绿色生态专项规划服务为切入点，介入到包括城市能源系统在内的城市公共基础设施建设的投资、建设、运营等环节。

传统意义上的能源企业开始通过能源互联网技术应用，为城市提供综合能源服务，这里的综合主要体现为两层含义：一是综合能源，涵盖多种能源，包括电力、燃气和冷热等；二是综合服务，包括工程服务、投资服务和运营服务。

2. 相关学科领域交叉渗透，促进关键技术突破与行业发展

“智慧+城市运营+建筑+供热”涉及多个学科领域。仅就城市运营而言，既涉及城市规划中的“多规合一”，也涉及推动新型城镇化发展的PPP模式等。用于城市顶层设计方面的关键技术与突破涉及城镇区域发展模拟预测决策支持技术、绿色生态区域建设指标体系、基于BIM+GIS+物联网+云计算的智慧信息应用技术等。在行业融合的同时，需要相关学科领域交叉渗透，以实现关键技术突破，创新技术及产品来支撑行业的融合发展。另一方面在进行合理的顶层设计同时必须注重底层关键技术突破，遵循顶层设计和底层关键技术突破相辅相成的原则。

二、 行业先进技术及应用案例

行业相关先进技术可按其特征分为：建筑节能（绿色建筑）先进技术；能源（供热）先进技术；支撑技术（含顶层设计决策支持、智慧信息应用技术等）三类。

以下是北京建筑技术发展有限责任公司正在研究和应用的相关技术与案例：

1. 冷热电三联供技术

冷热电三联供技术是与大电网和天然气管网相连接，向一定区域内用户同时提供电力、蒸汽、热水和空调冷水等的能源服务系统。主要以天然气为燃料，通过燃气轮机或内燃机首先做功产生高品位电能，再将发电设备排放的低品位热能充分用于供热和制冷，实现了能量梯级利用，是一种高效的城市能源利用系统。

该技术在苏州吴中太湖新城核心区分布式能源站项目得到应用。

(1) 项目建设内容：新建天然气冷热电三联供系统、电制冷机组、水源热泵机组、备用燃气锅炉、水蓄冷（热）系统。

(2) 项目建设规模：一期安装4台燃气内燃发电机组，总装机容量约12.6MW，配套4台烟气热水型溴化锂冷（温）水机组。同时安装2台5300kW的离心式电制冷机组、2台5300kW的水源热泵、2台7MW的燃气热水锅炉作为热源的补充。2台6800m^3的水蓄冷（热）系统用于蓄冷、蓄热、平衡冷/热负荷、电网负荷，提高系统效率。

(3) 项目生产规模：一期工程预计年发电量5249万kWh，年供冷量14286万kWh，年供热量 2427 万 kWh，满足太湖新城启动区 60 万 m^2 的供能需求。

2. 智慧运营技术

北京建筑技术发展有限责任公司目前已在供热系统智慧运营中应用的技术包括：

（1）气候补偿技术：通过温度采集传感装置、电动执行装置、微机计算装置及相关软件组成控制系统，或控制用户系统的供热循环水量，或控制热源系统的锅炉产热量，根据室外温度的变化，针对用户温度的要求，自动计算和控制恰当的系统供热负荷，实现用户系统供热温度随室外温度自动补偿。

（2）管网平衡技术：针对老旧供热管网普遍存在的阻力不平衡现象，通过在管网的适当位置安装阻力平衡装置，运用附加阻力的方法，消除近环路的富余压头，并按设计负荷分配流量，实现管网阻力基本平衡，达到热力平衡的目的。

（3）系统集控：以自动化控制和网络通信技术为基础，以热源、管网和热用户为整体控制对象，建立供热系统控制与管理平台，从而实现对供热系统的优化控制与管理，达到“按需供热”的目的。

（4）烟气冷凝热回收：在锅炉烟道中加装冷凝热回收装置，回收烟气显热和水蒸气的汽化潜热，提供锅炉综合热效率。加装烟气余热冷凝热回收利用装置后，常规油（气）锅炉热效率可达到 98% 以上。在比较理想的工况下节气率可达到6%～15%。

（5）激波增压换热技术：使用经过专门设计制作的增压换热机组，将蒸汽通入混合器内形成喷射作用，引射循环水，使循环水在混合器内与蒸汽混合、加速、升温、增压，达到水被加热的目的。

（6）分时分区控制技术：根据不同功能建筑物用热需求与时间的规律，调控不同时段、不同区域的供热量，实现按需供热、降低能耗。

北京建筑技术发展有限责任公司现供热服务面积逾 800 万 m^2，公司拥有自主知识产权区域能源综合管理服务平台，能够实现能源运营集成服务。

3. 区域多能互补关键技术之一——区域太阳能资源精细化评估及利用

城市建筑太阳能资源精细化评估与利用分析是建筑太阳能资源利用的基础，也是当前国外太阳能利用研究新的关注点。其突破传统太阳能资源预测方法，通过测算的城市建筑太阳能资源地图，快速评估城市规划设计方案或建成区建筑太阳能资源可利用量，快速定位建筑太阳能资源丰富的建筑。该项技术有利于规划建设部门、能源运营商、用户以及其他各利益相关方掌握建筑太阳能资源信息，对于引导建筑太阳能利用合理规划、快速发展、广泛参与具有重要意义。显然也是我国发展建筑太阳能资源利用所迫切需要的。

北京建筑技术发展有限责任公司对复杂建筑环境中建筑太阳能资源量计算关键算法进行了研究，分析了建筑太阳能资源利用与建筑用能相关关系，基于 3DGIS 技术自主研发城市建筑太阳能资源利用精细化评估系统，为城市建筑太阳能利用提供技术支撑。研究成果填补了我国太阳能利用研究领域的技术空白。

4. 绿色建筑与超低能耗建筑技术

北京建筑技术发展有限责任公司先后承接了近 50 项国内外单体和区块绿色建筑咨询和多个区域生态规划项目，近百项建筑节能和绿色建筑相关课题研究。并参加了北京市科技计划项目《超低能耗建筑技术研究与集成示范》，进行超低能耗建筑技术研究与实践。

5. BIM 技术

BIM，也就是 Building Information Modeling，即建筑信息模型。BIM 有三层含义：

（1）Modeling—建模，是项目生命周期中每个阶段建模的过程。

（2）Model—模型，是建模过程中各阶段的模型或总的模型，也叫 BIM 模型。

（3）Management—管理，是对这上面所说建模过程以及模型本身的管理。

传统建筑业因为信息之间沟通不畅，容易造成重复工作，造成资源和成本的浪费，导致整个工程中变更不断，返工率增大，交付延长和超出预算等等这些情况。BIM 技术的应用贯穿了建筑的规划设计、施工建造、运营管理各个阶段其优势体现在：提高实际施工的速度和质量，实现可视化的沟通与多专业协同、提高管理运营水平等。北京建筑技术发展有限责任公司 2017 年在北京某燃气锅炉房及热力站的设计中采用了 BIM 技术，并将在江苏某能源站项目中采用 BIM 技术支撑其设计、施工及后期的运营管理。

（撰稿：罗淑湘）

第十节　端-云一体化应用案例

一、概况

为深入贯彻党的“十九大”精神，加快发展先进制造业，推动工业智能和实体经济深度融合，落实“中国制造 2025”和《新一代人工智能发展规划》部署，工信部印发了人工智能产业三年发展行动计划。这一整套成型的政策体系正在持续释放政策红利，大量企业开始主动拥抱智能制造，制造业迈向高端化的趋势也日益明显。

《中国制造 2025》提出到 2020 年，基本实现工业化，制造业大国地位进一步巩固，制造业信息化水平大幅提升。掌握一批重点领域关键核心技术，优势领域竞争力进一步增强，产品质量有较大提高。制造业数字化、网络化、智能化取得明显进展。重点行业单位工业增加值能耗、物耗及污染物排放明显下降。到 2025 年，制造业整体素质大幅提升，创新能力显著增强，全员劳动生产率明显提高，两化（工业化和信息化）融合迈上新台阶。重点行业单位工业增加值能耗、物耗及污染物排放达到世界先进水平。

实现《中国制造 2025》的目标，必然离不开“互联网+”和大数据，而当前中国绝大多数的企业是通过和 IT 供应商合作，建立一套独立应用的信息系统，和云计算的深入应用有相当大的距离。所以在此之后国家又先后出台了《积极推进“互联网+”行动指导意见》、《关于深化制造业与互联网融合发展的指导意见》，并以此形成了制造强国战略政策体系。上述三大政策都对我国智能制造的未来发展做出详细规划。

二、云平台

“安泰工业云”是安徽省安泰科技股份有限公司自主开发的一套符合 SaaS（Software－as－a－Service 软件即服务）应用模式的软件服务平台，“端-云一体化”的体系结构是“安泰工业云”面向流程性行业推出的数字化企业服务的新型体系架构，如图 3－17 所示。本方案通过简化部署在工业现场端点本地系统，实时获取采自工业现场DCS、计量系统、配网系统以及能源供应体系的实时数据，并在云端建立和实体企业对应的数字化企业模型，通过针对存储在云端的模型和实际的运行数据，进行有针对性的统计、分析、判断和信息推送，所有客户的功能均通过云端采用提供服务方式提供。平台提供监测统计、数据归档、数据展示、信息推送、绩效考核、分析增效、分析报告、产品创新升级等服务。通过采集存储企业产品全生命周期的生产工序实时能耗和工况数据，对标政府部门目标考核，行业标杆企业和企业内部持续优化的指标参数，依据企业管理制度和岗位职责，向相关责任人自动推送任务信息并反馈任务落实，实现企业在大数据环境下的数字制造、智能制造、绿色制造和精品制造，助推企业成为国内行业“领跑者”。从而实现安泰公司倡导的“智能在端、智慧在云”的服务理念。

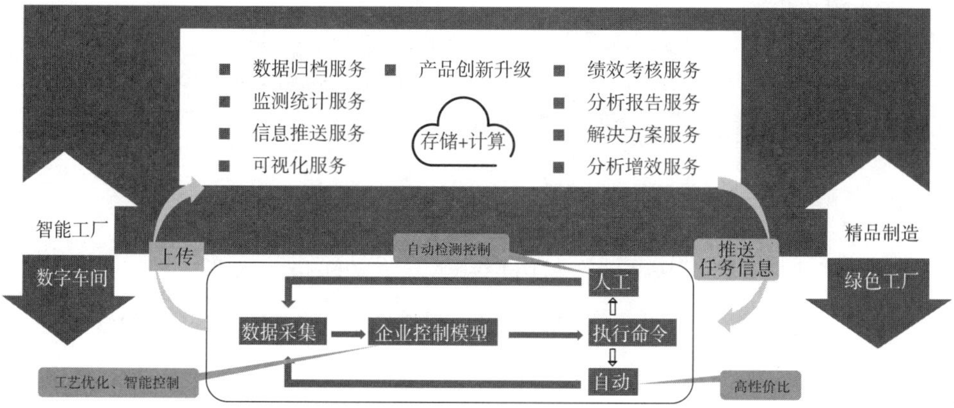

图3－17 安泰工业云

三、案例

安徽省安泰科技股份有限公司在安徽省铜陵市为某一化工企业实施“端-云一体化”的工业云平台管理模式（见图3－18），建设一套适用于该化工企业生产实践和管理理念的综合性平台，采用信息化、自动化技术，集成企业能源系统即电力、煤、蒸汽、水等能源、生产物料、相关重点能耗设备运行参数以及其他与能耗相关参数的数据集中采集、分析与处理、控制与调度、平衡预测以及能源综合管理等功能，实现对能源的发生、转换、消耗以及废弃物排放等过程进行动态监控及系统性的管理，实现多能源介质协同平衡与优化利用；根据能源系统、综合管理的要求，利用节能减排技术、信息化技术对主要耗能工序（装备）进行相适应的系统优化和节能改造、对高耗能设备进行适应性改造，提高工序、设备能源利用效率，降低能源介质和物料消耗等。通过该项目的实施，企业最终实现信息化、自动化技术与节能技术的有效融合，企业能源实现高效、经济、综合优化利用，使企业成为能源高效利用示范企业。同时提高优等品率，降低化石能源的消耗。

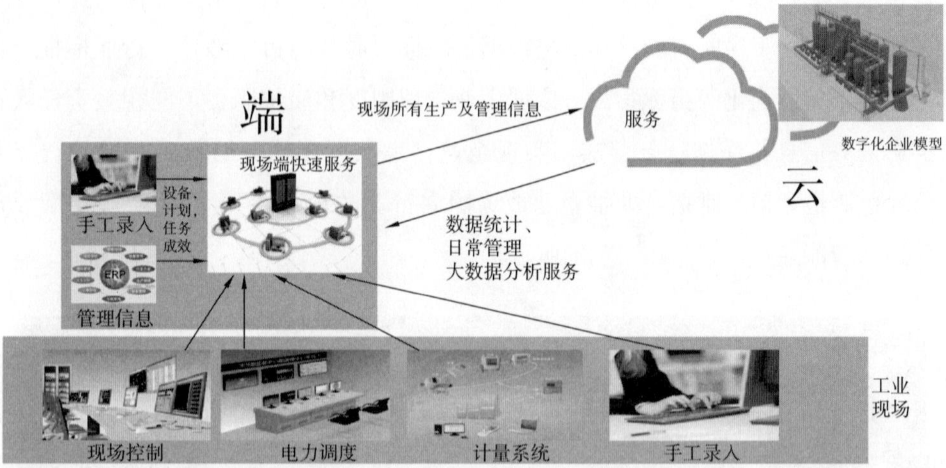

图3-18 “端-云一体化”的工业云平台管理模式

“安泰工业云平台”是将安泰与用户联系起来的纽带，运营是将依据平台定期向客户培训分析方法，宣贯节能理念，确保系统能有效运行，真正成为管理者的工具。其建设目标包括：

平台通过现场数据的计量、采集、存储完成用户能耗数据、生产数据的统计、分析以及能耗模型的建立与研究，掌握装置设备能耗、运行效率、经济运行、产量、能源消耗，确保生产运行的高效、高质。

平台辅助用户强化生产岗位职能，改变能源系统管理分散、粗放、被动的现状，建立符合用户实际情况的能源管理评价体系，帮助用户提高生产、能源管理水平。

平台通过“互联网+”智能管控技术与数据采集系统以及自动控制系统的有效集成，真正为企业提供权威的、可比对的能耗数据“对标”运营平台与服务，从而持续提升企业自身节能减排实施成效。

平台采用开放的接口设计，实现多系统单平台管理，轻松实现管控一体化，为实现“数字化车间”、“智能工厂”提供完美解决方案。

“安泰工业云”提供购买服务的商业模式，客户可以通过定期支付租赁费用的方式使用平台并享受免费功能升级，较传统的建设模式大大减少客户在硬件、人员、维护等方面的投入。

四、 商业模式

“安泰工业云平台”提供购买服务的商业模式，通过将应用软件统一部署在云服务器上，客户可以根据自己实际需求定购所需的应用软件服务，按定购的服务多少和时间长短支付费用，并通过互联网获得服务。用户不用再购买系统软件、应用软件和数据中心端的重要硬件设备（服务器、存储、网络设备和安全设备），仅需要提供控制系统的接口，提供一些现场端的电脑设备、网络设备、新增的计量表具等，其余部分改为租用基于 Web 的服务来管理企业经营活动。同时，“安泰工业云平台”永久免费提供产品的维护、升级，降低客户的边际成本。较传统的建设模式大大减少客户在硬件、人员、维护等方面的投入。具体特点如下：无需客户投资建设；客户按需购买年度服务；客户新增功能需求免费；享受专业团队数据挖掘、分析服务；规避了巨额资金投入风险；系统运维无需专业技术人员、场地、能源和折旧等费用；免除软硬件升级和功能扩展的费用、时间顾虑。

（撰稿：安徽省安泰科技股份有限公司）

第十一节　建筑延寿发展研究

一、 建筑延寿刻不容缓

据统计，截至 2017 年末，我国城镇化率为 58.52%，城镇常住人口 81347 万人，比上年末增加 2049 万人。如果大部分城镇人口赖以安身立命、家庭财产传承的房子，寿命却不到 30 年，未来谁负责拆建，谁为广大国民的财产保值增值买单？现在不直面这些问题，抓紧推进建筑延寿事业，或将导致极其严重的社会问题。这一现象一旦成为现实，意味着大部分国民的固定资产将付诸东流，满足国民对美好生活需求和实现民族伟大复兴的进程将严重受阻。

目前，中国是每年新建建筑量最大的国家，也是建筑拆除速度最快的国家，建筑平均使用寿命只能持续 25～30 年，被称为“短命建筑”。近年来，各地不断出现的重大建筑质量问题，已给政府、行业、企业和社会不断地敲响警钟。浙江大学教授范柏乃曾感慨，我们有5000年的历史，却少有百年建筑。

有资料显示，三分之二的建筑物早衰和病坏与水害侵蚀相关，渗漏裂建筑病害的普遍存在是建筑短命问题的重要根源之一。长期以来，以渗漏裂为代表的建筑病害在我国既有建筑和新建建筑中普遍存在，严重影响了建筑的使用功能和主体结构安全，并导致资源浪费、能源损耗和建筑寿命折减。

中国建筑防水协会与北京零点市场调查与分析公司联合发布的《2013年全国建筑渗漏状况调查项目报告》显示，国内主要城市建筑屋面渗漏率高达95.33%。与此同时，57.51%的地下建筑存在不同程度渗漏，37.48%的住户受到房屋渗漏的困扰。

渗漏裂建筑病害不仅影响建筑的使用功能，更影响建筑的整体质量安全和自然寿命，是与确保建筑主体结构安全同样重要的建筑质量安全问题。特别是地下室等作为连接地上建筑主体与地基的地下工程，是建筑的“根”，与建筑主体结构安全和建筑寿命长短有着直接联系，若长期经受渗漏裂等建筑病害侵蚀，将导致建筑系统性崩溃，危及人民的生命财产安全。

如果将建筑的使用寿命从30年提高到100年，能源和资源利用效率将提高3.1倍。就水泥产业的节能减排而言，在做好水泥生产过程中的降耗和减排的同时，最重要的还是提高水泥的利用效率。将建筑的寿命从30年提高到100年，水泥的利用效率提高3.1倍，明显高于水泥生产中的节能减排效益。可以说，建筑延寿就是最重要的节能减排工程，是实现绿色低碳发展，为国民提供美好生活的主要抓手，是利在当代、功在千秋的“美丽中国”建设事业。

推动建筑延寿事业发展，关键在于政府、行业、企业和社会等各方面支持，从转变建筑被动维修的观念，建立主动维护建筑的主观意识入手，综合法律法规、技术研发、工艺提升、标准化建设和大数据管理等方法和手段，针对性解决以渗漏裂为代表的建筑通病，赋予建筑与自然和谐共生的生命力，达至人、建筑与自然融为一体、长存共荣的目的。

二、 建筑短命的根源

1. 水滴石穿，建筑渗漏病害危害巨大

社会各界普遍认为建筑渗漏病害是小事，但它会导致主体结构钢筋锈蚀，锈蚀会引致主体结构不可逆的创伤。尤其是连接建筑主体与地基的人防工程或地下室是

建筑主体承重的基本载体，是建筑的“根”。由于普通民众乃至业界专家均普遍认为，通过人防工程或地下室的疏水层排水防水，可以解决其渗漏危害的问题，但由于在水与空气长期交替作用下，其主体结构特别是钢筋受损或锈蚀的速度大大加快。由于长期处于渗漏病害侵蚀的状态，日积月累后，建筑主体加速早衰和劣化，进而导致建筑寿命大幅折减。

目前，建筑渗漏难题已经成为业界的一大顽疾。在这种情况下，存量建筑和新建建筑都会因此存在各类渗漏病害。中国建筑防水协会与北京零点市场调查与分析公司联合发布的《2013 年全国建筑渗漏状况调查项目报告》显示，国内主要城市建筑屋面渗漏率高达 95.33%。与此同时，57.51%的地下建筑存在不同程度渗漏，37.48%的住户受到房屋渗漏的困扰。以我国数百万亿平方米存量建筑和每年新增近 20 万亿 m^2 新建建筑计算，建筑渗漏病害的影响范围非常广，长期维修和返修，并引发建筑主体结构创伤导致建筑寿命折减，将导致巨大的资源浪费、能源损耗，同时带来一连串的社会问题。

2. 短期行为无法提供长期保障

不渗不漏是建筑的基本要求，也是保证建筑主体结构寿命的重要指标。目前，我国建筑防水保用保修期限只有 5 年，但这个期限仅仅能够满足短期使用，本质上是变相允许防水失效，这是业界普遍不重视防水的重要原因。在这种保用保修制度下，出现渗漏就要进行处理，但监管单位或业界并没有明确界定怎么进行处理的。例如，有些地方是无法处理的，如地下室地板的侧壁。保用保修的期限只有五年，相对于建筑 70 年产权而言，明显不匹配，对于国民而言这是一个巨大的包袱。

短期的建筑防水行为，后续将需要不断地进行维修，这会带来严重的环境污染、资源浪费和能源损耗，并加剧社区矛盾并引致各类社会问题。

目前，我国还未实行国际通行的防水保证期制度。国外实行保证期制度，如果保证期是 10 年，就是 10 年的收费标准；如果是 15 年，就是 15 年的收费标准。施工企业会从收费中提取 3%，作为将来渗漏的连带赔偿，并和保险结合起来，完善行业的发展模式。

我国情况比较特殊，工程以材料招标为主，且防水害不受重视，防水害工程造价非常低，很多防水害工程的造价只占整个建筑造价的 1%～2%，国外这一比例是 8%～10%。面对普遍存在的建筑渗漏病害，建筑维护及建筑延寿领域却处于“半真空”的发展状态。中国建筑防水协会理事长朱冬青表示，防水行业存在落后产能严重过剩、低水平重复建设严重、行业集中度低等问题。我国的专业防水害施工企业，不仅数量少，而且规模小，技术水平一般，这种状况的形成与我国建筑市场的低价竞争有很大关系。没有实行相匹配的防水期制度，导致建筑短期内重修和返率修高，建筑渗漏裂病害普遍存在成为必然。

三、 案例

彩丽建筑维护技术有限公司经过长期的研究、试验和大量实践，攻克了建筑渗漏难以处理和根治，导致建筑未老先衰的重大技术难题。

1. “防水害”

建筑的早衰和破坏主要与水侵入相关。但是，稍有常识的人都清楚，所有档案室、文物等重要建筑，对环境条件的要求除了要保持恒温外，还要维持恒湿状态。用于建筑的绝大部分物料，如混凝土、砂浆、砖木、纤维等建材是需要适量水分维系，并不是越干燥越好。也就是说，水对建筑来说并不是一无是处，人和建筑及大自然都离不开水，建筑以水为敌显然行不通。此外，水是极为特殊的物质，一定条件下能在液态、气态和固态之间转变，并在自然界无处不在。空气中含有水分，并随季节和气象变化而变化。如果我们以“水”为敌，我们将防不胜防。

由此可见，建筑不应与水对立，建筑需要预防的对象并不是水，而只是水带来的危害，例如影响到建筑物使用功能，引起主体结构内部钢筋锈蚀及建筑质变。

2. “膜结构”不是最佳选择

非透气性膜结构防水层是一把双刃刀。它设置在建筑物迎水面，既能起到防治水侵入建筑内部，也同时限制了建筑物固有的吸放湿特性。

当下，现行建筑技术体系的防治渗漏病害，主要以设置膜结构防水层来防御水侵入到建筑内部。这一做法理论上可行，但很难达到如人所愿的防水效果，这主要是因为膜结构防水层如同充气式救生衣般薄弱，在施工及使用全过程出现任何的失误或偏差，不仅会导致防水层全功尽废，而且使窜入到防水层内部的水分难以释出，在温差等外力作用下会形成渗透性更强的水蒸气压力，水在建筑内部更容易扩散和积聚，从而更容易导致建筑内部钢筋锈蚀和主体结构劣化。当下建筑短命，很大程度上与业界还未意识到非透气性膜结构防水层这把双刃刀的危害性相关。

防治建筑渗漏病害是一项需要项目施工各方共同参与、相互配合的系统工程，任何单一措施都无法做到如人所愿的要求。

3. 攻克渗漏技术难题

彩丽建筑根治建筑渗漏被动技术，是将祖先世代流传下来，现已日渐被人们淡忘的传统建筑被动技术，融入到现在建筑技术体系当中，并通过将多学科交叉并轨长达10多年的研究和试验，以及在数以万计的实例工程中不断改进和完善，创新研发出的一整套使建筑能借助阳光、空气流、雨水外力作用，将建筑完全立足于结构和构造自防水的被动技术。该技术实现了建筑能与水和谐共处、共生共荣，成功解决了建筑物渗漏难以处理和根治，导致建筑物未老先衰的重大技术难题。目前，彩丽建筑根治建筑渗漏被动技术已经在华南地区的万科、碧桂园等大型房地产开发商的各个项目广泛应用和推广，并取得了良好的反响和口碑。

【案例一】

东莞市政府办公楼

屋面设置多重防水层，但仍然出现较为严重的渗漏的现象。应用KrystolT1+T2防水系统，并结合彩丽建筑自然能动蒸发降温隔热屋面专利技术重设屋面体系，建筑渗漏裂问题得到有效根治。

【案例二】

某镇中心幼儿园

楼高三框架结构建筑群，分别建于1996年和2004年。

目前，该建筑群普遍存在渗漏水等病害，该幼儿园委托彩丽建筑对该建筑群渗漏等病害作出调查并提出整治建议。

(1) 渗漏与病害状况：该建筑群包括东北面与东南面的各斜屋顶在内的各屋面和露台，以及在各屋面上的圆形屋顶，和穿设在屋面与露台上的管根部位，均存在不同程度的渗漏水问题。

该建筑群伸出外墙的屋面悬挑板，普遍存在渗漏和劣化现象，在其屋面的泛水部位，以及屋面护栏结构离屋面约400mm高处，沿护栏全段也已出现一条断裂缝。建筑群二楼、三楼走廊通道、户外楼梯等遇水区域均存在裂漏与渗漏水问题，泛水部位尤为严重。

(2) 成因分析：该建筑群屋面和走廊通道梁板结构的开裂与漏水问题，很大程度上与建筑主体为超长结构，却并没有设置变形缝分隔，以及屋面没有按要求设置上保温隔热措施相关。屋面结构梁板在日晒和温差等外力作用下，难免会形成了较大的内应力和移位变形，从而使梁板结构出现断裂。也不排除既有楼板结构本身也存在有先天不足的缺陷。此外，也与屋面上的防水层，以及修补裂漏水的用料和方法不当，无法满足应对结构梁板移位变形的要求相关；

该建筑群内屋面、露台，以及卫生间、走廊通道和户外楼梯等遇水区域，之所以出现较为严重的渗水和劣化问题，除了与设置在屋面上的防水屋已完全失效相关之外，更为主要的是屋面上的失效防水层，已不但起不到应有的作用外，反而使渗透到屋面防水层底下找平层内所形成的积水难以释出。

从该建筑群主体结构在还不到 20 年内已出现如此严重的劣化问题可见，建筑结构渗水问题的危害性比建筑裂漏水问题的危害性更大。然而，当下这类问题仍未引起人们的高度关注。

该建筑物外墙的渗漏，主要与外墙相对应的屋面泛水部位、伸出外墙的屋面悬挑板和屋面护栏结构的压顶部位，以及外墙的边梁与填充墙交接处存在（透水）裂缝相关。雨天，雨水从上述裂缝渗入到外墙，并沿外墙饰面层内向下渗透，使外墙的湿度飙升。其次，功能楼外墙的窗户部位为凸出外立面只有 100mm 高的几何造型。这类造型的外墙饰面，不但施工质量难以保证，而且与雨水接触的概率较其他外墙高出数倍，这本身就容易将雨水导入到外墙内部。此外，外墙饰面砖层的透气性较差，雨水进入到外墙内部后就难以从户外饰面层释出，只有向室内扩散，从而使外墙室内面潮湿。

(3) 整治方法：彩丽建筑对该幼儿园建筑群渗漏裂等病害整治的举措有：首先采取相应措施阻止主体结构内配筋继续锈蚀，延缓主体结构的劣化速度，并恢复主体结构的整体性、稳定性及承载力，再结合相应措施全面整治各部位的裂漏和渗漏问题，保障建筑物使用功能和耐久可靠性。通过上述举措，该建筑群的渗漏裂病害得到有效整治，建筑整体质量完全问题得到有效解决，达到了建筑延寿的目的。

四、 建议

1. 改变对待建筑的态度，变被动维修为主动维护

由建筑被动维修向主动维护转变，从供给侧转变产品和服务的供给方式，为市

场提供高品质的服务和产品，符合供给侧改革的内在要求。

决定建筑寿命长短的因素除了规划设计和建筑质量以外，更重要的还取决于人们对它的态度，即人们能不能主动建造质量高、寿命长的建筑，并理性地主动维护已经使用一定年限的建筑。欧洲的城镇，对于旧建筑的“拆迁”总是慎之又慎，主动维护、尽量修缮是他们对待建筑的思维方式，欧洲古城的风貌得以保存正缘于此。在欧洲国家，百年以上老建筑比比皆是，甚至1000多年的建筑也不罕见。许多老建筑在显要位置用醒目的阿拉伯数字标注着建造年代，说明当时的建造者对它能够经久耐用、世代相传充满自信。

2. 实施绿色化、工业化、信息化三位一体的协同发展策略

新型工业化建造是高标准实现建筑高质量、节能减排和绿色低碳的重要载体。绿色建筑与新型工业化建造均涉及建筑全寿命周期，在推行新型工业化建造时，关注绿色建筑的要求，并整合大数据、物联网、互联网等技术和手段，对建筑的规划、设计、建造、监测及维护进行全生命周期的跟踪管理，化建筑被动维修为主动维护，才能切实保障建筑全生命周期的质量安全，延长建筑寿命，并取得相得益彰、事半功倍的效果。

转变建筑行业的发展模式，推行绿色化、工业化和信息化三位一体的发展模式，需要建立一个建筑一体化信息平台（BIM）。BIM是多维模型信息集成技术，是对建筑工程物理特征和功能特性信息的数字化承载和可视化表达，在建筑领域的应用有很重要的价值。BIM可应用于工程项目规划、勘察、设计、施工、运营维护等各阶段，支持对工程环境、能耗、经济、质量、安全等方面的分析、检查和模拟，为项目全过程的方案优化和科学决策提供依据；支持各专业协同工作、项目的虚拟建造和精细化管理，为建筑业的提质增效、节能环保创造条件。

BIM应用作为建筑业信息化的重要组成部分，可以极大地促进建筑领域生产方式的变革，是建筑产业现代化的主要特征之一。一个工程往往有数十个甚至数百个单位参与，所有信息必须前后一致，完全统一，才能在高度自动化的生产、管理和维护系统中使用。BIM能够满足这一要求，能为建筑全寿命周期提供信息化技术支撑，能供所有单位协同使用。

3. 启动国家立法，建立行业标准，引导全社会重视建筑质量安全

建筑安全问题关乎人民的切身利益，对人民的资产传承和财富增值有重要影响，建立建筑的主动维护机制，保护人民的财产安全，就是在为人民谋幸福；延长建筑寿命，实现资源的可持续利用，是推动经济与环境可持续发展，践行绿色发展理念的重要举措，建立建筑的主动维护机制，提高资源的利用效率和利用水平，就是在为人民谋幸福。

政府应发挥引导作用，制定政策法规，制定国家标准和行业标准，引导全社会转变观念，建立政府、行业、企业和个人共同遵守，由被动维修建筑向主动维护建筑转变的政策引导机制。

政府可以通过启动国家立法，对建筑质量、建筑寿命作出硬性规定，实现建筑建造效果的高效率、高质量、高科技和高效益。通过制定相关法律法规，对建筑不大修或不小修的年限作出硬性规定，并与有关各方的经济利益相挂钩，使相关方真正重视工程的耐久性，努力提高工程寿命。例如，应明确规定沥青混凝土路面 2 年不小修、5 年不大修；水泥混凝土路面、机场道面 5 年不小修，10 年不大修；桥梁、大坝、港口、隧道 10 年不小修，20 年不大修等。同时，要制定更加科学、严格的水泥生产标准，尽可能采用水泥混凝土领域的最新科技成果，精心设计、精心施工。工程的设计、规划也必须要有前瞻性，充分考虑今后的发展，提高相应的承载能力。

4. 成立建筑延寿科学研究院，系统研究和创新建筑材料、技术和工艺

成立建筑延寿科学研究院，分析建筑行业的发展现状、升级路径和创新方法，在建筑材料、技术、工艺、管理和维护等方面进行全面系统的研究，形成科学全面、长效可行、可复制推广的建筑建造和维护技术体系，依靠科学技术提高建筑的自然寿命。建筑延寿科学研究院下设各类专业，根据学员的兴趣和长处、学科发展的方向和国家的需求培养涉及土木、建筑、管理、信息等学科交叉的创造型跨学科复合型高级人才队伍。

（撰稿：何玉成）

第十二节　基于大数据的热电云平台系统

一、热电行业服务云平台概述

《能源发展“十三五”规划》提出：“‘十三五’时期，是全面建成小康社会的决胜阶段，也是推动能源革命的蓄力加速期，牢固树立和贯彻落实创新、协调、绿色、开放、共享的发展理念，遵循能源发展‘四个革命、一个合作’战略思想，深入推进能源革命，着力推动能源生产利用方式变革，建设清洁低碳、安全高效的现代能源体系，是能源发展改革的重大历史使命。”《电力发展“十三五”规划（2016—2020年）》明确：“加快调整优化，转型升级，构建清洁低碳、安全高效的现代电力工业体系，惠及广大电力用户，为全面建成小康社会提供坚实支撑和保障。”

《山东省能源中长期发展规划》中明确指出，要进行能源大数据平台建设工程。实施能源大数据战略，积极构建山东能源大数据信息中心，促进各类数据资源整合，逐步实现能源数据资源的集成和共享。积极促进覆盖能源生产、流通、交易、消费等全链条的能源大数据新业务应用与增值服务、开展面向能源终端用户的用能大数据信息服务。发挥大数据技术在能源监管中的基础性作用，提升能源监管的效率和效益。

目前，云平台系统现已成为山东省经信委和山东省政府节能办确定的“山东省（热电行业）节能环保产业公共服务示范平台”的重要组成部分。

经过对山东省585家中的413家热电企业进行的调研，基本摸清了热电行业基本情况：热电装机共5605万kW，占全省电力装机的51.23%，火电装机的62.17%，为热电装机第一大省。热电供热量达到77004万GJ，占全国热电供热量的21%，居全国第一位。年发电量2412.62亿kWh，年供电量2091.79亿kWh，占全社会用电量的38.8%，综合企业用电率13.3%。年耗原煤13728万t，折合8629万tce，占全省煤炭消费总量的33.57%。二氧化硫排放量21.65万t，氮氧化物排放量18.72万t，分别占全省排放总量的14.19%和13.15%。年均供电标准煤耗330.1g/kWh，年均供热标准煤耗40.38kg/GJ；年均热电比140.4%；年均热效率62%；年均设备利用小时数5317h，仅比全省各类装机设备利用小时数高5.5%；供电标准煤耗达到310g/kWh及以下的企业占11.66%。

从上述数据可以看出：山东省热电装机规模全国第一，供热量全国第一，能耗指标偏高。尤其是山东省年均供电标准煤耗比浙江省高出40.1g/kWh，高14%；山东省年均供热标准煤耗比全国平均水平高出1.38kg/GJ，高4%。说明山东省热电企业在能耗方面与先进省份相差较大，与全国平均水平也有差距。

产生差距的原因主要是热电比不高、供热能力没有完全发挥和管理粗放，资源利用浪费等因素，在节能减排方面还有较大的提升空间。这说明我省是名副其实的热电大省，但还不是热电强省。我们要综合施策，根据行业特点，在分析上述原因的基础上，以基于大数据的热电行业服务云平台建设为支撑，通过政策引导、合理规划布局、机组优化配置、完善定价机制和提高企业管理水平等多方面发力，在全省实施新旧动能转换重大工程中，实现我省热电由大到强的转变。

二、 云平台的运行模式、 网络架构和技术支撑

1. 运行模式

在云平台数据中心组建系统主站，包括网络、防火墙和服务器等软硬件设备；在各热电企业设置子站。将热电企业运行数据读取到子站工控机，通过专门开发的子站软件将这些数据重新编码整合，通过防火墙等隔离后，利用网络在线传至云平台主站。实现主站对子站的远程在线运行监视，同时进行数据处理、分析、诊断和预测，定期出具分析报告，并反馈给企业。根据企业实际存在的问题，形成完整的解决方案或者多个解决方案的组合，一方面有利于热电企业的安全、经济运行，提升企业的运行效率；另一方面也有利于为产业政策和行业发展提供有力数据支撑。

2. 网络架构

云平台系统的主站由山东熙能热电服务有限公司进行投资建设，采用北京和隆优化能源科技有限公司自主设计研发的大数据平台分析软件，实现对全类型、全业务海量数据统一的接入、整合、存储、管理、分析、应用和安全防护，如图 3 - 19 所示。主站系统成套配置防火墙和服务器，数据在主站服务器存贮。各企业现场设置子站，也经过防火墙与外部网络连接，有效隔离了病毒和干扰，保证了系统的稳定性。

首先将企业内 DCS 监控系统的数据读取到企业现场的子站系统，子站软件从所有数据中选取需要提取的数据，进行重新编码，整合后通过网络将这些数据接入至云服务平台主站系统。

云平台数据传输采用单向读取子站数据，即只读取企业控制系统状态信号，不给现场控制系统发放指令，来保证原有控制系统不受外部干扰。同时在子站与互联网端增加电力专用防火墙进行双重防护，保障热电企业控制系统的安全和运行的可靠。

热电企业需要做的工作：一是提供一台连接外部网络工控机、防火墙，（子站软件由熙能热电服务公司提供）；二是在云平台接入时，配合云平台技术人员在现场的接入工作。

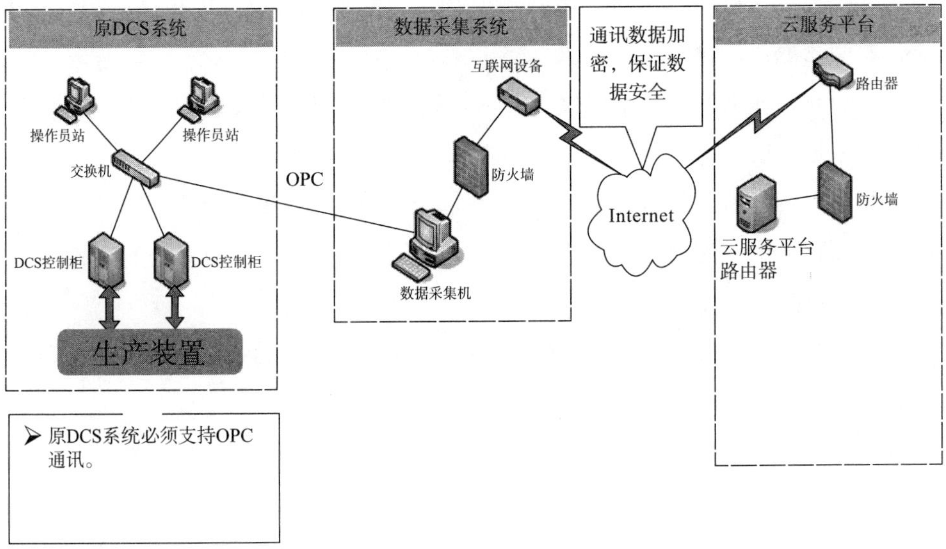

图 3-19　云平台网络架构结构示意图

3. 技术支撑

云平台系统由山东熙能热电服务公司进行管理、运行，主要依托于山东省热电设计院的技术团队和热电行业的战略合作伙伴关系专家库，集合了热电行业内的主、辅机生产制造、安装施工单位和电气、控制等企业的各位业内专家。同时，已聘请在知名热电企业担任生产副总、总工程师职务 10 年以上，具有丰富实践经验，能解决实际问题的专家组成服务咨询团队，通过云平台线上分析和深入到热电企业现场调研，为企业解决实际存在的问题或提出解决方案。

三、 云平台运行情况

云平台接入多家热电企业后，会产生海量数据。由云平台技术专家组成的分析咨询团队，通过对热电企业上传的经筛选后的 DCS 参数等数据进行分析、诊断，必要时深入到热电企业现场实地调研，可为企业解决实际存在的问题，并提出解决方案。具有如下服务功能：

一是通过云平台，可与其他类似热电企业进行比较，比较能耗指标或者管理水平，找出企业自身的不足，总结需要提高改善的方面，做好节能改造，提升企业水平。

二是针对企业的具体反馈，云平台专家可以重点关注这个企业的数据、历史曲线等运行指标，通过在线分析找出问题所在，并到企业现场了解情况，结合实际，解决技术问题或协助企业制定解决方案。

三是当有企业需要到其他热电企业进行参观学习时，可以协调上传云平台之间的热电企业进行配合，有助于企业间加强联系和技术交流。

四是通过云平台之间各热电企业的互动，可以将其他热电企业采用的，经过实际验证的新技术引入到自己企业内，减少企业自己试验和论证方案的时间；实现节能增效，提高运行稳定性。

五是对各热电企业上传的参数进行在线分析，总结出现场调节是否合理、协调，在调节上存在着哪些问题，反馈给企业。

六是对上传参数进行在线分析，总结出热电企业整体运行的经济性评价，反馈给企业。

七是还可以实现如下功能：电力设备寿命管理、电力设备故障检测和热电企业热负荷预测等，通过这些措施，可以分析了解主辅设备存在的问题，对疑难杂症，利用专家库专家进行分析诊断，及时让企业更换寿命到期的设备，提前对有故障隐患的设备进行检修，降低企业事故停机的概率，提高电厂效率和安全运行。

八是集团公司的各下属热电企业加入云平台后，集团公司可以直接从云平台主站获得各下属热电企业的运行数据，有效实现对各下属热电企业的远程监控，减少了集团公司单独设置远程系统的工作和费用，便于集团对各下属热电企业公司的管理。

云平台 2017 年上半年开展工作以来，2017 年下半年主要是对子站系统进行了拓展，对中创轮胎、单县广舜、泉林热电、亿利广饶、亿利莱芜和齐鲁一化等现场进行了详细考察，并做了相应的子站方案。同时加强与多个集团公司进行对接，对其子站电厂进行接入。

目前，云平台系统已与亿利洁能、山西蓝天环保公司集团总部签订了战略合作协议，对其下属热电企业陆续进行接入工作。其中广饶、乐陵、沂水和金乡等多家热电企业已经接入云平台主站。省内、外的个热电企业正在采购了子站硬件，具备了子站接入条件。云平台技术人员正在对已接入的热电企业进行运行分析，仅通过初步互相对比，就发现了一些需要提高改进的地方，近期也将出具分析报告。

四、 存在的主要问题

一是热电企业的 DCS 监控系统可以满足现场运行的安全、稳定运行，同时

DCS监控系统也可以产生大量的数据、曲线和报表，但是这些数据只是不断积累和沉淀，并没有发挥其最大的利用价值，急需有效地从这些大量的信息中提取有价值的分析数据和预测信息。

二是山东省内热电企业众多，但管理水平、技术力量参差不齐，甚至很多企业连必要的机炉电控技术人员都没有配置齐全，就长久运行供热、发电，人员之间的兼岗问题突出。

三是热电企业受供热半径限制，相互之间的沟通交流较少，有些沟通也局限在当地附近的几个相对熟悉的热电企业，技术的“近亲繁殖”现象较多，经常是套用其他企业的技术方案，没经过严格的技术论证，安装调试运行以后，才发现并不是最合适的方案，没达到预期的效果，造成很大程度上的设备和时间浪费，既花了钱，又没解决实际问题。

四是山东省内热电企业中54%是自备热电企业，这些企业相对信息比较闭塞，其中有很大一部分企业对外界的技术进步很感兴趣，但苦于了解的渠道不多，能从网上找到的信息有限。

五是山东省内热电企业虽归属于热电行业，但与电力行业相比，没有一个统一的监管部门。没有定期进行对标、技术革新的要求。

六是热电企业内的数据收集和处理方式也是传统的监控方式，比如人为观测或者使用一些传统的算法进行计算预测等，单个企业采购大量的分析软件也不现实，这就需要有专门的热电服务公司进行点对点的服务。

七是热电行业内有很多企业具有自己独特的良好运行经验和技术革新措施，五大电力的大型热电企业的技术革新和管理水平做的较好，但热电企业相互之间并无平台可以交流沟通，造成信息沟通不畅，技术革新推广不及时。

（撰稿：刘博）

第十三节　煤改气产业发展报告

目前中国正处于能源转型的关键时期，煤改气的大规模推进工作正在进行，加速清洁能源的利用，明确未来的发展方向，为中国的大气环境，做出应有的贡献。

一、 煤改气发展综述

1. 煤改气发展现状

以山东地区为例，截至 2017 年底济南市完成了 35t/h 以下燃煤锅炉的淘汰，淄博、聊城两市完成了 20t/h 以下燃煤锅炉的淘汰，烟台、潍坊、济宁、泰安、莱芜、德州、滨州、菏泽八市完成了 10t/h 及以下燃煤锅炉的淘汰，其他六个市完成了建成区和县城 10t/h 及以下燃煤锅炉的淘汰。根据《中央环保督察组督察反馈意见整改方案》，青岛、枣庄、东营、威海、日照、临沂六市应于 2018 年 6 月底前完成行政区域内 10t/h 及以下燃煤锅炉的淘汰。

2. 煤改气发展态势

自 2013 年发布《大气污染防治行动计划》开始，各地区相继陆续出台与“煤改气”相关政策。尤其是 2016 年环保部发布的《京津冀大气污染防止强化措施（2016—2017 年）》，明确指出限时完成散煤清洁化代替，目前国内“煤改气”已进入全面实施阶段。

与煤炭、石油相比，天然气具有热值高、清洁环保的优势，能减少近 100%二氧化硫和粉尘排放量，减少 60%二氧化碳排放量和 50%氮氧化合物排放量。开发潜力极大的天然气已成为现代能源结构中重要的组成部分。

近年来，我国天然气消费量保持稳健增长，尤其是 2017 年以来，增速明显加快，据估算，2017 年我国天然气能源占比将提高至 6.8%左右。预计至 2050 年，我国天然气能源比重有望超过 35%，成为第一大能源。

随着国家相关政策的陆续出台，“以气代煤“将成为一个新趋势，国内燃气消费需求市场或将迎来快速的发展。但国内市场对天然气行业的考验，或许会在 2018 年真正来临，“煤改气”带来的需求在 2018 年将会彻底释放，带来的需求增幅也将会有一个明确的预期，2018 年的天然气市场，将会是对价格机制、基础设施及生产方的一次全面大考验。

3. 政策导向

自 2013 年 9 月 10 日国务院发布《大气污染防治行动计划》起，各地陆续出台大气污染治理相关政策，削减煤炭消费总量，增加清洁能源，燃煤锅炉、燃煤电厂成为重点改造对象，特别是中小型燃煤锅炉。部分省市量化节能减排指标，加强推进“煤改气”的力度。

各地“煤改气”主要受政府部门强制性因素，例如：对于限期内不整改的企业，电力部门给予停电、环保部门加收污染处理费、工商部门营业执照不审批等。

所以清洁能源的改造势在必行。

4. 市场导向

企业加热炉使用天然气替代煤炭，在降低燃料成本、提高产品质量、塑造企业和品牌形象、改善企业生产环境、开拓国际市场、增加企业利润和产品附加值等诸多方面具有优势。

在经济方面，首先，虽然燃气加热炉比燃煤加热炉初次投资要高，但在当前天然气价格和税收条件下，燃气的能耗综合成本实际要低于燃煤成本。其次，可每年减少排污、节省高额检测费用。第三，减少了原煤和废渣的转运、处理费用。第四，节省了人工费用，降低了运营成本。第五，降低了维修成本，节省检修时间，提高经济效益，保证产品质量的一致性。第六，政府会补贴一定的工程改造费用。

在工艺技术方面，首先，燃气加热炉全过程电子控制加热，可以对炉内温度进行精确自动控制，升温速度快，炉内温度均匀，炉温波动小，不会出现过烧等工艺缺陷和内应力，提高了加热质量和成品率。其次，燃气加热炉可根据天然气的气质配比合适的空气量，充分燃烧后剩余的空气量很少，工件氧化率明显降低。最后，相比燃煤加热炉，天然气加热时间短，提高了生产效率。

在环保方面，天然气充分燃烧后基本实现有害物质零排放、零污染，也降低了二氧化碳的排放，对改善区域大气质量和水体环境有明显的效果。

在节能方面，燃气加热炉的热效率差不多能达到燃煤加热炉热效率的 10 倍，使用燃气加热炉不仅节省燃料和原材料，同时也提高了成品率。

进行产业升级，通过煤改气工程帮助各个企业实现劳动成本降低、炉窑修理费缩减、产品质量提升、生产效率提高等有利条件，改变能源结构，让经济水平跃上新的台阶。燃气锅炉采用的是清洁的燃料，有利于保护市区的大气环境，借助燃气监控有利于保障企业和居民的用气安全问题。虽然燃气市场现状在某些方面对燃气锅炉的发展有所限制。但从长远来看，采用燃气锅炉供暖将是未来供暖行业的趋势。

二、 煤改气商业模式发展

1. 传统售气模式

由燃气公司提供气源，供应燃气，仅收取工程安装费与燃气费，不参与供热经营；由下游供热公司或用户自行承担采暖设施投入与运行、维护等责任。常见有燃气壁挂炉、燃气锅炉、红外线辐射采暖等。

该种模式的优点是业务简单熟悉、操作方便，对项目的盈亏易于判断。

但是模式比较单一，没有什么创新意识，市场的竞争力不足。

2. 分布式供热模式

由燃气公司承担采暖设施投入（燃气锅炉房）与运行、维护等责任，直接对用户供热，向用户收取采暖费，并接受政府的各种采暖政策补助与气价补贴。常见的形式有区域锅炉房、小区燃气锅炉房等。

定价与盈利能力：由于供热行业存在天然的公性质，城市供热价格实行政府定价，未能及时与天然气价格保持联动，存在一定的盈利风险。而政府补贴及采暖费标准制定对于天然气供热项目的盈利能力至关重要，因此，如需进入供热领域，天然气公司要积极推动地方政府出台相关的补贴支持政策。

开发方向与措施：位于城市供热管网未抵达区域的高档小区、别墅或商业楼宇、宾馆酒店、工业用户及工业园区用户等。可由燃气公司投资供热设施，向用户直接收取采暖费用或供应蒸汽、热水、冷能等。

商业、政府机关、办公楼、医院等非居民用户的采暖费价格较高，且收费率有保障；还可以选择新型节能建筑，以降低热损耗，单位供热面积天然气消耗量也较小；如上述这些建筑供热面积占总供热面积比例较大的项目可以优先作为重点开发方向，特别是今后可以考虑推动非居民采暖价格市场化与商业化运作，和从管理上严要求、提高采暖费收款率（原则上必须达到90%以上）等，以保证盈利水平。

3. 合同能源管理模式

燃气公司除供应采暖外，还具备提供制冷、供应热水、供电等其他功能需要，来满足用户的多功能需求。如配置燃气直燃机、分布式热电联产和热电冷联供系统等。至此，燃气公同已从单一的售气，彻底转换为合同能源供应商身份。

（1）与专业化公司合作，共同成立以合同能源管理或能源托管服务为主的能源公司。借助燃气公司的天然气资源及专业化公司的技术能力，找准市场，搞好运营实现盈利。

（2）与地产商或物业公司合作，成立项目运营公司，共同打造项目及运营团队。燃气公司实现销气及供热收入，地产或物业公司实现业务服务增值服务。

（3）与地方政府新区建设紧密合作，共同打造低碳及清洁能源供暖示范项目。

三、 煤改气技术发展

1. 管网水力平衡技术

静态水力失调：由于设计、施工、设备材料等原因导致的系统管道之间实际流量比值与设计要求流量比值不一致，从而使系统即使总流量满足设计总流量要求，各末端设备的实际流量与设计流量仍不一致，这样的水力失调，叫做静态水力失调。

静态水力平衡：通过在水系统管道中增设静态水力平衡设备，并且在系统最初调试时对实际流量的比值进行调节，使其与设计要求流量的比值一致，这样当系统总流量达到设计总流量时，各末端设备流量均同时达到设计流量，实现静态水力平衡。

动态水力失调：系统实际运行过程中当某些末端阀门开度改变引起水流量变化时，系统的压力产生波动，其他末端的流量也随之发生改变，偏离末端要求流量，引起的水力失调。

动态水力平衡：通过在管道系统中增设动态水力平衡设备，当其他用户阀门开度改变引起水流量变化时，通过动态水力平衡设备的屏蔽作用，自身的流量并不随之变化，末端设备流量不互相干扰，实现动态水力平衡。

2. 分时分区温度控制技术

分时分区控制系统是基于用能需求侧管理理论的经典应用。基础是按照用户用能需求不同将建筑物分为不同的分区，按照用户耗能时间和量进行供能。

针对某一个中、大规模的供暖区域由一个锅炉房供暖时，可能有不同的供暖区域、供暖热量或供暖时间需求。例如有办公楼、体育馆、训练馆、生产车间、宿舍楼、住宅楼及生活热水需求，这些区域的供暖时间、供暖温度都可能不同。分时分区供热节能控制技术一般应用于供暖时间不同、供暖温度要求不同、夜间或节假日期间公共建筑或独栋建筑节能改造系统中，达到节能降耗的目的。

3. 气候补偿技术

气候补偿技术是在传统锅炉房供暖系统上应用一套气候补偿系统，该气候补偿系统主要由气候补偿器、电动调节阀、室外温度传感器、供水温度传感器等几部分组成。通过在气候补偿器中预设定锅炉供暖运行调节参数（曲线），并根据室外温度传感器反馈回室外温度（变化），气候补偿器可计算出当前较为合理的供水温度，并依据该温度控制调节电动调节阀的开度（即调节供暖系统回水量与锅炉供水量的混合比例），从而调节系统的总供水温度，使锅炉房供暖系统可以根据室外温度变化实现“按需供热”。采暖季可以实现节能约10%以上。

4. 系统循环水泵变频技术

系统循环水泵变频（调速）技术是一项根据用户用热需求变化来改变（通常是降低频率）循环水泵电机频率，进而改变系统循环水量（通常是减少循环水量），有效节省循环水泵输配电耗的节能（电）技术。该技术主要是通过控制系统压差、压力或供水温度等来实现循环水泵的变频运行。如一台功率是55kW的水泵电机，将它的转速调到原来转速的80%的时候，它的耗电量是28kW/h，省电率是48%。但是如果将转速调到原来的50%的时候，耗电量就变成了6kW/h，省电率达到87%。

四、产业实践

自2016年环保部发布的《京津冀大气污染防止强化措施（2016—2017年）》，明确指出限时完成散煤清洁化代替，目前国内“煤改气”已进入全面实施阶段。在煤改气的大趋势下各行业精英不懈努力，使得煤改气的技术愈加完善，煤改气是一项利国利民的大事，政府的支持，社会各界资本的帮助，使得一个从无到有的产业慢慢兴起并逐渐发展壮大。

山东港华积成能源服务有限公司迎合政策需要主要从事燃煤锅炉改造项目；热力生产、供应；城镇燃气经营；合同能源管理；电力供应；新能源技术开发、技术咨询、技术转让；市政公用工程施工总承包；机电工程施工总承包；防水防腐保温工程专业承包；电池、新能源汽车的技术开发、技术咨询、技术转让；环保、节能技术开发、技术咨询、技术转让等业务。

山东港华积成能源服务有限公司自2015年11月成立，经营业绩突飞猛进。先后以工程总承包、合同能源管理模式承接济南广电总局、山东职业学院、济南大学、山东城市建设职业学院、山东商业职业技术学院、济南南郊宾馆、山东技师学院等的燃煤锅炉供热改造项目，供暖面积达110万m^2，运营效果良好。以合同能源管理模式承接鲜花港、唐王镇政府、唐王派出所、商河供热等项目，积累了丰富的建设和运营经验，得到了政府相关部门及客户的赞誉。

（撰稿：王伟、田德利）

第十四节　企业“三能”建设——以山东为例

企业“三能”是指能源管理体系、能源管理师和能源管控中心。多年来，在国家发展改革委、国家质检总局、工信部等部门的组织指导下，全国各地做了很多工作，能源管理体系建设遍布全国重点企业，能源管理师培训在京津冀鲁陕五省市试点，能源管控中心以高耗能行业为主推动，取得积极成效，山东尤为突出。

一、山东省“三能”建设工作成效显著

“三能”建设尤其是能源管理体系和能源管理师制度建设是山东节能的创新之举。山东省“三能”建设以问题为导向，结合本省实际，借鉴国内外经验，不追求形式和轰动效应，扎扎实实推进，对完成“十一五”“十二五”节能目标，建立节能工作长效机制，发挥了重要作用。

1. 建立了标准支撑体系、凝练了核心要义、在千余家企业推广了能源管理体系

形成了较为完善的能源管理体系标准和理论、制定并实践了系列政策措施、凝练了能源管理体系核心要义、促进了千余家企业能源管理体系建设工作，对推动我国和国际能源管理体系工作贡献了经验做法。

2007 年，山东省开始能源管理体系研究。2008 年，发布全国第一个能源管理体系标准——《能源管理体系　要求》（DB37/T 1013—2008），制定《山东省企业能源管理体系建设试点工作方案》，成立能源管理体系建设领导小组和指导小组。2009 年，印发《关于开展企业能源管理体系建设现场评价工作的通知》，开展评价和总结；邀请国内专家对试点效果进行总结评估，修订颁布《工业企业能源管理体系　要求》（DB37/T 1013—2009）；出台《山东省能源管理体系建设工作指导意见》。2010 年，发布《工业企业能源管理体系》《工业企业能源管理体系　实施指南》（DB37/T 1567—2010）、《工业企业能源管理体系　评价指南》（DB37/T 1756—2010）、《钢铁企业能源管理体系　实施指南》（DB37/T 1757—2010）。2012 年出版《能源管理体系》。2013 年，发布《山东省企业能源管理体系建设推进计划》《企业能源管理体系建设效果评价办法》《造纸企业能源管理体系　实施指南》（DB37/T 2402—2013）、《热电企业能源管理体系　实施指南》（DB37/T 2403—

2013)、《水泥企业能源管理体系　实施指南》(DB37/T 2404—2013)。2015年编制《能源管理体系评价指南》(DB37/T 1756—2015)等。至此，形成了较为完善的能源管理标准和理论体系。编写出版的《工业企业能源管理体系》《能源管理体系》，凝练了2007年以来山东省能源管理体系研究成果和实践经验，系统介绍了能源管理体系知识，详细阐述了建立能源管理体系的方法和步骤，是我国第一部能源管理体系建设辅导教材。

山东省在实践基础上，凝练、概括了能源管理体系核心要义，即构建“节能遵法贯标机制、全过程控制管理机制、节能技术进步机制、节能文化促进机制”等四个机制，实现“节能工作持续改进、节能管理持续优化、能源绩效持续提高”三个持续。这是引进能源管理体系国际先进理念和ISO 50001国际标准再创新的重大成果，是对能源管理体系理论发展的重大贡献。

山东省是全国企业实施能源管理体系最多的省份，不仅纳入“全国万家企业节能低碳行动”的943户企业全部建立了能源管理体系，而且还有102家“万家企业节能低碳行动”之外的企业建立了能源管理体系，这些企业全部通过了第三方认证机构的认证或者节能主管部门的评价。据认证机构、各市节能主管部门统计，能源管理体系建设每年给这些企业贡献的节能量超过500万tce。

2. 培养了一批综合性复合型节能人才、形成了系统的制度体系和完整的培训教材

通过能源管理师制度建设，初步建立起一支“综合性、复合型”“专业化、高水平、相对稳定”的节能人才队伍。累计10000多人参加培训，7307人取得能源管理师资格（全国14538人），在2600多个用能单位履行职责。这是迄今全国最大的一支经过专业培训、通过严格考试的基层节能队伍。

建立了以能源管理师管理、培训、考试为核心，以教学大纲、考试大纲、培训工作手册、监考工作流程、阅卷工作手册、命题保密责任书、试卷印刷保密协议等为支撑的能源管理师制度。

编写出版了能源管理师教材，涵盖能源与节能管理基础知识、能源与节能管理、主要节能机制、通用节能技术、新能源及再生能源利用技术、法规与政策基础知识、节能法律、节能法规、节能规章、节能政策和节能行政执法等11个方面内容，是我国第一部系统的能源管理师培训教材。

3. 建设了一批能源管控中心

与能源管理体系、能源管理师有所不同，山东省能源管控中心建设，是在总结企业实践经验基础上自下而上开展的。受资金、企业具体情况等因素影响，能源管控中心建设的数量相对较少。尽管如此，在国家支持下，一些用能量大的企业陆续建立能源管控中心，并与能源管理体系、能源管理师协同推进，取得较为显著成果。截至 2015 年，仅工信部支持的企业能源管控中心就有 22 家。山东省还出台了《企业能源管控中心建设与运行管理规范》地方标准。

二、山东省“三能”建设工作在国内外产生重大影响

1. “三能”经验被全国万家企业节能低碳行动政策借鉴

2011 年，国家发展改革委、工信部、国家质检总局等 11 部门印发的《万家企业节能低碳行动实施方案》，全面吸收山东省“三能”建设经验，要求企业“建立能源管理体系，逐步形成自觉贯彻节约能源法律法规与政策标准，主动采用先进节能管理方法与技术，实施能源利用全过程管理，注重节能文化建设的企业节能管理机制，做到工作持续改进、管理持续优化、能效持续提高。”“开展能源管理师试点地区企业的能源管理负责人须具有节能主管部门认可的能源管理师资格。”“创造条件建立能源管控中心”。

2012 年，国家发展改革委、国家认监委《关于加强万家企业能源管理体系建设工作的通知》，更为系统地总结了山东省能源管理体系建设经验，引用了山东凝练的“能源管理体系建设，是运用现代管理思想，借鉴成熟管理模式，将过程分析方法、系统工程原理和策划、实施、检查、改进（PDCA）循环管理理念引入企业能源管理，建立覆盖企业能源利用全过程的管理体系”，“在企业内部逐步形成自觉贯彻节约能源法律法规与政策标准，主动采用先进节能管理方法与技术，实施能源利用全过程管理，注重节能文化建设的长效节能管理机制，做到节能工作持续改进、节能管理持续优化、能源利用效率持续提高”等经验。

2016 年，国务院《“十三五”节能减排综合工作方案》和国家发展改革委、工信部、质检总局等 13 部门《“十三五”全民节能行动计划》再次要求“推动重点用能单位建设能源管理体系”“促进节能管理持续改进，节能技术持续进步，能效指标持续提升”“推进工业企业能源管控中心建设”。

2. “三能”建设经验得到国内外众多机构和省市认可推广

山东“三能”建设的做法，得到能源基金会、世界银行、亚洲开发银行等国际组织认可和支持，并介绍到国际上。山东举办能源管理体系国际研讨会，参加国家有关部门在北京、东京等地举办的能源管理体系论坛，参与起草能源管理体系国际标准、国家标准、国家文件。邀请全国 37 家认证机构订立《能源管理体系认证机构自律公约》。国家节能中心组织京津冀鲁陕 5 省市，以山东省能源管理师培训教材为基础，编写国家能源管理师试点教材。一些省市借鉴山东教材编写当地节能培训教材。山东还支持西部省份开展能源管理师培训。工信部总结山东经验，在全国工业系统开展了能源管控中心建设推广工作。

3. “三能”建设成为节能工作走在全国前列的重要支撑

2012 年 4 月，国务院节能考核组高度评价山东的“三能”建设工作：“山东省在国内首创的企业能源管理体系，通过试点、示范，形成了一套适合我国国情的企业能源管理思想和方法；开展能源管理师制度研究和试点，着力打造专业化、高水平、稳定的企业节能管理队伍，已有近 4000 人取得资格，在 1800 多个单位履行节能职责；支持企业建立能源管理中心，搭建集能耗数据采集、实时监测、分析调控为一体的管理平台。山东省‘三能’建设的经验，已成为全国‘万家企业节能低碳行动’的重要措施。”“希望山东继续发挥示范和领跑作用，为全国节能工作作出新的贡献。”

2013 年 5 月，国务院节能考核组更是表示“山东是我国节能工作的一面旗帜。山东省重点用能单位节能管理的做法为全国万家企业节能低碳行动提供了宝贵经验。配合国家发展改革委出台了万家企业能源利用状况报告和能源管理体系等相关文件；在去年全国万家企业节能培训中，从教材编制、师资力量等方面提供了大力支持，有力保障了国家节能培训工作的开展。山东省积极推动能源管理师试点，在基础工作、队伍培养、人才应用等方面都发挥了很好的示范带头作用。”

三、新时期“三能”建设的新尝试

近 3 年来，山东节能协会潜心企业能源管理实证研究，走访调研了近 200 家企业，与近百位企业管理者、能源管理人员及相关人员进行交谈，充分了解了不同规模企业能源管理现状。

经调研发现，目前普遍存在企业能源管理工作不到位、节能潜力俯拾皆是的现象，大部分中小企业能源管理工作几乎处于未开展状态。同时，企业“三能”建设、能源管理工作的程度和成效，很大程度上取决于企业能源管理人员的能力和意识水平。

节能主管部门、节能监察机构、节能监督管理人员也表示，企业能管理人员专业能力与企业能源管理工作开展的有序、有效性密切相关。他们谈及能源管理师试点期间，取得能源管理师证书的人员，在后期工作中为企业能源管理工作带来的效益十分显著：一是企业能源利用状况报告的报送质量和效率大不一样；二是企业对能源管理体系的理解、能源管理体系建设推进速度、建设质量、运行效果大不一样；三是企业执行节约能源法律法规和标准的情况大不一样；四是企业节能目标完成情况大不一样。

调研过程中，我们发现能源管理工作薄弱的企业，大部分没有设立专门的能源管理岗位或未聘任专门的能源管理人员，即便设定的能源管理人员，但其普遍没有意识到自己在企业整个管理中的地位和作用，或是意识到自己可以在企业整个管理中发挥的作用，但因能力有限不知如何开展。大部分已建立能源管理体系的企业，并未真正运行，仅是一纸空文。已取得注册能源管理师试点期间能源管理师证书的人员表示，通过系统的培训，有助于自身在能源管理岗位充分履职，希望能有一个专业、便捷的渠道和平台，不断获取专业知识和技能，提升自身能力，也希望能源管理师制度能够逐步完善，在充分发挥作用的同时，体现能源管理师个人价值，创造更大的社会价值。

能源管理是一项系统且庞杂的工作，需要兼顾生产、质量、环境、安全等各方因素，由于能源管理效益体现的滞后性，导致企业管理者往往对其不重视。调研中发现，能源管理体系运行良好的企业，能源管理人员不仅具有过硬的专业能力，并且具备良好的沟通协调等综合素质能力，对上持有充分有力的论据，能够征得企业管理层对能源管理的重视与支持，对下有科学的领导方式，带领相关人员协作开展工作。

如何通过帮助企业能源管理人员提升能力，进而促进企业提高能效、降低能耗，成为山东节能协会探索的重点。

据我们了解，目前国内几乎没有高等院校设置能源综合管理的学科与专业，社会上也几乎没有形成规模的、专业系统的节能或能源管理相关培训，能源综合管理人员，目前基本上只能依靠勤奋上进的能源管理从业人员，通过自身工作中的不断思考、实践积累，逐步成长而成。

策划注册能源管理师培训、考试、注册等工作。在国家大力推进简政放权、行业协会脱钩改制的大背景下，我们运用市场化、社会化手段，策划举办了注册能源管理师培训、考试、注册工作，这也是在全国能源管理师试点工作结束后，由社会力量开展的一次针对能源管理人员进行能力提升与评价的全新尝试。行业协会依靠自身专业能力和中立属性，对能源管理人员，开展客观、公正、系统的能力评价，不仅可以有效减少用能单位选聘能源管理人才的寻找成本和试用成本，还能激发能源管理人员提升自身能力水平的积极性。

坚持以能力提升为导向，促进能源管理人员自身发展、促进能源管理人员评价和能力提升事业发展、促进企业降本增效和绿色发展，是我们注册能源管理师培训考试的根本宗旨。对能源管理师能力做出明确要求，严格评价，选拔出真正有能力的合格的能源管理人员，以注册的方式向社会公布注册人员信息，通过注册能源管理师这个群体在自身工作岗位中高绩效的工作表现，让这个群体的价值获得社会的认可，进而促进更多的人，愿意花费时间和金钱不断提升自己的能力，这是我们的做法和愿景。

2017 年 12 月，山东节能协会举办了第一期注册能源管理师培训考试，赢得了广大学员的赞许。此后，我们汲取学员的金玉良言，研究借鉴日本、美国等国外能源管理师培训教材精华，对培训课程进行优化，我们将于 2018 年举办第二期培训考试，为企业能源管理、节能服务机构、政府节能监督管理机构相关人员，提供更为专业、有价值的知识服务。未来的一段时期内，我们还将培养一支注册能源管理师专业讲师队伍，开发注册能源管理师考试、综合评价、注册、培训、再教育等信息化系统，搭建注册能源管理专业人员线上交流平台，坚持走市场化道路，培育注册能源管理师专业高端品牌，为社会创造价值。

（撰稿：王世岩）

第四章　中国智慧能源展望

第一节　中国智慧能源产业发展回顾与展望

当前，新一轮能源革命正在全球范围内加速推进，智慧能源应运而生、迅猛发展，深刻改变着人类社会生产生活方式。智慧能源，即拥有自组织、自检查、自平衡、自优化等人类大脑功能，满足系统、安全、清洁、经济要求的能源形式，既是能源革命的终极目标，也是能源革命的必经过程，被视为掀起第三次工业革命浪潮的基础源动力。智慧能源的载体是能源，保障是制度，动力是科技，精髓是智慧。

一、 智慧能源产业发展阶段及展望

1. 2015～2017 年——起步阶段

2015 年 7 月，在国务院印发的“互联网+”行动指导意见中，明确提出了“智慧能源”概念，在接下来 2016 年和刚刚过去的 2017 当中，产业发展指引相继出台，社会及产业关注与日俱增。

根据《关于推进多能互补集成优化示范工程建设的实施意见》和《关于组织实施“互联网+”智慧能源（能源互联网）示范项目的通知》，2016 年，分别启动了第一批多能互补及能源互联网示范工程建设，2017 年，各项示范工程稳步推进。

2. 2018 年——试点示范阶段

2018 年，将建成一批不同类型、不同规模的试点示范项目；攻克一批重大关键技术与核心装备，能源互联网技术达到国际先进水平；初步建立能源互联网市场机制和市场体系；初步建成能源互联网技术标准体系，形成一批重点技术规范和标准；催生一批能源金融、第三方综合能源服务等新兴业态；培育一批有竞争力的新兴市场主体；探索一批可持续、可推广的发展模式；积累一批重要的改革试点经验。

3. 2019～2025 年——规模化推广应用阶段

2019～2025 年，将着力推进能源互联网多元化、规模化发展；初步建成能源

互联网产业体系，成为经济增长重要驱动力；建成较为完善的能源互联网市场机制和市场体系；形成较为完备的技术及标准体系并推动实现国际化，引领世界能源互联网发展；形成开放共享的能源互联网生态环境，能源综合效率明显改善，可再生能源比重显著提高，化石能源清洁高效利用取得积极进展，大众参与程度大幅提升，有力支撑能源生产和消费革命。

到2020年，各省（区、市）新建产业园区采用终端一体化集成供能系统的比例目标达到50%左右，既有产业园区实施能源综合梯级利用改造的比例目标达到30%左右。

完成推动建设智能化能源生产消费基础设施、加强多能协同综合能源网络建设、推动能源与信息通信基础设施深度融合、营造开放共享的能源互联网生态体系、发展储能和电动汽车应用新模式、发展智慧用能新模式、培育绿色能源灵活交易市场模式、发展能源大数据服务应用、推动能源互联网的关键技术攻关、建设国际领先的能源互联网标准体系等10大重点任务，支撑智慧能源产业培育和发展。

4. 立足国内开拓国际阶段

在完成前阶段的积累和提升后，随着产业发展，我国智慧能源将从国内走向国际，从周边走向远洋。

能源互联网可同时实现促进资源优化和协调资源配置双重目标。在国家大力实施“一带一路”战略，全方位加强能源国际合作的大背景下，构建全球能源互联网对改善我国能源供给、保障我国能源安全意义重大。

另外，我国具备技术实力、市场基础、资源网络和成功经验的行业领先企业将紧抓“一带一路”重大机遇，推进能源基础设施与海外互联互通，推动有竞争优势的能源装备、技术、标准和模式“走出去”，并积极参与全球能源治理。

根据中国智慧能源产业技术创新战略联盟测算，未来智慧能源产业规模将达到10万亿元量级。其中，在智慧能源基础设施与关键器件方面，到2020年有约1.5万亿元～7万亿元的空间；在软件开发方面，大概有3000亿元～5000亿元。2020年，光伏产业规模将达到1万亿元，分布式利用站到光伏系统的70%左右，储能产业规模将达到1000亿元，转移负荷2%～10%。

二、能源革命背景下智慧能源产业的机遇与未来发展

要让能源的全产业全环节都充满智慧，打造能源互联网是当前能源革命要迈出

的第一步，也是进入智慧能源新纪元的重要里程碑。可以预见，随着能源互联网的不断发展和能源革命的不断推进，能源技术不断突破，能源制度不断完善，各类技术、制度将与能源完美融合于一体，能源互联网不仅可以满足清洁、安全、经济、高效和持续要求，而且也必将遵循人类文明演进的新趋势和新要求，逐渐“进化”出自组织、自检查、自优化、自适应等类似于人类大脑的强大智慧功能，开启智慧能源的全新时代。

1. 现阶段能源互联网和智慧能源的建设思路

(1) 开发能源新技术。首先要大力开发高密度大容量储能、远距离无线输能、分布式可再生能源并网等能源新技术；其次要积极发展能源大数据、能源云计算、能源物联网等能源信息技术，人工光合、陶瓷电池等能源材料技术，以及微生物驱油、微生物产气等能源生物技术。

(2) 创立能源新形式。发展煤炭高温热解等传统能源形式的新型利用等；风能、光伏、光热的高效稳定利用，可燃冰、页岩油（气）、氢，以及与石墨烯、多晶硅、钍、钪等新材料结合等能源新形式的推广利用等；还需要根据未来能源发展趋势，积极探索前瞻性能源新形式，争取获得革命性突破。

(3) 培育能源新业态。一是新型组织模式，如虚拟电厂等；二是新型商业模式，如开展基于光热电化耦合系统的智慧能源城镇建设，基于互联网技术的能源交易平台、能源网络金融等；三是新型服务模式，如能源网上自由按需购退，订单式生产传输，基于大数据的用能咨询、能效产品销售、节能解决方案等。

(4) 构建能源新制度。一是具有开创性与先见性的催生型新制度，能够使能源互联网按照预定规划健康快速发展；二是改革和完善现有制度和政策支撑体系的适应性新制度，如打破现在各自为政、条块分割的能源数据壁垒，实现全国能源数据共享，建立服务性能源管理新机制和竞争性能源市场新机制等。

2. 现阶段需要突破的关键技术

(1) 接口技术。必须逐步完善能源互联网各类型设备以及信息、数据、能量、能源接口标准以及信息传输协议，从而保证其中信息流、能量流与能源流的互联互通。

(2) 转换技术。保证能够根据消费需求，将能源即时转换为电、冷、热等方便、直接的能量形式。

(3) 传输技术。大力发展能量大规模传输、双向传输、无线传输等技术，解除地域或环境限制。

（4）存储技术。大力发展压缩空气储能、电化学储能、超导磁储能等新兴储能技术以及钠硫电池、液流电池、锂离子电池、超级电容器、飞轮等储能设备和产品。

（5）平衡技术。必须大力建设能源路由器等能源平衡技术，通过高效的传输装置、转换装置、路由装置等，实现能源高效低耗的最优传输和调配。

（6）安全技术。必须积极研究网络安全接入以及网络安全防护等各种关键技术，增强能源互联网抗风险、抗攻击、抗故障的自防自纠自愈能力。

3. 从能源互联网到智慧能源的实施步骤

（1）夯实基础。联接各种能源终端设备，不断扩充能源互联网节点，汇总各级各类节点信息，建设能源大数据，运用能源云计算，初步实现信息流。提高电网智能化水平，将各种能源大部分转化为能够直接利用的能量如电力、热能等，初步实现能量流。夯实能源物联网，提高直接使用的煤、油、气等物流使用效率，初步实现能源流。推动示范先行，营造开放包容的创新环境，鼓励多元化的技术、机制及模式创新，因地制宜推进能源互联网新技术与新模式先行先试。

（2）持续推进。进一步与“人”联接，以人为中心，使用户、能源、设备之间实时交互交流，信息数据即时传输分析，保证科学供给、动态调配、合理消费，在此基础上逐步形成多层次、多功能的能源互联网。同时，在新制度保障下，建立市场化机制，深化能源体制机制改革，还原能源商品属性，构建有效竞争的市场结构和市场体系，推动能源消费、供给和技术革命，不断强化互联网与能源之间的高效联动，实现产业化，进一步促进能源新技术、新形式、新业态形成。

（3）充实完善。高度实现能源开发利用的清洁化和低碳化、分布式与自主性。在能源互联网体系下，能源完全以人为本，全过程智能可控，运行效率大幅提高。鼓励社会资本参与，依靠金融创新探索企业和项目融资、收益分配和风险补偿机制，支持符合条件的能源互联网项目实施主体通过发行债券、股权交易、众筹、PPP 等方式进行融资，积极发挥基金、融资租赁、担保等金融机构优势，引导更多的社会资本投向能源互联网产业，搭建能源及能源衍生品的价值流转体系，支持能源资源、设备、服务、应用的资本化。在能源开发、传输、转化和消费过程中逐步引入拟人脑智慧功能，逐渐过渡到智慧能源的高级阶段。

（撰稿：刘建平）

第二节 从能源互联网到智慧能源

从国家的一系列举措来看，能源革命与“互联网+”两大战略举措，貌似偶遇实为必然。

以计算机和互联网为代表的信息技术突飞猛进，使得网络“连接一切”成为可能，并且成为迫切要求；人类社会在经历了柴薪时代、煤炭时代和油气时代后，正在逐渐步入可再生能源时代，新一轮能源革命蓄势待发。互联网与能源革命的历史性相遇与碰撞，必将深度融合并催生能源互联网，从而加速新一轮能源革命并推动第三次工业革命的进程。

一、 信息技术突飞猛进

信息技术是管理和处理信息所采用的各种技术的总称，其发展至今历经五次革命：第一次是语言，使人类获得了进行思想交流和信息传播不可缺少的工具；第二次是文字，使人类对信息的保存和传播取得重大突破，较大地超越了时间和地域的局限；第三次是印刷，使书籍、报刊成为快速高效的信息储存和传播媒体；第四次是通信，包括电话、广播、电视等，使人类信息传播进入光速时代；第五次是计算机，其与现代通信技术的有机结合，形成覆盖全球的信息互联网。

互联网迅速向全球普及并商业化，网络节点的增加，以及众多企业商家的参与，使互联网的规模急剧扩大，信息量也成倍增加，更刺激了网络服务的发展。

进入新世纪以来，以互联网为代表的信息技术，与其他各种新技术相互关联、共同发展，互联网已成为重要的公共基础设施，融入到生产和生活的方方面面，并迅速将全球带进网络信息时代，网络商业价值也随着网络用户数量的增加而呈几何数级增长。同时，互联网产业在自身的发展和升级中，不断突破自身的产业边界，向传统产业延伸渗透，通过联接与共享，最大程度激发和激活了传统产业的创造力和创新力，如金融、商业、教育、交通、制造等领域正在发生重大变革。

近年来，有线和无线网络速度大幅提高，大数据、云计算、物联网等技术不断涌现，人与人、人与物、物与物都逐步联接成网，各种数据也逐步打通共享，互联网技术及其思想正潜移默化地渗透到社会的每个角落，深刻改变着人类的生产生活方式。

二、 能源革命蓄势待发

纵观各国的发展历程，经济增长必须以能源供应为保障，人类历史上的两次工业革命，更都是由当时最先进的技术与能源更替相结合所掀起："蒸汽机＋煤炭"替代"人工＋柴薪"开启了第一次工业革命；"内燃机＋石油"替代"蒸汽机＋煤炭"引发了第二次工业革命。工业革命的历史进程，清晰记录了先进技术对能源革命，进而对工业革命产生的巨大推动力，同时也反应了能源革命及与其伴随的工业革命对社会生产力提升、经济发展转型和生活方式转变的巨大作用。

世界两百余年来的工业化发展，建立在以化石能源为主的能源结构上，导致资源加速匮乏和环境急剧污染，经济、生态和能源的关系日趋紧张，已将我们推到了石油世纪和第二次工业革命时代的最后阶段。种种令人难以接受的严峻现实，迫使我们必须主动、迅速地过渡到一个全新的能源体制和工业模式，否则人类文明就有消逝湮灭的危险。

当前，新一轮能源革命及其对应的第三次工业革命已蓄势待发，以信息新技术和新能源技术引领，并与生物电子、3D 打印、智能机器人、纳米材料等新技术相融合，相互关联、交织共进，正在对传统产业进行全方位升级改造。

绿色能源革命自新世纪以来，逐步在西方发达国家上升为国家战略。德国以实现减少能源消耗总量为目标的"能源转型计划"已取得重要进展，并计划于 2050 年将再生能源发电比率提高到 80%；美国成功开发了价格仅相当于传统天然气 1/3 的页岩气，大大加快了对传统能源的替代进程。

中国作为世界头号能源消费国，单位 GDP 能耗是世界平均水平的 2.5 倍，同时能源供应任务持续艰巨、能源消费结构不尽合理、能源利用方式粗放低效、环境污染及温室气体减排压力巨大。2012 年党的"十八大"报告正式提出要推动能源革命；2014 年的中央财经领导小组第 6 次会议强调，保障国家能源安全，必须推动能源生产和消费革命，从而有效解决当前能源消费与经济发展之间的矛盾以及能源安全问题，促进经济社会与资源环境协调和可持续发展。

三、 能源互联网呼之欲出

"互联网＋"，就是充分发挥互联网在生产要素配置中的优化和集成作用，将互联网的创新成果融合于经济社会各领域之中，提升实体经济的创造力和生产力，形成更广泛的以互联网为基础支撑和实现工具的经济发展新形态。

近年来，互联网在其产业边界不断延伸、产业形式不断演化的进程中，开始担负起带动传统产业与实体经济转型升级的使命，在影响甚至重构各大传统产业的同时，正在向作为经济社会发展基础的能源产业进行全方位渗透。能源作为经济社会运行的基础产业，拥有庞大的基础设施、传统的组织体系、专业的技术要求，电力油气等物理管网具有天然的互联网初级形态。为了适应能源革命的要求，加速推动第三次工业革命，能源产业必须主动推进能源技术与其他领域先进技术的融合，尤其需要借力互联网技术及思想，将其创新成果融入本产业，突破发展瓶颈，重塑能源的消费、供给、技术与制度。

互联网与能源两大产业，既着眼于各自升级的需求，也顺应着社会与经济发展的趋势，天然具有相互融合的可能与必要。两大产业结合各自优势和特点的深度融合，将共同完成向更高层次的蜕变，形成具有深远影响的全新业态——能源互联网，并以此推动能源革命，进而开启和完成第三次工业革命。

互联网与能源融合之所以是能源互联网，而不是互联网能源，是因为能源产业作为人类社会与国民经济的基础与命脉，具有更加至关重要的地位，能源革命也具有更加深远重大的意义。互联网产业作为一种在基础和命脉之上衍生而出的轻资产，难以全面驾驭厚重的能源产业，其在与能源产业的共生同进中，必然只有以能源产业为主导。

如果说互联网是高飞之翼，能源则是根本之力。当前，尤其需要借力互联网技术及思想，综合利用 IPv6、大数据、云计算、物联网等互联网技术和互联网思想，赋予能源信息数据属性，改造能源物理网络形态，优化能源传统组织结构，全面提高能源产业的创新力和生产力。

能源革命与“互联网+”深度融合的产物——能源互联网，是互联网技术全方位渗透能源领域、能源产业主动融合互联网技术的结果，相比目前已开展的智能电网，具有更广泛的内涵与外延、更复杂的框架与构件、更突出的功能与特征。

四、 能源互联网的关键技术

当前，能源互联网的信息流功能借助互联网技术已初步实现，能源流功能借助物流网技术也基本具备，面临的最大难题在于如何实现能量流的接入统一、转换及时、传输自由、存储方便、使用安全。实现上述目标，需要努力攻克和掌握以下六大类关键技术：

（1）能源接口技术。能量的自由接入与接出，需要将其转换成能源互联网的统一形式，制定标准的能量信息格式，以提高流通效率。必须逐步完善能源互联网中各类型设备以及信息、数据、能量、能源接口标准以及信息传输协议，从而保证能源互联网中信息流、能量流与能源流的互联互通。

（2）能源转换技术。能源互联网将化石能源、太阳能、风能、地热能、生物质能等各种形式的能源都汇聚融合在一个统一的网络平台中，必须大力发展能源转换技术，才能保证能够根据消费需求，将之即时转换为电、冷、热等方便、直接的能量形式。

（3）能源传输技术。能源互联网必须建立强大的能源互通网络，以能源路由器、传感器等组成的物联网为基础，加上大数据、云计算的应用，实现能源互联网在时间、空间上的三维自由传输。现阶段的能源传输受距离限制成为能源发展的瓶颈，必须大力发展能量大规模传输、双向传输、无线传输等技术，解除地域或环境限制。

（4）能源存储技术。能源互联网的重要目标是解决风能、太阳能等可再生能源的随机性、波动性、间歇性问题，形成友好型电源与电网关系，能源存储技术是能源互联网功能能否实现的关键支撑技术。必须大力发展压缩空气储能、电化学储能、超导磁储能等新兴储能技术以及钠硫电池、液流电池、锂离子电池、超级电容器、飞轮等储能设备和产品。

（5）能源平衡技术。能源互联网要在全网范围内，完成不同地区、不同种类、不同形式能源并网和能源离网的优化平衡，必须大力建设能源路由器等能源平衡技术。通过高效的传输装置、转换装置、路由装置等，实现能源高效低耗的最优传输和调配，这也是能源互联网的基本功能要求。如通过能源 IP 地址实现大电网、微电网之间的对接，从而使大电网与微电网、微电网之间的稳定能量传输成为可能，彻底改变供需结构，实现能量双向传输。

（6）能源安全技术。能源互联网必须保证信息流、能量流、能源流在各个环节中的安全，必须要针对节点异质、链路异构、网络拓扑复杂、容易遭受攻击的特性，积极研究网络安全接入以及网络安全防护等各种关键技术，增强能源互联网抗风险、抗攻击、抗故障的自防自纠自愈能力。

五、 能源互联网的实施步骤

能源产业天然具有互联网的初级形态，油气管网具备简单原始的网状结构，电力网络也已初具能量传输体系，而广泛使用的互联网也已经实现了各种信息的流动。下一步需要解决的，是如何在传统网络基础上，实现信息流、能量流、能源流“三流合一”，让流动更畅通、范围更广泛、生产更清洁、使用更便利。整体来看，能源互联网的推进方式，应当是从小规模到大范围，从简单到复杂，从实验到示范，再到成熟推广。

一是夯实基础阶段。联接电器、汽车、电脑、手机、供暖、分布式能源等各种能源终端设备，不断扩充能源互联网节点，汇总各级各类节点信息，建设能源大数据，运用能源云计算，初步实现能源互联网的信息流功能。提高电网智能化水平，将各种能源大部分转化为能够直接利用的能量如电力、热能等，初步实现能量流功能。夯实能源物联网，提高直接使用的石油、天然气、煤炭等物流使用效率，初步实现能源流功能。在这一阶段，能源互联网的建设目标是争取具备信息流、能量流和能源流的初级功能。

二是持续推进阶段。在信息流、能量流、能源流都实现初级互联的基础上，再进一步与“人”联接，以人为中心，从人的需求出发，用大数据、云计算技术，使用户、能源、设备之间实时交互交流，每一时刻每一环节的信息数据即时传输、即时分析，保证科学供给、动态调配、合理消费，在此基础上逐步形成多层次、多功能的能源互联网。同时，在新制度保障下，在各个环节和节点增加技术措施，不断强化互联网与能源之间的高效联动，实现能源互联网产业化，从而进一步促进能源新技术、新形式、新业态的形成。

三是充实完善阶段。高度实现能源开发利用的清洁化和低碳化、分布式与自主性。在能源互联网体系下，能源完全以人为本，全过程智能可控，运行效率大幅提高，能源的清洁低碳需求也将获得极大的尊重。在能源开发、传输、转化和消费过程中逐步引入拟人脑智慧功能，逐渐过渡到智慧能源的高级阶段。

六、 从能源互联网到智慧能源

“互联网+”时代，为推动能源革命提供了难得的历史机遇。能源互联网的初步建成将成为能源革命取得实质进展的重要标志，表明能源革命与信息技术及工业技术深度融合并走向成熟。同时，能源形式的改进更替与文明形态的演进转型紧密关联，能源革命的最终目标就是要顺应文明形态转型的要求，构建一种从自然到自动，从智能到智慧的全新能源形式。在能源互联网形成与发展过程中，人类的能源形式将逐步由大规模、集中式的化石能源向微型化、分散式、智能化的可再生能源过渡，人类社会的文明形态也将逐步由信息文明向生态文明转型。

要让能源的全产业全环节都充满智慧，打造能源互联网是当前能源革命要迈出的第一步，也是进入智慧能源新纪元的重要里程碑。可以预见，随着能源互联网的不断发展和能源革命的不断推进，能源技术不断突破，能源制度不断完善，各类技术、制度将与能源完美融合于一体，能源互联网不仅可以满足清洁、安全、经济、高效和持续要求，而且也必将遵循人类文明演进的新趋势和新要求，逐渐“进化”出自组织、自检查、自优化、自适应等类似于人类大脑的强大智慧功能，开启智慧能源的全新时代。

（撰稿：刘建平、杨健、刘涛、陈铮）

第三节　智慧氢储能

智慧能源是拥有自组织、自检查、自平衡、自优化等人类大脑功能，满足系统、安全、清洁、经济要求的能源形式，是在能源开发利用、生产消费的全过程和各环节融汇人类独有的智慧，充分开发人类的智力与能力，通过不断的技术创新和制度变革，不断健全和完善能源体系。

智慧能源的载体是能源，其中包括传统能源和新能源。考虑可持续性因素，未来的能源一定是新型清洁能源。在新型清洁能源发展中，储能是极其关键的一个环节。一部分清洁能源是以能源储备的物理形态被生产出来，如氢能、生物质能等；另一部分能源如可再生能源如风能、太阳能、潮汐能等则由于受自然因素的制约，呈间歇性，也需要与储能相配合才能持续稳定地供电。

智慧能源的一个核心要素是“去中心化”，其采用分布式或微网能源构架，而分布式和微网技术的核心正是储能。在国家发展改革委、国家能源局、工信部近期印发的《关于推进“互联网+”智慧能源发展的指导意见》中也强调“推动集中式与分布式储能协同发展，开发储电、储热、储冷、清洁燃料存储等多类型、大容量、低成本、高效率、长寿命储能产品及系统。推动在集中式新能源发电基地配置适当规模的储能电站，实现储能系统与新能源、电网的协调优化运行。推动建设小区、楼宇、家庭应用场景下的分部式储能设备，实现储能设备的混合配置、高效管理、友好并网。”国家能源局印发了我国第一部针对储能的综合性指导政策《关于促进储能技术与产业发展的指导意见》，首次明确了储能在我国能源产业中的战略定位，指出未来 10 年储能领域的发展目标和五大任务，智慧能源体系的建立与推进，不仅给储能带来了更广阔的发展空间，也让储能的特殊作用凸显出来。

一、技术

储能是通过一种介质或者设备，把一种能量形式用同种或者另外一种形式储存并释放出来的循环过程。传统的储能技术有抽水储能、压缩空气能、飞轮储能、超导磁存储、盐穴储能、化学电池储能等。传统储能技术较为成熟，但都或多或少存在各自的局限，在可普及率、转化效率、能量密度、容量等方面存在不足。如抽水储能，场址选择依赖地理条件，存在一定的难度和局限性，而且多数符合条件的场址距离负荷中心较远，需长距离输电。

氢储能是最近几年随着技术进步，发展不断成熟的一种新型储能技术，氢储能可看作是一种化学储能的延伸，其基本原理就是利用某种能源如风能、太阳能、生物质能等可再生能源将水或其他物质中的氢分离出来，以气态或液态等形式储存到容器中。当需要电能时，再将储存的氢气通过不同方式（内燃机、燃料电池或其他方式）转换为电能供给用户。

氢储能与化学电池储能不同，不受“电池容量”限制，系统可持续“充电”或“放电”的时长只与储氢罐体积和压力有关，理论上只要罐体足够大或有管道输送或供给，其储能量将无限大。氢储能具有以下特点：能源密度高、启动快，工作过程安静、无噪声，工作温度低，如 PEM 型氢能制取和发电设备，温度不高于 90℃，全过程没有任何污染物排放，而且配置灵活，不受规模限制，从几十瓦时到百兆瓦时皆可实现。

氢储能涉及的关键技术包括制氢技术、氢发电技术和储氢技术。

制氢技术比较成熟的是化石能源重整制氢和碱性电解水制氢，化石能源重整制氢由于原料不可再生和环境问题，不可持续。碱性电解水制氢是目前应用最为普遍的电解水制氢技术，优点是操作简单、成本低，缺点是石棉膜和碱性电解液存在污染、转换效率也比较低。业内普遍认为，SPE 电解水制氢、太阳能光解制氢、生物氢气是未来制氢技术主要发展方向。

氢燃料电池是近几年突破最快的氢发电（热）技术，也是引领氢能产业爆发的突破点，其优点是转化效率高、安静、零污染，而缺点则是成本高、寿命偏低（目前只有 5000h～10000h）、稳定性和可靠性较差。下一阶段，该技术需要突破电解质膜、电极、双极板、系统结构等关键技术，开发新型低成本、高效、稳定的电极材料、催化剂材料、极板材料及镀层技术，在此基础上优化电池结构设计及其制备技术，在将燃料电池成本降低的同时，将电池寿命延长到 10000h 以上。

氢气储存技术主要有四种，分别是高压气态储氢、低温液态储氢、固态金属储氢、有机液体储氢。目前大规模应用的方法是高压气态储氢，是将氢气压缩后储存在高压容器内，其优点是方法简单、速度快、转换成本低，缺点是对罐体安全性要求高、罐成本高、储氢密度低；低温液态储氢是将氢气冷却到－253℃时，将氢气液化存放于绝热容器内。液态储氢优点是储氢密度高，但在液化过程耗能量比较高，对绝热容器保温性能要求较高；金属储氢是利用储氢合金（金属氢化物）在一定的温度和压力条件下，将氢气与储氢金属放应，生成金属氢化物。由于储氢合金没有高压气瓶，无需极端的存放温度条件，安全可靠。但多数储氢合金自重大，成本高、寿命也有待提高；有机液体储氢是借助不饱和液体有机物与氢的可逆反应，用催化加氢和脱氢的可逆反应来实现，有机液体氢化物储氢优点是储氢密度高，储氢剂和氢载体的性质与汽油类似，储存、运输、维护、保养安全方便，便于利用现有的油类储存和运输设施，但这类方法在加氢、脱氢时条件比较苛刻，而且所使用催化剂易失活。

目前这四种储氢技术都有应用，其中在汽车等交通工具上多采用高压气态储氢，在航天、水下多采用液态储氢，而固态金属储氢应用还比较少，主要是应用在比较特殊的场合，如德国的第一艘燃料电池潜艇是就是采用固态金属储氢。有机溶液储氢是近些年发展起来的一种储氢技术，目前应用还比较少，近期报道在燃料电池汽车上已经有少量试验应用。

二、应用

氢储能是近几年德国等欧洲国家在氢能综合利用后最先提出的新概念。德国一些大型能源电力公司，如 EON 和 ENERTRAG 等都在政府的宏观指导和具体支持下积极实施 P2G（Power to Gas）项目，目标是利用风能等可再生能源的大规模制氢，这一技术路线将使风能的大规模利用更有前景。德国还计划开展更大规模的 20MW～50MW 风力发电制氢的 P2G 示范项目，为未来的氢能源经济培育基础。

日本是氢储能应用最多的国家，在政府主导下由东京瓦斯、大阪燃气、吉坤日矿日石能源等公司推出的家用燃料电池系统“ENE－FARM”于 2009 年开始上市销售，这种燃料电池系统利用煤气和煤油提取氢气，注入燃料电池中发电。发电时产生的废热用来烧水、泡澡和地暖使用，能源效率超过 90%。ENE－FARM 是一种家庭用分散式能源系统，燃料的高效利用有助于节能、节电并能降低电网负荷，有助于实现能源安全及低碳社会。日本的 ENE－FARM 项目是已经具备了智慧能源的分布式、低碳、互联、高效等要素，是智慧能源的雏形。日本的 ENE－FARM 项目是世界上最为成功的燃料电池商业化项目，目前该项目已经部署了超过 120000 套家用燃料电池设备，特别是东日本大地震发生后，受到核电危及和电力短缺的推动，这种分布式家用燃料电池能源系统销量一路攀升，备受政府重视和家庭喜爱。

日本在氢储能的另一个领域也走在了世界的前列，这就是燃料电池汽车（FCV）的产业化，2015 年日本丰田推出一款燃料电池乘用车 Mirai。Mirai 的与传统汽车不同的是用一个 114kW 的燃料电池替代了传统的燃油发动机，由 2 个 70MPa 的高压储氢罐储存氢气，增加一个驱动电机。该车的加氢方式与传统车加油比较类似，3min～5min 就可以加满，在 JC08 工况下，Mirai 加满氢可以行驶 700km。

中国节能环保集团公司于 2014 年 4 月启动了国家 863 项目“风电直接制氢及燃料电池发电系统技术研究与示范”，该项目在中节能风电公司张北分公司建设风电场，制氢功率为 100kW，燃料电池发电为 30kW。

2015 年 4 月，由河北建投新能源有限公司投资，联合德国 McPhy、Encon 等公司，在河北沽源投建 10MW 电解水制氢系统，配合 200MW 风电场制氢。该项目是中德合作的示范项目，项目建成后，可形成年制氢 1752 万 m^3 的生产能力，成为我国目前最大的风电制氢示范项目。另外，金风科技在吉林获批的风电装机 100MW，氢储能容量 10MW 的项目。

国网上海市电力公司于 2009 年承担了“风光电结合海水制氢技术前期研究”项目，对风电、光电制氢提出了多种应用方案，并以东海风电场为例，开展了风、光电制氢的综合效益评价；国网智能电网研究院也于 2014 年 10 月启动了“氢储能关键技术及其在新能源接入中的应用研究”，初步具备氢储能系统试验能力。

整体来讲，目前的智慧氢储能应用还处于起步阶段，仅限于智慧能源的关键技术环节定点示范建设，其关键技术环节包括能源消纳、削峰填谷、能源转换和替代、固定电站、车用氢燃料电池动力系统、加氢站方等。

三、发展趋势

近几年，受能源变革和能源结构调整驱动，风电、光电等清洁能源生产以及新能源汽车制造等产业高速增长，智慧能源建设推进速度也在明显加快，氢储能产业迎来了难得的历史机遇，新近涌现出一大批制氢、储氢、用氢设备制造企业，并开始规模化生产。作为智慧能源的重要支撑，智慧氢储能产业的发展前景极其广阔，将曾现下面几个趋势：

一是随着市场需求的高速扩张，传统制氢、储氢、用氢产业出货量将急剧增加。

二是利用风力发电、太阳能发电或弃电智能电解水制氢，再注入燃气管道网络的 P2G 技术将由少量试点转向规模应用，与之配套的专业高效制氢、输氢技术和设备业将迎来产业发展机会。

三是用于电网削峰填谷和平滑间歇性二次能源发电的大型分布式智慧氢储能产品：集水电解制氢和燃料电池发电于一体的可再生燃料电池（RFC）将由试点转向规模应用，市场将推出超过兆瓦级别的模块集成产品。

四是用于微网和小型分布式智慧能源网的小型分布式智慧氢储能产品将在市场需求下推出，并在智慧能源网络中开始示范应用。

五是智慧氢储能产业将带动大量相关支撑行业的发展，如控制器、各类传感器、电量监测和计量设备、数据采集通信设备、互联网产品等。

六是随着智慧能源形式不断推进、实施，将会衍生出一系列与智慧储能相关的用户和电网互动，诞生电交易服务产业。

现阶段，迫于规模和技术等造成的成本压力，我国对氢储能产业给于财政补贴和补偿政策，未来可以通过市场机制和价格机制，通过扩大产品规模化，开发新技术和新工艺，不断降低产品成本，从而从根本上解决高成本的问题。

未来，我国的能源变革、大规模可再生能源的接入和智慧能源体系的建设都将给智慧氢储能产业创造巨大的市场商机，智慧氢储能技术的发展优化也将更贴近市场和用户的需求。智慧氢储能产业将保持高速、可持续发展态势，不断突破商业化应用的门槛，成为支撑能源革命的重要支柱。

（撰稿：苌国强）

第四节　零碳生活

2017 年 9 月，中国智慧能源产业技术创新联盟第二次理事会决定设立零碳生活专业委员会。在理事长王忠敏先生带领下，联盟相继在 10 月杭州西湖博览会、11 月上海第三届中国能源互联网大会和 12 月澳门第六届国际清洁能源论坛上开设了以零碳生活为主题的专场讨论，大力倡导在中国普及推广零碳生活。

根据会议讨论情况，我们有必要继续深入思考以下问题：什么是零碳生活？为何在中国提倡零碳生活？如何在中国推广零碳生活？本节尝试粗浅地回答上述问题，以求逐步理清思络，推动形成共识，期待凝聚合力。

一、 什么是零碳生活

零碳是相对高碳、低碳而言的一个动态概念。

人类从钻木取火开始，利用含碳的自然物质获取能源，有力地推动了人类社会不断进步。特别是煤炭、石油、天然气等高碳的化石资源的开发利用，有力地推动了工业革命，创造了巨大的物质财富。但是，也带来了一个全球性问题，二氧化碳及甲烷、氮氧化物等其他有害气体的大量排放，造成了严重的空气污染和温室效应。

1896 年，瑞典科学家 Ahrrenius 提出警告说，二氧化碳排放量积累可能会导致全球变暖。

20 世纪 70 年代以后，越来越多的科学家重视二氧化碳排放引起的问题，联合国开始响应科学家的呼吁，1972 年 6 月 16 日在斯德哥尔摩通过了联合国人类环境宣言。

20 世纪 80 年代末 90 年代初，政府间组织多次召开政府间会议讨论气候变化问题。1988 年，联合国环境规划署和世界气象组织成立了政府间气候变化专门委员会，1990 年，发布了第一份评估报告。

1992 年 6 月在巴西里约热内卢开放签署联合国气候变化框架公约，旨在控制大气中二氧化碳、甲烷和其他造成温室效应的气体的排放，将温室气体的浓度稳定在气候系统免遭破坏的水平上。190 多个国家批准了这个公约，全球性的节能减排行动陆续展开，发展低碳经济成为全球性的共识。

1997 年 12 月，80 多个国家在日本京都签订了京都议定书，温室气体减排成为发达国家的法律义务。

2015 年 12 月 12 日在法国巴黎通过，2016 年 4 月 22 日在纽约签署，2016 年 11 月 4 日正式生效的巴黎气候变化协定，为 2020 年后全球应对气候变化行动作出安排，正式提出了 2035 年前后温室气体排放达到峰值，21 世纪下半叶实现温室气体净零排放的目标。

由此可见，零碳是人类在应对全球性气候变化的过程中，从倡导低碳到争取净零排放，逐渐形成的一个动态的概念。

理解和使用零碳概念需要把握三个要点：

第一，零碳概念中的碳不是简单的指碳元素，也不是单指二氧化碳，而是指以二氧化碳当量测算的造成温室效应各种有害气体。

第二，零碳概念中的零不是指人类某项活动在某一时点的温室气体的排放为零，而是指人类某项活动全生命周期的温室气体的排放为零。

第三，零排放不是绝对的没有二氧化碳当量的温室气体的排放，而是指通过科学合理地计算人类在一定时段和区域内的各种生产、生活活动产生的各种温室气体的排放总量，有针对性地综合采用相关技术和管理措施，例如通过植树和其他碳中和措施，把温室气体的排放量吸收掉，达到排放与回收的总量平衡，实现以二氧化碳当量计算的各种温室气体的净零排放。简言之，零碳是指：碳源（生产生活中产生的二氧化碳）－碳汇（林地、湿地、其他绿植所吸收的二氧化碳）＝零。

零碳生活是有志于为保护地球做贡献的先驱者在保护地球的实践中创造出来的代表未来人类文明的全新生活方式。这种生活方式的核心理念和基本特征是，综合利用以可再生能源和能源物联网为主要内容的智慧能源产业创新成果，在持续不断提升人类生活质量和水平的同时，人类生产生活做到温室气体的净零排放，从而实现人与自然和谐共生，人类社会可持续发展。也就是说，温室气体的净零排放，不是靠放弃发展，放弃现代化，倒退回原始社会来实现，而是在发展中继续追求高质量发展，高水平生活的同时实现。

零碳生活的先驱，英国零碳工厂的创始人比尔先生1999年创建的伦敦贝丁顿社区是第一个被社会公认的零碳社区。

比尔先生和他的团队在2010年上海世博会上建造的伦敦零碳馆向中国人展示了零碳生活的基本形态。

现阶段体现零碳生活的社区大体由八个系统组成：一是支持零碳交通、通信、照明和公共服务设施的分布式太阳能光伏能源物联网系统；二是因地制宜利用传统能源以及地热、风能或其他可再生能源的多能互补的微网系统；三是储能、保温、除湿的双向通风系统；四是溶液除湿系统；五是零碳供热和冷却系统；六是雨水收集和绿植系统；七是建筑外墙的整体保温隔音系统；八是垃圾无害化、资源化处理系统。

绿色建筑、被动房屋、零碳建筑、电动车等是零碳生活的重要组成部分，但不是完整意义上的零碳生活。一个相对完整的零碳生活应该由零碳能源、零碳交通、零碳通信、零碳设施、零碳建筑、零碳家居、零碳生产、零碳管理等多种要素系统优化整合而成。

近年来，零碳生活的理念、技术和相应的管理方法已经走进大多数发达国家，正在向发展中国家普及。

二、 倡导零碳生活

在中国倡导零碳生活是适应中国特色社会主义新时代的要求，走高质量发展的道路，满足人民日益增长的对更加美好生活的需求，为构建人类命运共同体创造必要条件。

中国特色社会主义新时代的主要矛盾，是人民日益增长的对美好生活的需求与发展不平衡不充分的矛盾。这个矛盾在能源领域表现的非常突出。2016年，我国平均每人耗电3400kWh，发达国家平均8000kWh左右，美国高达1.5万kWh，中国人均耗电仅是美国人的22.7%。然而由于我国人口基数大，如此低的人均消费就使我国的能源消耗总量达到了世界第二位，全国能源消费总量达到了43.6亿tce。再加上我国能效低，能源结构不合理的因素，我国成为碳排放第一大国。中国人均国民生产总值刚过9000美元，不可能不继续发展。但是如果沿着过去的路子前行，确实不可持续。假设未来30年中国人均耗电达到美国人现在的水平，全国年度能源消费总量就要在现有基础上增加 3.4 倍，达到 192 亿 tce。不仅我国自己没有这么多的资源，整个地球也无法承受。联合国政府间气候变化专业委员会第二次评估报告预测，如果仍按 2013 年的速度增加温室气体，到 21 世纪中叶，全球平均气温就要上升 2℃～3℃，由此带来一系列自然灾难。如果像中国这样的大国加倍排放二氧化碳，自然灾难可能提前发生。近年来京津冀地区的严重雾霾和怪异的气象已经敲响了警钟。难怪美国前总统奥巴马 2011 年 4 月 15 日在接受澳大利亚人的记者采访时说，如果超过十亿的中国人过上美国人现在这样的生活方式，世界将面临严重的灾难，地球将不可持续。我们可以把他的话看成心怀叵测的危言耸听，但不能不认真思考中国未来 30 年的发展道路。实际问题比这样简单推算更为严重。因为我们不仅人口基数大，消耗总量多，而且能效低，能源结构严重不合理。目前我们的能源利用效率仅为 33%，单位 GDP 能耗是世界平均水平的 2.5 倍。我们的能源主要依赖污染重的煤炭，火力发电占了全部发电量的 72.2%。而可再生的风电、光电仅占 5.1%。民用散煤超过 3 亿 t，仅京津冀地区冬季取暖用散煤燃烧总量就达到 4000 万 t。环保部数据显示，散煤燃烧排放的污染物相当于等量电煤的 10 倍。严峻的现实告诉我们，如果我们不提高能效，不改变能源结构，不改变生产生活方式，老路子难以为继。中国必须革命性的开拓新路，寻求一个不同于西方国家过去百年的新的生产生活方式，做到在不断满足人民对美好生活的需求同时，又能降低能耗、提高能效、减少资源的消耗，逐步实现污染物的净零排放。

现存矛盾蕴含着出路：中国智慧能源产业创新联盟倡导零碳生活，正是响应新时代的呼唤，探索走出一条适合我国国情的高质量的可持续发展的新路。从需求侧发力，综合利用以能源物联网为核心的智慧能源的理念、技术和方法，提高能效、降低能耗、通过多能互补逐步优化能源结构，实现可再生能源平稳替代传统能源，最终实现零碳排放。

在中国倡导零碳生活可以带来的好处：

第一，可以给人民大众提供更加美好的生活。零碳生活是一种高品质的生活，它的品质主要体现在空气清新、环境优美、安全方便、体感舒适、经济可行、心情愉悦等方面。零碳生活社区主要采用风、光、地热、生物质等可再生无排放的新能源，所在社区可以做到小环境空气清新。零碳生活社区重视采用多种方法增加绿植，一方面吸纳二氧化碳，一方面构成美丽景观。零碳生活采用物联网技术调控优化交通、通信、公用设施、安防、家用等各类电器，可以使人们的生活更加安全方便。零碳生活社区在建筑物设计方面尽可能采用先进的保温、除湿、隔音和新风等措施，使室内的温度、湿度、噪音和空气清新度都能保持在有利于健康的水平，让生活其中的人们获得舒适的体感。零碳生活社区综合采用先进的规划设计、建筑安装技术和能源管理措施，不仅不增加额外的建设成本，而且可以做到日常生活零账单，即不需要再向他人购买能源。与传统社区相比，人们在日常生活中切身感受到零碳生活的各种优势，心情自然更加愉悦。

第二，可以汇聚能源、通信、交通三大基础行业的新技术，创造出高质量的生活方式。人类历史反复证明，能源、交通、通信三大基础行业的新技术汇聚到一起，就会带来全社会革命性的变化。零碳生活可以把代表能源行业发展方向的可再生能源、交通行业的电气化智能化产品和代表通信行业革命的物联网融合在一起，使人们的生产生活方式发生根本性的变化。三大基础行业自身也加快结构优化升级。

第三，可以带动多种新技术、新材料加快发展。众所周知，新技术新材料发展初期都会遇到成本偏高的困境，加快发展的一个必要条件是，通过扩大规模，降低边际成本。零碳社会采用分布式能源和先进的储能技术，用物联网技术系统优化，为光电、风电等可再生能源提供了消纳市场，使闲置的产能得到释放，同时降低了成本，增加与传统能源的竞争力，加快可再生能源替代传统能源的进程。零碳生活社区与智慧社区、智慧交通、智慧家庭有机结合，可以为许多新产品提供市场。由于零碳社区尽可能多的使用节能环保材料，也将带动许多环境友好的新材料的发展。

第四，可以促进新型的城镇化道路，并带动乡村振兴。根据目前的技术经济水平，三生（生产、生活、生态）融合的零碳生活比较适合在大城市周边的小城镇和生态环境比较好的旅游景区布局。一方面可以疏解大城市的压力，另一方面大量吸纳农民进城就业。随着农村人口减少，农业效率提高，农村土地搞活，农民财富增加，乡村振兴也就有了扎实的基础。房地产业也有望由此优化升级。

第五，各级政府通过鼓励支持零碳生活发展，不仅可以创造就业机会，增加税收来源，而且可以让人民群众增强实实在在的获得感，从而获得人民群众的更多信任和支持。百姓安居乐业，安定团结有根。

第六，中国倡导零碳生活，脚踏实地走出一条十三亿人共同可持续发展的道路，具有巨大的世界意义。过去的一百多年，西方国家不到十亿人工业化，就造成了严重的全球气候灾难。如果中国十三亿人在完成工业化和现代化的进程中，逐步实现了温室气体净零排放，将向世界展示中国是一个能够对解决全球性问题负得起责任的大国，从而为构建人类命运共同体创造出必要条件。

三、 推广零碳生活

旧事物的辉煌在我们的背后，新事物的辉煌在我们的面前。

零碳生活是代表未来文明的新的生活方式，和其他新生事物一样，发展初期往往要经历三个阶段，第一阶段，它刚刚出现的时候，很多人不认识，甚至认为它是不可能的。例如，2010 年，上海世博会展出英国零碳馆时，很多人不以为然。第二阶段，虽然有人意识到它是可能的，但经济上不划算，赔钱赚吆喝。社会效益可能不错，但市场价值不高，不值得去做。例如，近年来，中国一些地方相继建造了一些生态友好的建设项目，被动式建筑和其他绿色建筑逐步增多，但是由于性价比不高，不被投资商看好。零碳社区的创始者——英国零碳工厂——相继在北京、上海、浙江、江苏、安徽和江西等地搞了一些零碳项目，主要靠说服有眼光的领导人，取得地方政府的支持，也没有真正赢得资本的青睐。第三阶段，敏锐而勇敢的开拓者先行一步，成功案例开始吸引眼球，越来越多的人认识到它的未来前景，各类资源争相汇聚。套用资本市场的一个词，“风头”形成。

2018 年，零碳生活仍处于发展初期，第二阶段与第三阶段交替，是大概率事件。理由有三：

第一，从政治层面看，通往零碳生活的方向、目标和道路都已经明确。中共十九大在五位一体总体布局的基础上，进一步明确了建设“美丽中国”的奋斗目标，把生态建设摆到了前所未有的重要位置。全国人大修改完善了环境保护法和其他相关法律，国务院和国家发展改革委、住房建设部、交通部、国家能源局等国家有关部门也相继出台了鼓励支持生态环境建设的政策法规。特别是去年中央陆续推出的农村集体建设用地进入市场和逐步建立完善碳交易市场这两项革命性的大政策，非常有利于生态文明建设。应该说，现在推广零碳生活名正言顺，天地人和。

第二，从经济层面看，推广零碳生活符合中国经济转型升级的大趋势。我国经济增在从高速增长转向高质量增长，市场供求关系发生结构性变化，高层次的需求快速增长。人们的消费从以满足吃、穿、住、行基本要求逐步转向追求环境、卫生、健康、文化、娱乐。越来越多的人向往空气清新、环境优美、安全方便、舒适有趣、品味时尚的现代生活。未来十年，不仅城市将产生近5000万个新家庭，农村还有2亿多农民要走进城市，大都市圈里的特色小城镇将备受城市和农村的年轻人青睐。以小城镇为主要载体推广零碳生活有利于供给侧优化升级，具有巨大的市场空间和长远的成长性。房地产业可以借此转型升级，有数量型增长转到质量型增长。

第三，从技术层面看，推广零碳生活契合了新技术的发展路径。零碳生活高度依赖新能源支持。近年来，我国的光电、风电、地热和生物质能等可再生能源高速发展，未来十年很可能实现增量替代，目前一些优秀的光伏发电和风力发电企业补贴后的成本已经达到煤电的水平，随着技术进步，需求增加、规模扩大、边际成本下降，预计2020年前后，光电、风电等新能源不用政府补贴，就可以达到煤电的水平。最新数字显示，2017年光伏发电增长了70%。有关专家保守估计，2035年前后，我国新能源有可能开始存量替代煤电。可再生能源的快速发展使零碳建筑在技术和经济上成为可能。储能技术、通信技术和智能技术正在加快进步和融合，使零碳交通、通信和其他公共设施都有可能成为现实。各种保温隔音环保的新材料也在不断更新。据英国零碳工厂测算，目前中国的各项技术水平已经可以支持零碳社区的建设成本不高于甚至低于传统社区，零碳社区可以实现零账单运行，零碳社区的市场价值将明显高于传统社区，投资和运营商可以稳定获利。

简言之，零碳生活，恰适中国，良机难遇，不为则咎。

零碳生活发展初期，无疑要遇到很多困难。但是，这正是他的潜力所在。目标、方向明确了，就要坚定不移推进，逢山开路，遇水架桥。2018～2000年，中国智慧能源产业创新联盟零碳生活专业委员会要动员和组织相关成员做好六件事情：

第一，积极与地方政府沟通，接受地方政府或投资商的委托，分别在在京津冀、长三角、珠三角和中原、西北、西南等地，根据当地的自然、经济和社会条件，因地制宜地创建零碳乡村、零碳社区、零碳小镇、零碳景区、零碳工厂和零碳园区的试点示范项目。

第二，参照国外先进经验，结合我国国情，认真总结试点示范项目经验，研究制定零碳生活的联盟标准，力求零碳生活可检测、可计算、可认证，引导零碳生活走上健康轨道。

第三，创建零碳技术推广服务公司，积极探索可行的商业模式，为政府和企业推广零碳生活提供优质服务，并争取形成有影响力的品牌。

第四，加强行业调查研究，及时发布行业信息，适时发布行业报告，引导行业健康发展。

第五，主动开展政策研究，替企业发声，向政府建言。

第六，继续参加相关论坛，宣传零碳生活的先进理念，探讨零碳生活的深层问题。

智慧能源和零碳生活的目标一致，都是为了可持续发展，实现人与自然、人与人和谐共生。零碳生活是智慧能源产业创新成果综合应用的集中体现。智慧能源产业创新支持零碳生活发展，零碳生活吸纳智慧能源产业创新成果。零碳生活专业委员会将和智慧能源联盟其他板块良性互动。

（撰稿：常幸）

附：国外热点研究之一

日本分布式能源互联网应用现状（节选）

自20世纪70年代末引入分布式能源以来，日本政产学研各界对其一直寄予厚望。从最初的增效节能，到21世纪初的二氧化碳减排，直至现今的能源安全与能源自立，分布式能源系统的潜在优势正在被全面挖掘。近年来，日本各大能源商开始尝试突破现有分布式能源系统的供能边界，将同一区域范围内多个相邻的分布式能源用户纳入统一供能体系，通过构建区域能源微网，实现能源在有限区域内的共享、融通。

一、分布式能源互联网的理念与架构

分布式能源互联网是协同、共享的互联网理念在能源领域的渗透与融合，其提出的根本动因是为了破解常规分布式能源系统供需失衡的困境，由点及面深度挖掘节能减排潜力。另一方面，以综合能源服务为导向的电力和能源体制改革，也为分布式能源的网络化应用提供了有效支撑。常规分布式能源系统以小型化、分散化为立足点，着力于为特定用户提供量身定做的能源服务。然而，单体用户用能需求大多呈现明显的季节性和时空性波动，而且电、热需求亦不同步。为适应需求侧用能行为的动态变化，供给侧运行调度即使从技术层面能够实现，也必将以牺牲系统效率为代价。分布式能源互联网的提出则使分布式能源的应用超越了传统时空约束，在广域范围内实现供需统合。具体而言，在供给侧，各用户所配置的多类型分布式能源设备协调运行；在需求侧，多元用户负荷平均、互补，呈现更良好的负荷特性。最终，通过区域内多个分布式能源用户间的协同调度、能源共享，确立刚柔并济的新型区域供能体系。

二、相关政策

在政策层面，自2005年“京都议定书目标达成规划”发布以来，日本出台的一系列能源相关政策均明确提出要促进城市能源面域利用体系的构建，而分布式能源的网络化应用则是其重要举措之一。在2010年内阁府发布的“新增长战略”中，作为100个战略行动之一，提出要通过能源的面域利用促进需求侧能源有效管理，并开始着手相关法律的制定。同年发布的“能源基本规划”也重点强调了城市和街区层面的能源优化利用，特别是区域内可再生能源、未利用能源的有效利用。

为了引导能源区域层面的网络化应用，日本经济产业省于2005年发布了“能源面域利用导则”，在探讨其技术经济可行性的基础上，详细阐述了能源面域利用的实施流程、相关法规手续等。2007年，再次发布了“基于未利用能源面域利用的供热促进导则”，重点探讨了将城市内部广域分散的低品位未利用热能，通过构建区域热网进行有效利用的可能性。

在宏观引导的同时，日本环境省、经济产业省、国土交通省等部门也颁布了一系列的激励制度，以切实有效推进区域能源的网络化利用。

除国家层面外，各地方政府也出台了相应政策措施。作为日本的政治、经济和文化中心，东京以2020年奥运会为契机，提出了以“世界第一的城市——东京”为主旨的长期发展愿景，针对2个基本目标，制定了8大城市战略和25个政策方针，其中之一即为构建智能能源城市。为此，东京都政府推出了“智能能源区域形成推进事业”的补助制度，2015～2019年预计投入55亿日元，补助热电融通网络及热电联产等项目的初期投资费用。

三、典型案例

【案例一】

东京燃气熊谷分社热融通网络

根据日本于2008年修正的节能法，2000m^{2}以下中小规模楼宇需要进行节能改造。在此背景下，东京燃气熊谷分社（建于1984年，建筑面积1400m^2）和相邻的宾馆（建于1986年，建筑面积为8940m^2）于2009年进行了协同节能改造，通过构建热融通系统，确立了新型能源面域利用模式。

改造前熊谷分社大楼屋顶已安装有太阳能集热器（72m^2）、太阳热驱动吸收式制冷机（35.2kW）和燃气吸收式冷温水机（141kW），本次改造新设光伏发电系统（5kW）和基于燃气内燃机的热电联产设备（25kW）。

熊谷分社电负荷由光伏系统和内燃机供应，冷热需求由太阳能集热器和内燃机产生的余热供应。根据办公建筑用能特点，燃气公司大楼春秋两季热需求较少，其他季节的非工作时间和双休日热需求也较少，会产生多余热量；而相邻宾馆则具有全年较稳定的热需求。因此，通过在两栋大楼之间安装热融通管道，可将熊谷分社太阳能集热器产生的余热融通至临近宾馆，以实现热能的最大限度利用，避免损失。若太阳能集热器产生的热量不够，可由热电联产机组回收的余热供应，从而节约能源且减少温室气体排放。据估计，通过上述改造，两栋建筑可实现年减排二氧化碳11t。

【案例二】

大阪市岩崎智慧能源网络

大阪市岩崎地区拥有京瓷大阪体育场、永旺百货等大型设施。该地区早在1996年便建有岩崎能源中心，对区域内13家用户供热供冷；2013年开始，利用区域内热电联产系统作为特定电气事业，对5家用户供电。在区域内实现冷热电联供的同时，利用IT技术实施需求侧响应，确立了智慧能源网络架构。

岩崎能源中心由1个主站和3个分站构成，主站配有燃气直燃机、余热回收型吸收式制冷机、电制冷机、热水锅炉等。分站1位于ICC大楼内，设置有燃气内燃机和余热回收型吸收式制冷机，其产生的余热除自身使用外，亦可融通至主站。分站2位于地铁站附近，设置有燃气直燃机和燃气锅炉。分站3设置于2015年开业的大阪燃气公司宣传体验设施“hu+g”博物馆内，设置有余热回收型吸收式制冷机，其热源来自于大楼内热电联产系统产生的余热以及太阳热，剩余部分可以融通至主站。

除上述各能源站外，区域建筑自身亦配置有不同类型的分布式能源系统。永旺百货配有1630kW的热电联产机组，京瓷体育场配置有1000kW热电联产机组，

“hu＋g”博物馆配有停电对应型热电联产机组（420kW）、SOFC燃料电池（4kW）、太阳能集热器（120kW）、光伏发电系统（20kW）和蓄电池（50kWh）。区域内建筑用户与能源站进行电、热融通，从面域层面构建高效能源利用体系。

【案例三】

东京丰洲码头区域智能能源网络

东京燃气集团以其2020愿景为导向，于2014年开始在新开发的丰洲码头地区构建智能能源网络。在设置兼具能源供应与防灾提升功能的智能能源中心的同时，利用ICT技术导入了可对设备进行实时最优控制的SENEMS系统，为区域内4个地块提供电、热等综合能源服务。具体而言，能源中心配置有7MW级大型高效燃气内燃机组、利用燃气压差的压差发电机（560kW）、余热回收型吸收式制冷机（2000RT）、电动制冷机（4000RT）、蒸汽锅炉，同时还设置有电力自营线路、强抗灾性中压燃气管网。该燃气内燃机额定发电效率高达49%，与其他分布式能源协同，大约可提供区域电力峰值的45%；同时，发电余热亦在区域内融通。此外，热源系统还配置有BCP对应功能，即使在停电时亦可提供45%的峰值热需求。根据预测，导入上述智能能源网络，可以实现年二氧化碳减排3400t，减排率约40%。

四、日本实践的启示

借鉴日本已有实践经验，可以为我国示范工程建设及后期可能的规模化应用提供有益参考。具体而言，以下几方面值得关注：

（1）日本分布式能源互联网大多以燃气公司为主来推进，所配置的设备也大多是以天然气为燃料的燃气内燃机、直燃机等，而光伏、光热只作为补充。相反，我国首批能源互联网示范项目则大多由电力公司牵头申请，而且光伏等可再生能源占比均较大。这主要是由于我国的能源互联网理念是由国网公司最先提出，并以智能电网作为核心支撑。电是典型的二次能源，而天然气是一次能源，以燃气公司为主体推进能源互联网建设，可以使互联网理念在能源领域的渗透更深入、更彻底。值得欣慰的是，新奥等传统燃气供应商已在积极行动，提出了“泛能网”等创新理念，并在逐步推进。

（2）日本分布式能源的网络化应用更关注区域内用户间的热融通，而电融通则相对较少。相反，我国无论是多能互补示范项目，还是能源互联网示范项目，以新能源、储能等为核心的区域内电力匹配与协调均是建设重点。诚然，作为一种典型的分布式能源，以光伏为主体的可再生能源应用需要引入新的思路，而能源互联网理念为其提供了机遇。然而，综合考虑电和热的基本物理特性，热能的传输损失要远大于电，而且在终端能源需求中，热能占比也高于电。为此，在区域层面，构建热能局域网的迫切性要高于电能局域网。

(3) 日本分布式能源互联网的规模均较小，即使相邻两栋建筑间也可建立能源融通网络，这与我国动辄数十兆瓦容量的区域分布式能源系统大相径庭。而既有实践表明，我国一些已建成的区域分布式能源系统，由于预估负荷不能到位，难以正常运行。为此，在今后区域层面的分布式能源系统规划设计过程中，不能贪大贪多，应立足于可确定负荷，分步、分期实施。

(4) 日本分布式能源互联网大多是结合既有建筑节能改造进行推进。相反，我国区域层面的分布式能源应用则大多数是结合新区规划实施。可以想象，在今后若干年中，我国必然有大量既有建筑面临能源系统改造，而在此过程中，可以借鉴日本的实践经验，扩展思路，构建跨边界的一体化节能改造框架体系。

（撰稿：任洪波、杨涛、吴琼、高伟俊）

附：国外热点研究之二

芬兰的温暖之道

芬兰拥有全世界最佳集中供热系统，又是一个清洁技术的国度。从平均纬度来说位于北欧四国中最北，因此对于供暖系统、建筑能耗和性能的追求也提出了最严格的要求。芬兰受北极严酷气候影响，缺乏化石燃料资源，因此芬兰高度重视节省能源，并成为下一代建筑材料和技术的绝佳试验场。

作为清洁技术强国，芬兰同国内企业和政府机构的合作在不断增长，尤其是在能源（智能电网、清洁供暖、可再生能源）、绿色建筑（建筑设计、装配式混凝土/木结构、近零能耗建筑、冬奥会节能场馆等）、垃圾处理等低碳生态城市建设领域。

一、一次能源多种多样

清洁技术是芬兰的重点行业。2016 年，芬兰清洁技术业务的总营业额为 300 亿欧元，年均增长 8%。芬兰政府正在为清洁技术业务环境提供巨大支持，并决定在

2030年之前放弃煤炭，并将化石燃料从2005年的水平减半。

2016年，芬兰初次能源消费总量约为1335kMJ（Peta joule），折合约相当于371TWh。近年来芬兰一次能源消费总量基本保持稳定，同时二氧化碳排放逐步下降。

二、不同类型能源占比

不同类型能源占比见表4-1。

表4-1 不同类型能源占比

能源类型	占比
石油	23%
煤炭	9%
天然气	6%
泥炭	4%
核能	18%
水电	4%
风电	1%
生物质能（木燃料）	26%
进口电力	5%
其他	4%

注："其他"类含热泵2%。

三、供热的年效率约为90%

芬兰的地理位置位于供热需求最高的欧洲北部，总人口540万，享受集中供热服务的人口约为270万，约占总人口的50%。作为集中供热系统的设计依据，室外计算温度范围从芬兰北方的−35℃，到南方的−25℃范围内。由于持续的供热需求，区域供热系统全年运转，因此管网连接的建筑物可以根据需要随时打开/关闭进行单独加热。热用户的用热需求除了采暖还有生活热水，生活热水系统全年只关闭3～4个月。因此，芬兰的集中供热系统需要具备更好的运行工况和更高的可靠性，以保障全年运行。

芬兰能源产业技术协会规定，在冬季采暖高峰期时，供热单位超负荷运行所需的备用锅炉容量必须大于等于最长连续运行6小时时所缺热量的10%，管网和加压泵站的设计必须满足不能有任何热用户完全失去供热超过3h（此建议考虑到热需求模式和集中供热系统中建筑物、热网和独立蓄热装置的蓄热特性）。芬兰的集中供热系统提供客户的供热可靠性在一年时间内高达99.98%，热用户通常不会意识到每年由于管道修复原因而导致的少于2h的供热间断。芬兰供热的年效率约为90%，供热管网的热损失为每年产热量的6%，水损耗率也很低，约为平均循环水流量的0.08%。由于较少的水损耗率及较高的水质，芬兰的供热系统管网的年更新率只有0.5%，根据此管网年更新率推算，芬兰的全部供热管网200年才会更新一遍。管网的超长寿命和低维护成本得益于好的管理。

因此，芬兰的集中供热系统被评为世界最佳系统，被国际能源机构（IEA）评为全五星国际能源系统，主要是因为高水平的集成和能源效率。此外，赫尔辛基地区的集中供热和供冷系统多次被国际能源机构（IEA）和欧洲热电机构（Euroheat&Power）评为世界最佳实践系统，例如，2009年在法国巴黎和2013年在美国纽约的评奖。

2014年芬兰全年平均供热量仅为38kWh/m^3。由于现有建筑节能率的提高以及新建建筑多为绿色或零能耗建筑，该值在不断降低。2014年热销售量共31.6TWh，其中约64%来自于热电联产，剩下的36%来自于工业废热和供热锅炉。燃料的主要构成由化石燃料向不断增长的可再生能源转变。芬兰集中供热的燃料使用，从2007年起可再生资源的使用比例开始迅速扩张。可再生资源使用的增加是为了满足供热部门定于2050年实现的减碳目标。因为只有不再扩建任何基于化石燃料的热源，减碳的目标才能够实现。目前，芬兰在政策上已不再支持建设任何化石燃料的热源，并且政府已经在讨论计划于2030年全面禁煤。

四、全部市场运作，政府不予补贴

在采暖市场上获得了成功。2014年，税后平均集中供热单价为75欧元/MWh。价格包含了容量和用热费用。由于每家供热公司都有不同的定价策略，所以近200家供热公司的单价都是不同的。

在过去几十年间，集中供热的主要竞争者是石油和电供热，近期分布式热泵也开始发展。

芬兰大多数热源厂属于地方政府所有，主要有两个原因：

（1）供热是地方性产业，只服务本地方市民，这使得国家层面的政府介入变得不必要。

（2）区域供热和热电联产对于所有者来说，即使是在公开的市场上也是盈利性产业。例如，芬兰首都赫尔辛基的区域供热和热电联产公司在2014年产生了2.5

亿欧元的利润、9 亿欧元的营业额。地方政府作为所有者，可以将利润更好投入到有利于市民的城市建设中。

在芬兰，集中供热产业自身是没有监管的，像食品、电力设施、房屋出租等市场上其他商业产品一样采用类似的客户权利保护措施。由于集中供热占据当地供热市场 90%以上份额，在区域性市场占主导地位，芬兰能源市场管理局会按照不高于合理利润的原则遵从热源厂的合理定价。由于市场竞争，客户满意度督促全国范围内的集中供热公司加强自身的管理水平。

【案例】

赫尔辛基的供热体系

图 4－1 所示为一个芬兰集中供热系统实例。在芬兰的首都赫尔辛基市，大约 92%的建筑物连入集中供热系统。大约 92%的集中供热来自热电联产厂（Vuosaari，Salmisaari 和 Hanasaari），剩余的 8%的能量由大型锅炉房分散在城区生产。作为基本热源，即使容量相同的情况下，热电联产厂的产能也要比其他热源形式更高，热电联产系统 1250MW 容量等同于锅炉房和大型热泵的 1350MW 容量。值得一提的是，图中的各种类型的热源都与整体的环型区域供热热网互联，可形成相互调峰，提高供热效率，另外，末端的 15000 个换热站单元均为楼宇换热站。

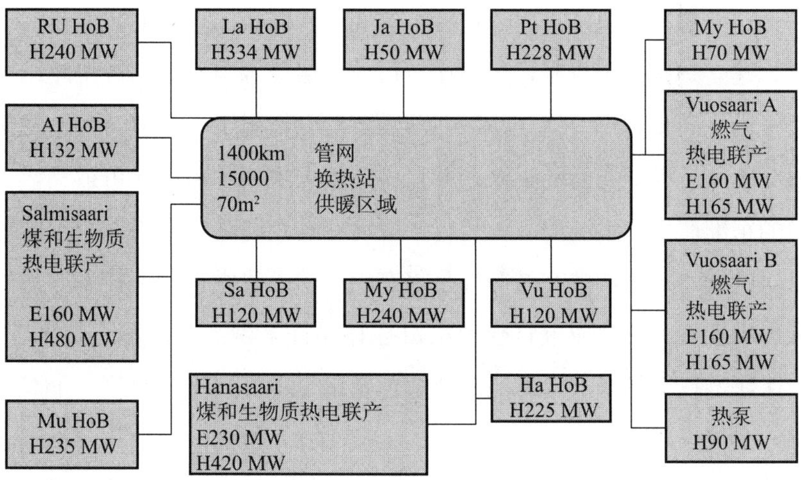

图 4－1 集中供热系统实例

（撰稿：周秦声、沈煜中、宋平）

附录一：2017 中国能源互联网大会论坛精彩演讲辑录

区块链技术实现能源数字化精准管理

区块链技术是新技术，2008 年左右才出现，而区块链技术和能源相结合，构成智慧能源的有机组成部分，差不多一年多之前才出现。能源区块链是新东西需要认真学习，我个人也愿意学习。

一年前，也就是在“2016 中国能源互联网大会暨智慧能源产业博览会”在秦皇岛召开的时候，就举办了一个“智慧能源与区块链技术应用论坛”。但那时候大部分人对于什么是区块链技术很陌生，对什么是能源区块链，能源区块链可以做什么，更觉得陌生。这种情况不仅在中国，在美国在欧洲甚至在全世界其他地方都是如此，这也就是说，在这方面我们中国并不落后。研究这一方面的专家朱皞罡教授回国之后，我有幸很早跟他交流，当时交流区块链和智慧能源的关系，我们很快就产生了共识。这之后，他们筹备建立中国区块链创新技术联盟，我就要求说一定要加入你们的联盟。为什么呢？我是长期搞节能减排、标准化和智慧能源的，从直觉出发，我觉得区块链技术的核心内涵一定与能源管理和智慧能源有关。

为什么这样想？区块链技术是比特币的底层网络技术，它的本质是什么呢？是去中心化。建立一种信用机制，运用比特币的底层技术与开放的数据库结合这种形式，将信任信息同步到每一笔交易，在不需要监管情况下，使参与者的身份得到确认，使每一笔交易得到实时的记录，并且做到不可更改不可逆和可追溯，由此才保证比特币的精准产生和系统的有效运行。因为有这个特征，所以对智慧能源、对节能减排、对低碳、零碳和碳交易等都是很有意义的。我觉得这项技术如果能够运用到与低碳、零碳有关的事业上将会解决以往存在许多困惑和问题，是大有可为的，非常好。区块链技术如果与智慧能源产业创新结合得好，将会产生一个非常新的业态，也是一个规模非常大的市场。

区块链技术本来是支撑比特币的。日本人是最早推出区块链的，当时还搞不清这种技术与互联网是什么关系，它只是一种网络应用技术。互联网的下一段发展就是物联网。物联网跟区块链有什么关系？我觉得应该有密切关系。比特币是电子货币，是物的代表，所以区块链实质上可以演变为下一代互联网也就是物联网的技术。智慧物联网需要的不是现在的互联网，现在的互联网以社交为主，是第一代互联网，社交是它的特征，下一代的互联网才是物联网。

由此，智慧能源和区块链技术就会自然而然走到一块儿来。我认为这种结合的尝试，几乎在中国在美国在德国在荷兰在南非在澳大利亚和新西兰等国同时出现，中国并不落后。第一代互联网我们比美国晚了 20 年。节能减排我们也比美国和欧洲、日本晚了 20 年。但是到物联网这儿，特别是能源区块链技术这方面，我们是同时的。差不多这个时间点都在 2016 年左右开始发力。也就是说我们这个联盟成立，开始研究智慧能源的时候，区块链技术在能源领域里的应用还没出现。据我所知，在美国有一家公司把区块链技术安装在用户家里的仪表上，开展家庭电量的用量计算和服务，从而开展了节能技术的家庭服务。在德国电力公司莱茵集团和汽车技术公司和银行进行合作，可以使消费者在电力收费、停车收费、高速公路收费的时候同时完成身份认证，不需要第三方验证。当我看这些的时候，我并不感到惊讶，因为我们已经有了刷脸技术和更多的人工智能应用，如果我们把区块链技术在他们做到的这方面肯定不会比他们落后。

目前，智慧城市确实给大家带来了很大的好处。但是有一个问题可能被所有人忽略了，尤其是消费者。比如作为一名消费者，我买电的时候能买五毛钱吗？买煤气的时候能买十块钱的吗？现实是需要我们几百、上千元的先交付，这是无偿地预付给对方使用，我们看看余额宝支使宝之类的，现在看这是个巨大的聚宝盆，变成了新形态的金融资产。消费者们聚集起来的这么巨大的财富放在哪儿？放在垄断行业的少数人手里了。这只是个服务行业吗？不是，这些人垄断了资源，你不得不听他们的，他自己的工资很高，福利很多很好，是谁给创造的？是消费者，而且还感谢他。

但市场经济讲的是公平交易，这种事情在市场经济条件下是不合理的。为什么？水、煤气、电都应该是商品，商品的让渡过程是把实物交给对方，对方用一般等价物也就是代币来交换，这个过程要同时发生，提前或者滞后都是有代价的，有经济账可算，这样才公平合理。但是我们现在呢？我们必须是先付钱，存在他那里，慢慢地买它的东西，显然这很不公平。这个东西能打破吗？我认为只有应用区块链才能打破。如果区块链技术研究到一定程度了，就变成了一种实时结算了。实时结算的时候，前一分钟用了一度电，后一分钟再给你支付。用这种技术打破这种垄断，为国为民来谋福利。

这个就是技术引领了革命。

在中国，由于国家支持智慧能源产业的创新，使得节能减排与能效提升、碳交易等等有机地结合在一起，通过学习区块链技术，做底层的互联网服务，我们可以实现能源数字化的精准管理，使每一度电都知道来自于什么地方，去了什么地方，做了什么用，从而可以点对点的交易，精细化的管理，去掉了一切中间环节，增加了透明度和公众信任，实现满足人民的管理需求，毫无疑问这将推动能源领域的深刻革命。

（演讲人：王忠敏）

标准化要为智慧能源产业创新服务

标准化工作是一项很专业的工作，对于许多人来说，标准是什么也许并没有一个清晰的概念，尽管对标准这两个字经常在说。标准是什么？我个人的体会是这样，标准就像空气。为什么这样比喻？因为它无时不在，无处不在，无所不在。可是由于它太普通了，大家都常常忘记了它的存在。我这样说的根据是什么？如果没有标准和标准化，我们连语言都不能统一，连文字都不能统一，连听音乐也听不到一起去，不用谈度量衡和计量，更谈不到现代社会的工业、农业和商业，也谈不到一带一路和国际经济贸易了。可以说，在所有这些地领域，乃至我们个人、家庭、生活、不学习和工作的方方面面，离开标准就寸步难行。我说标准是空气，原因就在这里。

正因为标准有这个特性，所以标准化非常重要。最早认识标准化，从秦开始，大家都知道秦始皇的“车同轨、书同文”和统一度量衡和货币，其实不但秦始皇这么做了，你看看欧洲的历史，欧洲统一在国王、宗教领袖那里也做了这种事情。只不过方式方法不一样，是大同小异。现代的标准发源于工业革命之后，依靠国家的力量推动标准起源于英国，后来传到了全世界。最初是以工业为主体，慢慢的发展到服务业第三产业，发展到农业。现在标准的重点在哪呢？已经不在我前面说的领域里了，标准的重点和核心工作在贸易。

我们在研究智慧能源产业创新中的标准化需求和服务。现在标准化论坛搞得很多，很热闹，但深度不够。标准化的培训班也到处都是。为什么会如此？因为中国的标准化管理和国际上有很多不同。我们最大的不同，就是我们政府高度重视，甚至于党中央最高领导都高度重视，到中国来开一个ISO大会，习近平总书记写了贺信，李克强总理亲自出席并讲话。这在国际上其他的地方是不可能有的。其他国家的小地方连市长也许都不会出面。中国给予这么高的重视，对我们搞标准化的人来说是一种鼓舞。也说明中国的标准化打着很深刻的政府印记。可是另一方面，政府的支持和政府标准的印记不一定跟国际是一致的，是相通、接轨的。所以，国家刚刚通过的《中华人民共和国标准化法》有一个重大改革，就是增加了团体标准的内容。这是我们由计划经济政府主导的标准向市场化标准跨越的一步。这一步走的好不好呢？非常好，我作为国家标准委成立最初的领导班子成员之一，我感到非常欢欣鼓舞。因为国家标准委在2001年9月10日成立的时候，党组会第一件事就是研究修改标准化法，经过16年努力，今年11月4日终于颁布了。这16年的努力很漫长，我们都退休了，终于迎来了这个结果。16年修法的过程证明了我们标准化法早就不适应了。我们还有很多政府的色彩，有人说这是中国特色。我个人从标准化的角度理解认为，标准化是国际通用语言。既然是国际通用语言，任何国家的特色都应该是辅之在外的部分。如果单纯强调标准的中国特色你跟国际怎样接轨，就因为这样我们的双泽科技公司做了很好的研究，他们研究了标准数据比对的工作，并有成功应用。中国标准要走出去，跟国外标准怎么对接？实践中出现了很多问题。主要问题是什么？举个例子，你的牙刷是放在洗手间还是放在厨房，这是个问题。可能有人洗漱完毕习惯把牙刷放在洗手间，也可能有人人喜欢把牙刷放在厨房，还可能有人喜欢放在水杯里，还有人喜欢放在盒子里。我们不能说你把牙刷放在哪里最合适，关键看条件和可能，有条件，有可能，加上日常习惯，结果就是最好的，因为最便捷最实用。那么各种不同做法有没有共同点呢？有，共同点就是我们都要用牙刷来刷牙。这样一来，牙刷放到哪就成为第二位的事情了。标准化就是在个性中找共性，在特殊性中找普遍性，知道了这一点，我们就找到了解决问题的钥匙。

在实际工作中，所以如果我们搞标准比对的话，我们很简单机械地比对，会提出一个标准的目录、题目，去找国际上有没有，很可能很失望。就像是到哪里找牙刷一样，按照你自己个人习惯去到到一个固定的地方去找，就有可能找不到，只有把有可能放牙刷的地方都找一遍，起码是都想一遍，才有可能以最快地速度找到它。这就是标准比对的正确思路。

智慧能源产业创新由概念的提出到产业的发展才五年的过程，是全新的过程，而且是跨产业的融合，技术的高度复合叠加，国际上哪里去找这个标准？没有。但是在能源标准在里面，在物联网的标准里面，都存在着相关要素，物联网和能源叠加的部分还没有人做系统研究，我们把这些要素抽取出来，复合在一起，通过实践加以验证、总结和提高，新的标准不就有了吗？

那么，标准化怎么为智慧能源产业创新服务，智慧能源产业创新怎么为建设美丽中国的大目标服务，美丽中国的大目标怎么为全球的责任担当服务，我们在全球一体化的总思路上要造福人类承担我们中国大国义务和责任担当的过程当中做标准化的支撑，这很光荣，很重要。我希望在智慧能源产业创新与标准化市场化改革创新的过程中，使这两种创新很好的结合起来，达到共赢，这样才会做得更好。

（演讲人：王忠敏）

多能互补，智慧能源必须采用发展模式

发展之窘、突围之要。为什么搞多能互补？当时有一些特殊的起因，就是在2015年底的时候，中国经济出现了下滑，下滑就要通过投资拉动，每个行业、每个主管部门都要提出针对性的方案。能源是整个拉动投资很重要的因素，一般的项目是很难拉动的。要找到针对性很强的，解决现实问题的项目设计，还要考虑到能源发展本身的需要。能源行业发展本身有一些短板，要解决短板，还要适合它的发展方向，再根据当时的政策，国家能源局设计了多能互补集成国家级示范工程。这个活动开展以来，在业内也引起了广泛的关注和参与。能源需求的增速是在放缓的，有一段时期是大幅下降。能源发展中存在的不平衡、不协调、不可持续的问题，一下子就冒出来了。以前经济快速发展，对能源的需求，不管你供应的结构好与不好，都有人买，需求很旺盛，问题显现不出来。随着需求放缓，能源供应端长期存在的问题就显现出来了，那种尴尬的窘境就出现了。比如说很多电厂就不行了，要关停了，要赔本，发一度电就赔一度电的钱。

新能源是很好的能源吗？是的。但也是由于设计配套的问题，发了电也输不出来，不让你发，上不了网，一系列的问题就冒出来了。

首先，最严重的是煤炭过剩问题。煤炭过剩问题，有煤炭自身的问题，加上电力出了问题，影响到它。过程的风险越来越突出。

其次，天然气说是过剩卖不出去，其实又不是这样，它是个低水平、低层次的过剩。准确说是失衡。我们中国农村地区、城镇地区很多地方天然气管网没有通过

去，一定需要天然气。

水电是好东西，可再生资源、清洁能源。我们一直定性为清洁能源，因为是可再生的。但在“十二五”期间就发生了弃水，现在依然有弃水。只不过弃水放缓一些了，四川、云南弃水最严重。

风电呢？风也弃，全国弃风率平均达到了17%，总共弃掉了958亿kWh的电，很可惜。这只讲平均数17%，部分地区达到了30%，发出来的电没法用，就弃掉了，这是浪费。

电网的效率整体运行不高，投资大、投资重，但真正用好了没有？就说特高压，国家电网建了很多特高压。山西有一个特高压，使用效率好像不到一半，我记得不到50%，另外50%就浪费了。

相对而言，大学里面要滞后于专业的研究机构，水规院、电规院、能源所比大学要更敏锐，能够闻到前方市场上的气息。政府基本是被推动，政府本来是引领者，做战略规划。事实上从这些年看，政府一直都是被动的跟着走。政策永远是慢半拍，这有它的特殊体制性原因。政府走太快，如果方向搞错了，这个损失是很大的。所以说其实不用抱怨政府，政府稍微慢一点，只要你跟进、配合，提高效率，那就是很不错的政府。如果太激进，像计划经济时的政府，什么都管，什么都让你听政府的，是不是就会把经济带入了困境？所以不要太抱怨政府。政府把市场建起来了，把权利交给我们了，行业、企业就要承担起这样的职责，寻找自己的发展之路。

要解决能源问题，无外乎要寻求高参数、大容量、智能化来提高效率提高输送能量，提高自适应的问题。一个新技术，一个新业态，我们过去长期强调的是集中式，现在要考虑分布式。究竟是集中式为主还是分布式为主，起草“十三五”规划时就有争议，改了好几次，最终确定以分布式为主来发展能源。

《关于积极推进“互联网+”行动的指导意见》是国务院发布的，这个文件很重要。在这个文件之后，“互联网+”国外都在加，行业“互联网+”的行为天天在发生。“互联网+”之后，国家能源主管部门也开始行动了。新能源微电网示范项目、多能互补示范项目、能源互联网的示范项目、增量配电网业务试点项目等一系列的项目出台。增量微电网业务试点是一个体制改革性的。多能互补是综合性的，不仅包含了能源互联网，也包含了增量配电网，也包含了微电网，是体量最大的。内容集成的，应该是多能互补、集成优化的示范工程。所以，投资规模比较大，建设周期比较大，超过 3 亿元以上的能源互补项目，是当时设计的标准，投资规模要超过 3 亿元，这是最低限。因为当时的考量是拉动投资。

各种关系都是在这里面，基本上是相互包含的，“互联网+”智慧能源是更大的一个，智慧能源互联网，应该说是多能互补，有它特殊的因素，主要是强调科技，强调业态、互联网。多能互补，是更底层、更综合、实体的。不仅有电源端，更重要的是把电源端和消费端统筹结合，建立一个区域能源网。一个示范区域内，所有能源的供应，$10km^2$、$20km^2$，所有范围内的能源需求都要解决。只能解决一个风，那不算多能互补。用户要电就要给电，要热就要给热，要冷就要给冷……怎么送过去、怎么转换、怎么买？全是这个区域独立的规划、设计、投资、建设、运营，包括销售服务，就是所谓能源的总体解决方案。多能互补是总体的解决方案，但根据不同的区域、不同的需求，风和光也可以。

“十三五”有一个目标，到 2020 年各省新建的产业园区 50%要采用多能互补，也就是所谓智慧能源的综合解决方案。至少有一半新建园区要达到这样的目标。已经建成的园区要实施改造，改造的比例要达到 30%左右，全国有 200 多个国家级的工业园区，1300 多个省级工业园区，县级的有 15000 多个，这些园区的能耗，在整个国家能耗当中的比重是很大的。如果采用这种方式，大量的能源要从遥远的新疆、青海、内蒙古送过来，送过来的相当部分是火电，在目前条件下送出来的可能有一半以上是火电，因为风电、光伏必须有相应配套的常规电源，才能保证他的稳定送出。

多能互补就像组建一个团队，团队里面有各种人才，这个团队才有综合性的力量，团队如此、组织也是如此。多能互补未来肯定是充满希望，也是智慧能源发展过程当中必须采用的发展模式。具体当然要强调它的匹配性，按需定制、因地制宜、经济合理。特别是经济合理，这是设计项目时必须考虑的。

商业模式的创新、技术的创新，都需要在设计时考虑进去。下一步多能互补会向什么方向发展？一个方面要借助政府强力的推动，更重要的在行业和企业对智慧能源、能源革命、多能互补意义的认识，对这个现实价值的把握，你自己认为好，自己认为真能赚到钱，能够可持续发展，这些工作、这项事业才能持续推进。

（演讲人：刘建平）

应重新思考建筑能源，零碳运用大有可为

15 年前，我们在伦敦建造了一个零碳社区。但如何如何做零碳？这就需要设

计标准、设计原理，要从气候变化的角度来进行思考，能够最高效地利用能源，同时最大化地提升我们居住生活的质量。如何做到零碳，如何把所有的想法凑在一起来应对气候的变化，如何制定一个高标准？这就需要一个非常好的零碳设计标准、设计原理。

能源设计中，空气的密封或者说能量质量很重要，但更重要的是机械方面的性能。因为这个性能生命周期较短，所以应该使用再生的材料。中国现在有多少城市的楼宇是根据空气流动，根据风流，包括根据太阳能的特点进行构建和设计的呢？这一点就需要大家从设计方面就开始思考。

在高能效的建筑上，要有很好的技术应用，具体什么技术？比如说供热，生物质能，但不使用能然的技术。伦敦的 BRE 创新产业园里面的建筑是零能耗的建筑。整个楼宇可以通过光伏发电来进行供能，还可以储能。

这样的一个思路，我们想能不能去应用到更高的密度上呢？比如说在工业化方面，我们也做尝试，用电池转换器，让电动车可以插入到家用的电网当中，减少锂电池的用量，这样就可以减少电网的峰值用量。还可以在公共空间当中能够进行一些包括但不限于建筑和交通方面的布局，比如光伏面板发电站。

但如果是在小镇，或者说在村庄，比如说在巴西一个村庄，我们要设计的时候，肯定要从基建着手，因为那里没有电网，建设光伏电站就可以让当地实现这能量的自给自足。利用一切可利用的空间建设一些发电的设施，比如说一般家庭，通过光伏面板低电压的电子设备，像电脑的使用，结合电动自行车，都可以实现自足。如果利用设备，随时可以插入到楼宇智能的维护里，实现自由上网。这样，这个城市就更为智能了。

另外一个技术是太阳能冷却系统。我们看到这是一个一体化的解决方案。有热泵，有能源的屋顶、墙，有空气压缩机，这样就组成了一个非常好的冷却系统。我们在一体化方面做了很多实践，这是城市的生态系统的构建。我们通过这种系统的构建，就可以达成零碳排放的生态系统。

这是整体的架构，热解技术可以减少温室气体的排放，有很多公司在热解系统方面做了很多产品，这些产品也是非常可靠的。还有把农业的废物进行处理，可以充分利用燃烧产生的能量。在发电技术方面，现在有很多清洁能源发电的技术。比如焚烧炉，使用热解技术取代焚烧炉，可以让我们的空气更加的清洁。

我们需要新技术，可以更好实现零碳的目标。并且我们要开放一些方法，比如说这个项目，农民可以来到这里，今年可以种这样的庄稼，明年可以种另外一种庄稼，靠这个技术他就能产生足够的能量供自己使用。

现在对城市而言，土地越来越少，所以我们更要考虑零碳建筑。中国有很多城市开发的项目，我们在这些项目当中应该充分使用这样的零碳技术。

（演讲人：比尔·邓斯特）

附录二：2017 年中国智慧能源产业技术创新战略联盟大事记

1. 中国能源互联网大会暨智慧能源产业博览会在上海成功举办

2017 年 11 月 7 日～9 日，由中国智慧能源产业技术创新战略联盟和德国杜塞尔多夫展览（上海）有限公司共同主办，国家发展与改革委员会、国家能源局、工业与信息化部、国家质量监督检验检疫总局、全国政协人口与环境资源委员会、中国科学技术协会、中国产学研合作促进会、上海市科学技术委员会、北京市科学技术委员会、中关村科技园区管理委员会、国际清洁能源论坛（澳门）、能源基金会、保尔森基金会等政府机构和行业协会的大力支持的“中国能源互联网大会暨智慧能源产业博览会 Smart Energy China”（简称 SEC）在上海国际博览中心 E1 馆成功举办!

2. 中国智慧能源产业技术创新战略联盟第二届理事会在北京召开

中国智慧能源产业技术创新战略联盟第二届理事会会议 2017 年 9 月 15 日在北京召开。联盟成员 120 多人出席会议。目前，联盟专业委员会有技术类专业委员会 21 个，管理类专业委员会 5 个。全国政协经济委员会副主任、中国产学研合作促进会副会长石军出席会议，并讲话。

3. 《中国智慧能源产业发展报告 （2016）》 发布

在“2017 国际储能峰会开幕式暨全体大会”上，举行了《中国智慧能源产业发展报告（2016)》首发仪式。《中国智慧能源产业发展报告》为中国智慧能源产业技术创新战略联盟于 2014 年创立出版。《中国智慧能源产业发展报告》是我国唯一一本智慧能源产业发展的年度总结，对我国每年智慧能源产业发展状况和成果进行全面的分析、研究，旨在不断推动我国能源革命和智慧能源产业的深入发展。是关心、研究、从事能源互联网和智慧能源产业的有关政府部门工作人员、企业家、专家学者的重要参考资料。

4. 光热发电/智慧能源高峰论坛在宿迁举行

2017 年 2 月 26 日，智慧能源产业创新系列论坛——光热发电/智慧能源高峰论坛在宿迁星辰国际酒店举行。来自国家能源局、国家发展改革委能源研究所的有关领导和专家，青海格尔木市委市政府、德令哈市政府，河南禹州市政府，河北定州市政府，广东河源市政府、梅州市政府，山东寿光市政府，内蒙古自治区能源局，酒泉市能源局等地方政府和相关机构，启迪清洁能源集团、黄河上游水电开发有限责任公司、华能北方联合电力有限责任公司、神华国华玉门太阳能发电有限责任公司、北京首航艾启威节能技术股份有限公司、天津滨海光热发电投资有限公司等智慧能源企业、光热发电企业的代表和专家 200 多人汇聚一堂，共同探讨、交流智慧能源及光热发电产业的实践经验、发展路径和解决方案。

5. 国际储能峰会暨中国国际储能技术与应用展览会在北京举行

2017 年 3 月 27 日～29 日，以“储能推动能源革命”为主题的第五届国际储能峰会暨中国国际储能技术与应用展览会（Energy Storage China，简称：ESC）将在北京中国国际展览中心（老馆）举行。3 月 28 日～29 日在北京皇家大饭店连续召开 7 个分论坛，议题覆盖：“全球储能市场更新”“城市建设与储能应用论坛—多能互补/光储充一体化/分布式应用论坛”“电动汽车高峰论坛”“储能在微电网中的应用”“前沿的储能创新技术”“储能与电网发展及前景”“储能技术标准、检测及应用论坛”等多个热点问题。

6. “互联网＋” 智慧能源与光伏电站智能运维技术研讨会在上海举行

2017 年 4 月 19 日～21 日，“SNEC（2017）国际太阳能产业及光伏工程（上海）展览会”在上海新国际博览中心隆重召开。展会以“推动光伏能源产业发展”为主题，汇聚行业领军企业 2000 余家，立足全球智慧能源视角，全方位展示全球光伏产业力量发展现状。“互联网＋”智慧能源与光伏电站智能运维技术研讨会在展会期间同时举办。中国智慧能源产业技术创新战略联盟受邀出席并展出，并与国家发展改革委能源研究所共同主持“互联网＋”智慧能源与光伏电站智能运维技术研讨会。

7. 智慧能源园区建设高峰论坛在山东济南隆重举行

2017 年 4 月 21 日下午，智慧能源园区建设高峰论坛在山东济南隆重举行。来自国内外的智慧能源和能源互联网专家、企业家和政府有关部门负责同志近 300 人齐聚济南，围绕智慧能源园区建设进行讨论交流，全方位深度解析区域智慧能源建设的现状和问题，共商如何推动智慧能源产业创新发展的大计。

8. 联盟与宜春经济技术开发区签署战略合作协议

2017 年 4 月 24 日，在北京裕龙大酒店宴会厅举行的“江西 · 宜春（中关村）新经济新技术产业对接会”上，中国智慧能源产业技术创新战略联盟副秘书长佘保忠与宜春经济技术开发区管理委员会签署了《智慧能源产业战略合作框架协议》。

9. 中国储能价格创新发展论坛暨 SASE 国际储能专业委员会成立大会在北京召开

2017 年 7 月 21 日下午，在国家发展改革委、国家能源局、中国价格协会等相关部门的支持和指导下，中国储能价格创新发展论坛暨 SASE 国际储能专业委员会成立大会在北京京仪大酒店顺利召开。论坛和大会由中国价格协会能源和供水价格专业委员会与中国智慧能源产业技术创新战略联盟（SASE）联合举办。

10. 智慧能源钱塘论剑暨零碳技术国际论坛在杭州国际博览中心隆重举行

2017 年 10 月 27 日，智慧能源钱塘论剑暨零碳技术国际论坛在杭州国际博览中心隆重举行。来自国内外的智慧能源和能源管理专家、企业界人士和政府有关部门负责人汇聚美丽的钱塘江畔，纵论智慧能源产业创新和开启零碳新生活的全新话题。

11. 爱能森 “储能＋多能互补＋智慧能源” 清洁能源冷暖项目在山东寿光扎根结果

2017 年 8 月 14 日，爱能森三元朱村“储能＋多能互补＋智慧能源”清洁能源冷暖站正式竣工完成，成功实现供暖及制冷，并举行了揭牌仪式。同时，“寿光孙家集 50 万 m^2 清洁能源冷暖站项目”开工奠基。爱能森“储能＋多能互补＋智慧能源”清洁能源冷暖站产品，是爱能森基于当前日益严重的雾霾问题而设计研发，能够根据用户需求，合理采集、储存及分配能源，安全、经济、环保地消费绿色能源。爱能森“储能＋多能互补＋智慧能源”的分布式清洁智慧能源冷暖站，通过能源调节系统，对可再生能源和分布式能源基础设施实施区域优化协调，实现冷、热、汽、水、电等多种能源形式优化互补，提高能源使用效率，并且实现信息、能量和能源三者之间双向流动共享，以及模块化的智慧能源应用。

后　记

本书由中国智慧能源产业技术创新战略联盟、中关村国标节能低碳技术研究院组织编写，王忠敏、韩飞舟、赵旭东、李鹏飞、蔡明亮、代兵、吕秋生策划，蔡明亮、李鹏飞、赵旭东统稿。

参加本书编写的有：蔡明亮、王忠敏（第一章），李俊峰、申刚、薛志峰、张永宁、刘烨、李婷、胡军、陈关胜、梁洪源、王克娇、陈伟、段志洁、宋登元、吴翠姑、朱皞罡、苌国强（第二章），史俊花、沈新荣、曾智勇、闻成胜、赵正军、任志远、梁洪源、苌国强、罗淑湘、何玉成、刘博、王伟、田德利、王世岩（第三章），刘建平、杨健、刘涛、陈铮、苌国强、常幸、任洪波、杨涛、吴琼、高伟俊、周秦声、沈煜中、宋平（第四章），王忠敏、刘建平、闫帅、张明慧（附录）。

本书编写过程中得到了中国智慧能源产业技术创新战略联盟各专业委员会及成员单位、节能有道社区、有关专家的大力支持，在此一并表示感谢！

受限于学识、能力和时间，本书观点和内容不免多有误漏之处，敬请读者批评指教。

本书研究编写组

2018 年 6 月